中国家庭服务
CHINA HOME SERVICE

全国高等学校家政学专业核心课程教材

家政学通论

JIAZHENGXUE TONGLUN

汪志洪 主编

中国劳动社会保障出版社

图书在版编目(CIP)数据

家政学通论/汪志洪主编. —北京:中国劳动社会保障出版社,2015
全国高等学校家政学专业核心课程教材
ISBN 978-7-5167-1805-6

Ⅰ.①家… Ⅱ.①汪… Ⅲ.①家政学-高等学校-教材 Ⅳ.①TS976

中国版本图书馆 CIP 数据核字(2015)第 065687 号

中国劳动社会保障出版社出版发行

(北京市惠新东街 1 号 邮政编码:100029)

*

北京市白帆印务有限公司印刷装订 新华书店经销

787 毫米×1092 毫米 16 开本 20.75 印张 352 千字
2015 年 1 月第 1 版 2023 年 9 月第 10 次印刷

定价:**50.00** 元

营销中心电话:400-606-6496
出版社网址:http://www.class.com.cn

编　委　会

目 录 ◢ MULU

MULU

MULU ▲

绪论

家政学的探源与建构

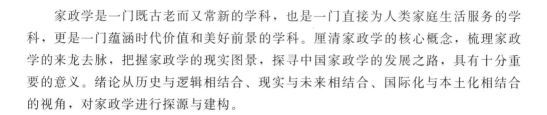

家政学是一门既古老而又常新的学科，也是一门直接为人类家庭生活服务的学科，更是一门蕴涵时代价值和美好前景的学科。厘清家政学的核心概念，梳理家政学的来龙去脉，把握家政学的现实图景，探寻中国家政学的发展之路，具有十分重要的意义。绪论从历史与逻辑相结合、现实与未来相结合、国际化与本土化相结合的视角，对家政学进行探源与建构。

第一节　家政与家政学的概念

一、家政的概念

家政的英文名称是 Home Economics，其意义重在经济的基础上来治理家庭生活（1899 年美国第一次家政研讨会上将 Home Economics 定为家政学）。Home 意为家，即遮蔽风雨、养育子女的场所，为人类社会中最基本的组成。Economics 意为经济，其意义为在经济的基础上来理家，这也同时包括家庭生活治理中对金钱、时间和精力的节省和充分利用。

按照中国的传统文化来解释，家政一词有四种意思。

第一，家政是指家庭事务的管理。"政"是指行政与管理，它包含三个内容：一是规划与决策；二是领导、指挥、协调和控制；三是监督与评议。《现代汉语词典》中家政一词解释为："指家庭事务的管理工作，如有关家庭生活中烹调、缝纫、编织及养育幼儿等。"

第二，家政是指在家庭这个小群体中，与全体或部分家庭成员生活有关的事情，它带有"公事""要事"的意思。家庭的吃喝拉撒睡和锅碗勺盆瓢，家庭的养老、育儿、家风家训、消费理财、休闲娱乐等，无一不是家政内容。在实践中，要把注意力放在大事和要事上面，也就是首先抓好事关全局的重要事情。

第三，家政是指家庭生活办事的规则或者行为准则。政者，正也。家庭生活中需要有一些关于行为和关系的规定，有的写成条文，有的经过协商形成口头协定，有的在长期生活中成为不成文的习惯规则。这些规则有综合的，也有单项的。

第四，家政是指家庭生活中实用、适用的知识与技能、技巧。家庭事务是很具体、很实际的，人们的修养、认识、管理都要与日常行为结合起来，才能表明其意图，实现其愿望。

总之，家政是家庭中对有关各个家庭成员的各项事务进行科学认识、科学管理与实际操作，以利于家庭生活的安宁、舒适，确保家庭关系的和谐、亲密，以及家庭成员的全面发展。

二、家政学的概念

对于家政学的内涵，学术界一直在讨论之中。在不同的国家和地区，人们对家政学内涵的理解是不一样的。

（一）国外学术界对家政学内涵的界定

1912年，美国家政学会提出：家政学是一门专门的学问，包括经济、卫生、衣食住行等方面，是管理家庭所必需的学问。

1924年，美国家政学会又提出：家政学是研究一切有关家庭生活安适与效率的因素，运用自然科学、社会科学及艺术知识解决理家问题及一切相关问题的综合学科。

二战后，美国家政学会对家政学的定义做出修订，认为：家政学是一门以提高人类生活素质及物质文明、提高国民道德水准、推动社会进步、弘扬民族精神为目的，从精神与物质两个方面进行研究，以实现家庭成员在生活上、心理上、伦理道德上及社会公德上得以整体提升的综合科学。

1970年，日本家政概论研究委员会的文件中提出："家庭学是以家庭生活为中心，进而延伸到与之密切相关的社会现象，并包括人与环境的相互作用，从人与物两方面加以研究，提高家庭生活水平的同时开发人的潜力，为增进人类幸福而进行实证及实践的科学。"

1972年，国际家政联合会在《关于家政学定义的宣言》中指出：家政学是最为恰当地满足家庭成员在身体方面、社会经济方面、美的方面、文化方面、感情方面、知识方面的欲求，探讨家庭生活的结构及其地域社会关系结构的学科。

1978年，英国《朗曼当代英语词典》对家政学的解释是：家政学是研究持家的学问，尤其是指购买食品、烹饪、洗涤等家庭事务。

1980年，美国《新时代百科全书》对家政学做出了这样的解释：这一切知识领域所关切的，主要是通过种种努力来改善家庭生活，对个人进行家庭生活教育，对家庭所需的物品和服务改进，研究个人生活、家庭生活不断变化的需要和满足这些需要的方法，促进社会、国家、国际相关状况的发展，以利于改进家庭生活。

20 世纪 90 年代，欧洲学者提出：家政学是研究存在日常生活一切脉络中的思考方法及行为方式，是探究生活"哲学"问题的学问和教育。

（二）我国学术界对家政学内涵的认识

1933 年，由商务印书馆出版的《辞源》解释家政学为"研究治家种种事项之学。凡家事经济、衣服、饮食、房屋、装饰、卫生、侍疾、育儿及家庭教育、交际、礼仪、役使婢仆等皆赅之"。

1986 年，王乃家在《家政学概论》中认为：家政学是在了解家庭的起源、性质、结构、功能、关系的基础上，用科学的态度和方法着重研究现代家庭生活各方面的经营和管理，指导家庭生活科学化的一门学问。

1989 年，陈克进在《婚姻家庭词典》中提出：家政学又称"持家学"，指在学校和成人教育中学习与持家有关的知识和技能。

1991 年，《中国大百科全书·社会学卷》提出：家政学是以提高家庭物质生活、文化生活、情感伦理生活和社交生活质量为目的的一门应用学科。1991 年，我国第二届家政学理论研讨会认为：家政学是一门综合性应用学科，它运用科学的态度和方法，通过学习、教育和训练，使人们掌握尽可能多的知识和技能，健全家庭管理，调解人际关系，提高家庭生活质量，满足人的物质和文化的需要，全面提高人的素质，使家庭更好地发挥其各项功能。

1994 年，冯觉新主编的《家政学》认为：家政学是以整体的家庭生活为对象，从人际关系、家庭与社会的关系探讨改善家庭生活、提高家庭成员素质的知识和技巧的一门学问。

1996 年，高放等人主编的《社会学学科大词典》对家政学的解释是：家政学是以家庭生活为研究对象的一门学科。它研究和探索家庭生活规律，是以提高和改善家庭的物质生活、文化生活、伦理感情、社会交往、生活质量为目的的学问。

林仙建主编的《家政学概论》对家政学的解释是：家政学是一门综合性的应用科学，包括家庭学、社会学、心理学、教育学、公共关系学、管理学、美学以及自然科学中对家庭有用的相关部分，在现阶段来说，人们把家政说成是科学管理家庭、创造家庭幸福，实现家庭现代化，让家庭机制正常运转的指导家庭建设的应用学科。

1999 年，李玉在吉林省首届家政学学会理事大会上指出：家政学是以家庭生活为中心，在人类生活中关于人与环境的相互作用，以自然、社会、人文等诸学科为基础的，从人与物两个方面进行研究，以提高人们生活质量和全面提高人的素质，为人类的幸福做出积极贡献的实践性和综合性科学。

2009年，易银珍主编的《家庭生活科学》中指出：家政学以整个家庭生活为研究对象，旨在促进家庭生活科学化，实现家庭生活的美满、幸福、和谐。它是融自然科学、社会学、应用科学、管理科学、生活哲学、生活艺术和工艺等于一体的学问。

综合国内外学术界的各种认识，我们认为：家政学是研究家庭生活规律，以提高家庭生活质量为目的的一门综合性应用学科。家政学有狭义和广义之分。狭义家政学是家庭生活学或家庭管理学，指家庭种种事务的管理，因而又叫家庭管理学。广义家政学涵盖家庭的方方面面，包含各种工艺，如食品备置、食品加工、烹饪等，服装选购和保护、美容美发等，住宅设计、室内装潢和设计、庭院设计和管理等，妇婴卫生、育儿、儿童心理等，家庭婚姻、家庭簿记、家庭经营管理等。本书坚持从广义上来认识、理解和使用家政学这个概念。

第二节　家政学的历史渊源

家政学最早可以追溯到自家庭诞生以来，长者对幼者生活经验的传授。大约早在2 400年以前，在古希腊和中国就已经产生了成型的家政思想。

一、古希腊的家政思想

公元前300多年，古希腊思想家色诺芬写成了世界上第一部家庭经济学著作，名字就叫《家政学》（又名《家政论》，后人译名）。他认为，家庭管理应该成为一门学问，它研究的对象是优秀的主人如何管理好自己的财产，如何使自己的财富得到增加。

同时代的古希腊哲学家亚里士多德也写了一本叫《家政学》的著作，他认为"家政学是一门研究怎样理财的技术"。书中指出：财产是家庭的一个部分，获得财产的技术是家务管理技术的一个部分（一个人如果没有生活必需品就无法生存，更不可能生活美好），就如在那种具有确定范围的技术，工人要完成他们的工作，就必须有自己的特殊工具，家庭管理亦是如此。

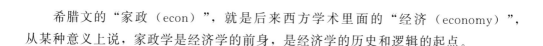

希腊文的"家政（econ）"，就是后来西方学术里面的"经济（economy）"，从某种意义上说，家政学是经济学的前身，是经济学的历史和逻辑的起点。

二、中国古代的家政思想

早在 2400 多年前，孔子提出"正心、修身、齐家、治国、平天下"，孟子更进一步强调："天下之本在国，国家之本在家，家之本在身。"儒家学派的"修身齐家""家国同构"等思想，集中体现了中国本土家政学的核心思想和价值理念，它的提出可以视为我国本土家政思想发展的历史源头。

家政思想在我国古代经历了一个比较复杂的历史变迁过程，大致可以分为三个阶段：

一是雏形期。早在春秋战国时期，就已经有了家政思想的萌芽，以孔子、孟子、曾子为代表的儒家学派提出了齐家之道，通过父子相传、师徒对话、口口相授、言传身教等方式在民众当中广为传播并不断传承。秦汉时期，随着中国文字的统一和造纸术的发明，大量的家政思想和观点得以记录、整理，形成《大学》《孝经》《烈女传》《女诫》等一系列经典之作。其中，东汉女学者班昭所著的《女诫》，从修身齐家的角度，对女子提出了"四德"，即妇德——"不必才明绝异"，只需清闲贞静、守节整齐、行己有耻、动静有法；妇言——"不必辩口利辞"，只需择辞而说、不道恶语；妇容——"不必颜色美丽也"，只需讲究卫生、服饰鲜洁、沐浴以时、身不垢辱；妇功——"不必工巧过人"，只需专心纺绩、不好戏笑、洁齐酒食、以奉宾客。"四德"之说以其鲜明的家政特点和切实的指导意义，受到了当时朝野上下的认可，成为当时女子家政的典范。这些早期范本的出现，标志着中国传统家政思想形成雏形。

二是发展期。南北朝和隋唐是家政思想蓬勃发展的时期。一方面，随着政治、经济和文化发展，人们的家庭生活方式不断变化，对家庭生活的要求也不断提高，催生出大量丰富实用的持家之术，还形成了系统化的家政思想，其代表作是颜之推的《颜氏家训》，其内容涵盖教子、治家、养生、杂艺等多个方面，最为深刻的一点是创造了"家训体"这一家教文献，在家政思想史上具有划时代的意义。另一方面，随着科举制的产生和发展，以儒家经典为范本的教育进一步主流化，作为儒家文化的重要内容，"修身齐家"的家政思想被纳入科举考试的范畴，成为官学教育体系不可或缺的一部分，理所当然地受到全社会的重视，成为天下士子的必读科目，由此奠定了家政思想的历史地位。

三是成熟期。宋元明清时期，随着中国封建社会走向鼎盛，家政思想也日益变得成熟。宋代，司马光、朱熹、刘子澄、王应麟、吕本中、袁采等一大批大思想家、大教育家直接参与编写家政的教科书，推出了《家范》（十卷）《童蒙须知》《小学》（六卷）《三字经》《童蒙训》《世范》《家政集》《戒子通录》等一系列影响深远的家政经典教科书。明代，成祖后徐氏写成《内训》，在民间广为流传。清代，随着中西方以及满汉等民族之间的文化交流和融合，中国家政教育出现了兴旺的局面，纪晓岚负责编纂的《四库全书》收录了大量的家政书籍，同时还诞生了一批集家政思想之大成的经典，如朱柏庐的《朱子家训》、曾国藩的《曾氏家书》，尤为可贵的是，以曾国藩、左宗棠、张之洞、李鸿章为代表的晚清中兴名臣，以睁眼看世界的视野、深厚的儒学功底以及卓有成效的治家实践，提出了各具特色的家政思想体系，把中国古代的家政思想推向了一个新的高度。

纵观中国古代的家政思想，尽管由于时代和阶级的局限，缺乏科学性、系统性、理论性，但在总体上仍体现出四个特点。一是知识内容实现了道与术的结合，既教以修身、处世、治家、社交之道，同时也传授养蚕、缀丝、织布等生产技能和祭祀、酒浆、祭典之礼。二是教育对象体现了男性和女性的并重。在中国古代，不仅女性要学习家政知识和持家技能，而且男性也要懂得齐家之道和治家之术，因而都要接受家政教育。三是传承方式做到了家庭教育与官学教育并举，家政既作为一种生活技能，通过家庭教育代代相传，同时也作为儒家的重要思想，被纳入科举考试之中，成为官学教育的一个重要内容。四是教育效果达到了稳定社会政治和提升家庭生活的统一，家政教育既作为统治阶级用来教化民众的一种手段，对稳定社会政治起到了积极作用，同时也作为一种生活常识教育的方式，在客观上有利于引导民众提升家庭生活质量。

第三节　家政学的发展轨迹

一、国外家政学的发展轨迹

家政学作为一门独立的学科，是近代的事情。把家政作为一门科学来研究始于美国。随着资本主义经济扩展和文化传播，家政学"漂洋过海""越山涉水"，传入其他国家和地区，在全球形成蓬勃发展之势。

（一）美国家政学的发展轨迹

1840 年，美国出版了第一部家政学论著。

1862 年，美国政府正式通过立法并提供资金来鼓励社会各级学校广泛开设家政教育课程。从 19 世纪 70 年代起，家政学在美国首先进入高等学府。

1869 年，艾奥瓦州立学院拟定了一个计划，规定所有的女生每天必须在教师指导下，在厨房、面色房或餐厅工作两个小时。三年后，他们开设了正式的家政课程，对大学三年级的女生讲授一些有关理家的知识，后来又增加了烹饪课。由于女生对这些课程很感兴趣，几年后又扩展到一、二年级学生。一些其他院校先后也开设了家政课程，当时叫做持家学（Domestic Science）。

堪萨斯农学院于 1873 年成立家政系，当时开设的课程有缝纫、食物营养和烹调改良法等。1875 年，伊利诺斯大学第一个设立了四年制的家政课程，家政学从此在大学正式确立了自己的学科地位并开始授予学位。同时，家政学作为一种职业教育迅速在公立职业学校和私立职业学校中普及。

1890 年，美国卡特琳·比彻尔女士写了《家事簿记》一书和《论家政》一文，首先对家庭问题作了科学性的探讨，并描述了解决家庭问题的实际方法，较为全面地阐述了家庭事务与管理，标志着家政学作为一门学科正式诞生。

19 世纪末，由艾伦（Ellen，S. Richards 1842—1911）倡导而兴起"家政运动"，有关食物营养、儿童保育、公共卫生、消费及女性权利等议题受到社会关注，将科学及管理概念被应用于改善家庭生活。1890 年左右，家事科成为大城市的公立学校课程，成为普通教育的一部分。至 1899 年在美国第一次家政研讨会上，约翰·杜威（1859—1952）说，对美国人民而言，再没有其他目标要比发展家政科学更为重要的了。会上将有关家庭生活研究的学问，定名为家政学（Home Economics），1909 年成立了"美国家政协会（American Home Economics Association，1909－1993）"。

随着产业分工日趋精细，加上网络与移动通信时代的来临，生活方式产生了极大的变革。家政学逐步演化为家庭和消费者科学（Family and Consumer Sciences），又称为家庭经济学。这一专业传授学生所有关于组建家庭的知识与要素，学生毕业后可以向儿童发展、家庭关系、消费经济学、个人理财、服饰设计、住房和营养学等领域发展，成为专门领域的专家。接受过这一专业学习和训练的学生在发展职业生涯时，拥有相当多的职业选择，比如教师、管理类职业、服装设计、食品加工相关职业等各种职业。为更好反映专业发展与变化，1994 年美国家政学会更名为美国家庭与消费科学学会（AAFCS）。

目前，在美国的中等教育中，家政属于独立的职业教育类。在大学中，有 780 多所大学设有家政系或家政学院，其中有一部分还授予硕士学位和博士学位。而且美国农业部设有专门的家政局，联络各州通过经济上的支持开展家庭发展规划和家政学的研究与教育。

表 0—1

阶段	家政主要发展方向/任务	年代	家政学会大事记
萌芽期 （1899 年以前）	教导年轻妇女应用科学以管理家庭生活		
草创期 （1899—1909 年）	寻求领域的专业名称、培养女性领导者、研究提升美国家庭生活水平的方法	1900s	美国家政学会成立，宗旨：改善家庭和小区的生活。
发展期 （1910—1959 年）	确定家政五大内涵为：服装织物、住宅设计、家庭管理与消费教育、食物营养、儿童发展与家人关系	1920s	通过竞赛，发扬"应用科学以改善家庭"的主张
		1930s	经济大萧条时期，家政提供技能和知识以帮助家庭适应生活形态的巨大改变
		1940s	二次大战期间，家政学者致力协助社会，如：在战争威胁压力下对童工的限制、学校午餐计划、消费者货品的质量标准
		1950s	扩展服务协助和文化交流计划，将触角延伸至其他文化，将家政专业分享至全球
成熟期 （1960—1992 年）	妇女寻求理家工作外的职业趋势及社会变动，家政学者思考家政内涵并调整专业名称以适应新的社会需求	1960s	聚焦美国社会议题，如：饥饿、药物滥用、种族主义、环境和暴力
		1970s	应家庭结构变迁及动态发展，致力提供领导和新见解
		1980s	有鉴于女性运动的批判，家政领域开始检视妇女角色的改变
再创期 （1994 年至今）	致力建立新的专业内涵	1990s	为更能反映专业发展与变化，家政学会更名为美国家庭与消费科学学会

资料来源：林如萍（2007）；魏秀珍（2002）

（二）日本家政学的发展轨迹

家政学在日本是一个历史悠久而又常青常新的学科。1899 年，日本开始正式设立家政教育机构，东京女子高等师范率先设立技艺科，奈良女子高等师范学校、私立日本女子大学也先后成立家政科，家政学作为一种职业教育迅速在公立职业学校和私立职业学校普及。二战结束后，日本实施教育改革，废除了原来的修身、缝纫、手工等科，新增设了社会课与家政科。1947 年文部省确认家政学系作为战后新制大学的学部之一。1948 年日本女子大学率先成为新制大学，并创立独立的家政学系。1949 年，日本全国性的家政学会诞生，成为日本家政学发展的权威机构。目前，日本高等学校尤其是国立大学都设有家政学系（部），而在女子大学里家政学学科更为普遍，有些女子大学甚至还设有家政学的博士和硕士点。日本在家政学方面拥有从专科到本科再到研究生的完备教育体系，其专业化和普及化的水平在全世界是一流的。

（三）菲律宾家政学的发展轨迹

菲律宾的家政学起源于美国。二战结束后，家政学作为美国殖民统治的一种文化产物被植入菲律宾，20 世纪 70 年代以后缘于其特定的经济需要而不断走向繁荣，逐步发展成为高等教育体系的重要组成部分。目前，该国的 2 000 多所大学里，几乎每所大学都有家政课，许多大学都设有家政学院（系）和家政学学科，其中不乏菲律宾国立大学这样的顶尖大学。该校是菲律宾规模最大、水平最高的综合性国立大学，成立于 1908 年，1961 年创办家政学院，是目前菲律宾国内家政学的最高学府，现有 7 个学士学位专业、5 个硕士学位专业、3 个博士学位专业方向。

二、中国家政学的发展轨迹

1907 年清光绪颁布《女子学堂章程》，把家政教育正式纳入学校教育的体系。《女子学堂章程》规定，女子不仅要学习德操，还要学习持家必备的知识和技术。当时，女子小学堂设"女红"一科，传授有关家政知识；女子师范学堂中设有家事、裁缝、手工艺等学科，并讲述保育幼儿的方法。民国时期延续并发展了家政教育的传统，把家政教育作为女子教育的重要方面，逐渐纳入初等教育、中等教育、师范教育和高等教育的序列之中，家政教育获得了长足的发展，形成了比较完备的学校教育体系。

民国时期，我国从日本、美国引进现代家政学，并传承本土家政教育的传统，在大学创办家政专业，致力于培养家政人才、推广家政教育。1919 年，北京女子师范高等学校首创家事科，面向全国招生，此后，陆续有燕京大学、河北女子师范学院、福建华南女子文理学院、岭南大学、东北大学、四川大学、金陵女子文理学院、福建协和大学、辅仁大学、国立四川女子学院、长白女子师范学院、震旦大学等 10 余所大学成立家政系。在上述大学中，家政系虽然办学规模都不大，办学条件普遍不足，但都能从时局出发，坚持特色办学，取得了较好的效果。

1949 年新中国成立后，由于意识形态的影响，家政教育作为一个整体被拆散，分别归属到服装、营养、幼教等多个专业领域。1952 年，全国高校院系调整后，大学不再设家政系，从此，家政教育在我国中断长达近半个世纪。

随着改革开放政策的实施，20 世纪 80 年代家政学研究和教育开始进入一个新的发展时期。20 世纪 90 年代末，全国曾经一度兴起"家政教育热"的现象。但是由于当时的社会大环境影响，人们把家政等同于保姆，无法从理性上认同和接纳家政高等教育，使家政学学科陷入办学困境，一些院校不得不忍痛停办。据不完全统计，目前只有吉林农业大学、湖南女子学院、北京师范大学珠海分校、聊城大学东昌学院 4 所高校坚持办家政学本科专业，另有 30 多所高职院校开办了家政类专科专业。2012 年，家政学学科首次入选《普通高等学校本科专业目录》，这标志着家政学正在朝规范化、学科化方向发展。但从总体上看，我国家政学的研究和教育还处于起步阶段，尤其是家政学理论建设和学科家政学学科建设，更需要进一步发展完善和健全。

香港地区的家政学是 19 世纪末从英国传入的，二战结束后，家政学开始被纳入香港的教育体系。尤其是 21 世纪初香港实施教育改革，家政成为新高中与基础教育课程的常规内容，家政课程教育对专业师资的需求急剧增长。同时，随着人口老龄化、家庭小型化，不断出现的家庭问题也迫切需要家政学人才。由此，一些大学开始开设家政课程和家政学学科，如香港教育学院、香港浸会大学等大学先后开设了家政学本科专业，香港大学还专门成立了家庭研究院和秀圃老年研究中心。目前，香港高校的家政学学科规模虽然不大，但也构建了从本科到硕士的比较完备的教育体系。

台湾地区的家政学最早建立于日本侵占台湾时期的六所家政学校。1945 年国民政府接收台湾后，在正规的教育体制中采用美式的家政教育。1953 年台湾师范大学设立家政系，由此开启台湾地区高校家政学学科的正规化发展历程。此后，台湾辅仁大学、中国文化大学等大学纷纷成立家政学系。20 世纪 90 年代，家政学系更名为生活应用科学系及生活应用科学研究所。经过长期的变迁和发展，台湾地区的家政学不断开枝散叶，细分和延伸到多个领域，包括家庭、食品、营养、餐旅、幼儿教育、服装、美容美发等，全台共有 30 多所高校开设家政学相关的科系或研究所，构建了从专科、本科到硕士、博士的比较完备的家政教育体系。

第四节　中外家政学的比较分析

一、美国家政学的模式

美国家政学在发展中呈现出四种模式。

（一）科际整合模式（见图 0—1）

家政学为一应用与综合科学，就是跨学科的撷取、应用不同的概念与资源于家

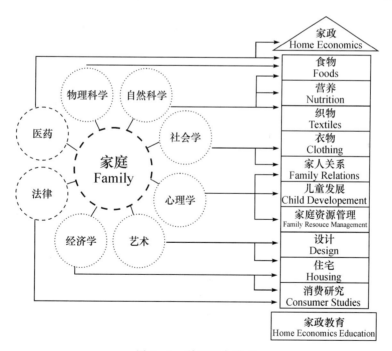

图 0—1　科际整合模式

资料来源：Darling，C. A.（1995）

政专业中。此一时期的台湾,家政学也转换成生活科学或生活应用科学。但此模式将家政学的内涵造成区隔化的问题,为后来家政各内涵逐渐独立分化埋下变因。也就是说,此模式乃因应更深入的专业需求而来。提出以强化家庭生活功能为目的,并整合其他专业于家政领域。

(二)整合模式

家政学更名为家庭与消费者科学后,基于生态架构的整合模式(见图0—2)成为焦点。重点在于个人与周围环境的关系,目的在增进个人发展、强化家庭与小区功能。虽然家庭仍为核心议题,但强调个人与所处环境(自然、人文、社会)间的交互影响。家政学各内涵间的界线已不存在,因为不论哪种内涵都会跟各种学科有关联。整合模式中亦呈现研究、教育、服务,彰显"应用科学改善生活"精神。生活应用科学更被演绎为:将专业知识引导入消费生活的平台。达林(Darling,C. A.)

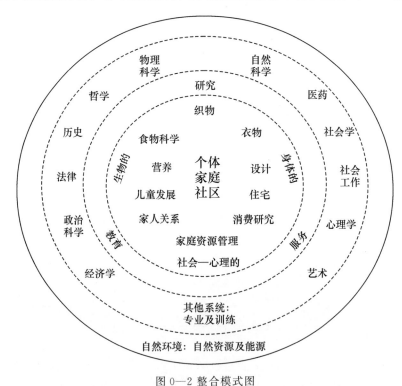

图0—2 整合模式图

资料来源:Darling,C. A.(1995)

主张：整合模式是确立家庭与消费者科学专业最适合的典范。

（三）专业互动生态模式

延续整合模式的基本理念，达林提出专业互动的生态模式（ecological perspective of professional interaction）（见图0—3），但重点加强在互动的内涵引出资源管理的概念，而此互动非单指两个个体间，层面扩及个体周围的环境。强调在互动的过程中，会发生资源的变动情形，因此要能了解与运用个人及环境的资源，方能合理消耗物品，有效达成提升生活质量、改善环境质量的目的。

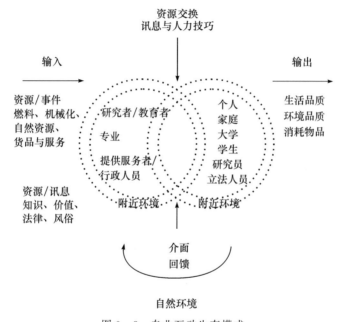

图0—3　专业互动生态模式

资料来源：Darling，C. A.（1995）

（四）家庭与消费者科学知识体系模式

1999年，家政专业组织及社团的领导人共同讨论并提出家庭与消费者科学知识体系的内涵架构（见图0—4），这个知识体系的建构，也是学术地位确立的重要历程。以生态系统观点出发，将家政与消费者科学学科中心聚焦于家庭和社会系统内，由跨学科的整合和专业发展两方面分析，提出了知识体系的模式（见图0—5）。

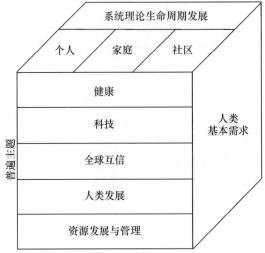

图 0—4　家庭与消费者科学知识体系概念架构

资料来源：Baugher，S. L.，Anderson，C. L.，Green，K. B.，Nickols，S. Y.，Shane，J.，Jolly，L. & Miles，J.（2000）

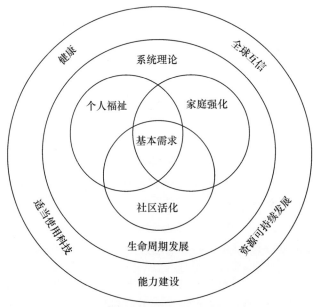

图 0—5　家庭与消费者科学知识体系模式

资料来源：Lee，C.（2001）

二、日本家政学的特点

（一）构建完备的学科理论体系

日本的家政学是广义上的家政学，是以人类家庭生活为主要研究对象，以提高家庭生活质量、强化家庭成员素质、造福全人类为目的，指导人们家庭生活、社会生活、感情伦理生活的一门综合型应用学科，其学科理论体系包含了人类家庭生活中的衣、食、住、行、用、医、教、文等方方面面，是名副其实的"大家政学"。

（二）形成广泛灵活的专业集群

目前日本的高校中约有 50 个家政类专业，大致可以分为以下五个大类：第一类是关于家政、生活方面的学科，包括家政学科、家政经济学科、环境共生学科、居住环境学科、生活科学科、生活环境科学科、生活环境信息（情报）学科、生活经营学科、生活社会科学科、生活信息（情报）学科、生活造型学科、生活美术学科、人间环境学科、人间生活学科、福利环境科、环境共生学科、福利环境设计学科；第二类是关于被服学方面的学科，包括生活设计学科、被服学科、服饰造型学科、服饰美术学科等；第三类是关于食物学方面的学科，包括营养（荣誉）学科、营养健康学科、管理营养师培养课程、健康营养学科、食品生活科学科、食品学、食品保健学、食物学、食物食品营养学、食物营养科学、食物健康科学等；第四类是关于住居学方面的学科，包括住环境学科、住居学科等；第五类是关于儿童学方面的学科，包括儿童学等。

（三）设置科学合理的课程体系

日本家政学学科的课程体系充分体现了科学性与应用性的结合、专业性和通识性的融合、时代性和前瞻性的契合，以九州女子大学家政系的人类生活专业为例，该专业主要是从衣食住行、家庭关系、生活经营、消费生活、生活工学、生活信息、自然环境等多个角度探讨并学习在现实社会中可以大显身手的知识与技能。面对人口减少与老龄化、生活环境的破坏、社会福利问题等各种各样的课题，为使学生们能够在自己感兴趣的领域里更加深入的钻研，该专业安排了富有弹性的授课计划以对应社会的各种需求。另外，该学科还采取了万全的体制以便学生们能够积极地考取各个领域的资格、证书。同时，在学习知识、技能之外，学校还设置了家庭关系学、人际关系论等课程，通过研究"内心世界"，培养学生们在教育现场和邻里之间，以及社会、家庭生活中充分发挥领导能力。

（四）强调培养应用型人才

在日本的家政学学科中，几乎所有的专业在人才培养过程中都强调应用性，即以社会需要为导向构建应用型人才培养模式。以九州女子大学家政系的营养学专业为例，该专业作为日本国家厚生劳动省批准的"管理营养师培养单位"，直接对接管理营养师这一新职业，以全员应试、全员合格作为目标，通过一系列与营养学相关的理论和实操课程，对学生进行四年细致入微的指导，使学生在毕业时既可获取营养师执照，同时还可以获得管理营养师国家级考试的应试资格，从而获得开启饮食专家之门的金钥匙。学生毕业后能够顺利就业，快速上岗，深受用人单位的好评，更难能可贵的是，通过这四年的学习，足以引领和支撑学生的整个职业生涯。正因为如此，营养学专业及家政学的其他专业深受日本本国学生的青睐和外国留学生的追捧。

（五）开辟广阔的就业领域

有资料表明，家政学专业学生毕业以后，除了大部分从事学校教育工作之外，从事的其他职业还有 60 多种。其中，营养师、食品公司开发、纤维制造、服装设计、室内外装修与装饰等居多，另外在金融业、服务业、政府机关等部门工作的学生也为数不少。从专业类别来看，家政学学科学生就业率达到 82%，与理科、工科、农业、保健与社会等专业相比，排在第四位。

三、菲律宾家政学的特点

（一）从提升家庭幸福指数的高度来确立家政学的学科发展定位

菲律宾家政学主要是培养家庭成员有效的令人满意的私人家庭生活，使家庭成员同时成为一个负责任的公民；培养家政各个领域的应用人才，包含家政教育，家庭生活和儿童发展营养的科学和技术，酒店和餐厅管理，室内设计和服装工业技术等；培养家政研究中的专用人才；通过社区扩展和志愿服务项目，提高菲律宾人民的生活水平；提升家政研究的价值，通过在家政学院的学习，使人们强调和实现自我价值，让公民具有更强的社会责任感，使家庭成为国家发展的坚实基础，并使国家成为人们生活的美好家园。

（二）以个人、家庭和社会的需求为中心设置家政学的专业体系

以菲律宾国立大学为例，其家政学院设有 5 个系、8 个学士学位专业、6 个硕士学位专业、3 个博士学位专业，其中家政教育系授予 3 种学位，包括家政学理学学士、家政学硕士和家政学哲学博士学位；家庭生活和儿童发展系授予 3 种学位，包括家庭生活和儿童发展理学学士、儿童早教学士、家庭生活和儿童发展硕士学位；食品科学营养学系授予 6 种学位，包括社区营养学理学学士、食品技术理学学士、食品技术理学硕士、食品科学理学硕士、营养哲学博士、食品学哲学博士学位；服装、纺织与室内装饰系授予 3 种学位，包括服装工艺理学学士、室内装潢理学学士以及室内装潢硕士学位；餐厅、酒店与公共管理系授予 2 种学位，包括餐厅、酒店与公共机构管理学理学学士、食品服务管理硕士学位。

（三）积极推进家政学领域的产、学、研一体化

菲律宾国立大学家政学院的家政学学科发展贯穿了产、学、研一体化的理念，该院是菲律宾家政学最高端的研究中心和专业人才培养基地，在家庭生活和儿童发展，社区营养，食品工艺，酒店、餐厅以及公共机构管理，服装工艺，室内设计等研究领域具有很高的水平，每年为菲律宾乃至亚洲培养数以百计的高端家政研究、教学、管理人才。难能可贵的是，该学院在对接产业发展方面具有卓越的建树，为"菲佣"这一国际家政品牌的长盛不衰提供了有力的学术和教育支撑。该学院还建有大量的实践基地，直接参与相关产业发展和文化传承，建有菲律宾一流的航空食品加工厂，直接为国际航空公司供应航空食品，同时还设有校园餐厅、儿童发展中心、茶室、室内装潢和工艺品实验大楼等，菲律宾的国家民族服饰博物馆也设在该院。

四、我国香港家政学的特点

（一）突出家政学的科技化和生活化导向

2007 年起，香港地区的家政学学科统一更名为科技与生活，主要研究家庭生

活、食品科学与科技以及服装、成衣与纺织等领域的问题，以协调个人、家庭、社会的关系，改善学生生活素养，促进家庭及个人健康福祉为目标，着力培养学生的生活技能和素养。

（二）突出家政学的专业化和师范性导向

香港地区高校中真正设置家政学学科专业的只有香港大学、香港教育学院、香港浸会大学等少数几所高校，其开设目的和担当使命主要在于一方面适应社会发展需要培养高端家政专业化人才，另一方面适应基础教育课程改革需要培养合格的家政课程师资力量。

（三）突出家政学的国际化和本土化导向

香港地区高校在家政学的学术领域，与欧美国家、日本及亚洲各国保持了比较密切的互动和交流，在发展思路、课程体系和人才培养模式等多个方面都借鉴了欧美和日本的经验，同时积极参与国际家政学联合会和亚洲家政学会的活动。同时，香港地区高校在家政学的学科发展中也比较突出本土化的导向，强调家政学要为提升香港民众的健康福祉服务，要适应香港家庭生活的特点和要求，要融合香港本土的家庭文化和风土人情。

五、我国台湾家政学的特点

（一）推动家政学向多元化、跨领域发展

经过不断的变迁和发展，台湾地区高校的家政学逐步演变成一个内涵丰富、覆盖面广、横跨多个领域的新型学科体系。就其在高校的系所设置来看，与家政学相关的高校院系大致可分为 6 个大类，其中包括：家庭类，如人类发展与家庭学系、生活科学系；食品营养类，如食品科学系、保健营养学系；餐旅类，如观光与餐饮旅馆学系、餐旅管理研究所；幼儿教育类，如幼儿保育系、幼儿与家庭教育学系；服装类，如服饰科学管理系、时尚与媒体设计研究所；美容美发类，如化妆品科学系、美容造型设计系。就专业群来看，与家政学相关的大学专业群涉及信息、工程、数理化、医药卫生、生命科学、生物资源、地球与环境、建筑与设计、艺术、社会与心理、大众传播、外语、文史哲、教育、法政、管理、财经、体育等18类；就其

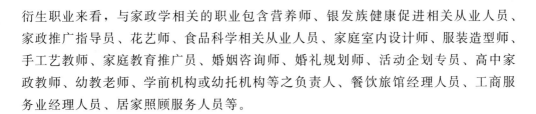

衍生职业来看，与家政学相关的职业包含营养师、银发族健康促进相关从业人员、家政推广指导员、花艺师、食品科学相关从业人员、家庭室内设计师、服装造型师、手工艺教师、家庭教育推广员、婚姻咨询师、婚礼规划师、活动企划专员、高中家政教师、幼教老师、学前机构或幼托机构等之负责人、餐饮旅馆经理人员、工商服务业经理人员、居家照顾服务人员等。

（二）构建立体式的家政学教育体系

除在中小学开设家政教育课程以外，台湾地区的高校大多开设了不同层次的家政学相关专业，大致可分为四个层次：其一是技职大学中的专科专业，包括四年制技术系（四技）、二年制技术系（二技）、七年制技术系（七技）；其二是大学中的学士专业，如台湾师范大学的人类发展与家庭学系学士班，分为家庭生活教育组、幼儿发展与教育组、营养科学与教育组；其三是大学中的硕士专业，如台南应用科技大学的生活应用科学研究所硕士班，分为餐饮组、幼儿与家庭组、时尚设计组；其四是大学中的博士专业，如台湾师范大学人类发展与家庭学系的餐旅管理与教育组博士班，辅仁大学民生学院的食品营养学位学程博士班。

（三）把中华传统家政文化与现代生活应用科学相结合

台湾地区高校在家政学的学科建构和整合发展中，一方面注重传承以儒家学说中"修身齐家"之道为核心的中华传统家政文化，并以此作为台湾家政学的根基和灵魂，从而使之保留了浓厚的中华文化色彩。另一方面强调家政学学科要适应时代转变和生活服务产业发展，转型发展成为一门应用资源管理、有效提升生活质量、改善环境质量的综合科学，呈现出明显的现代应用生活科学特征。中华传统家政文化与现代生活应用科学相结合，使台湾的家政学学科彰显出自身的特色和优势，在国际家政学界独树一帜。

六、中国家政学的现实问题和发展趋势

（一）中国家政学的现实问题

从总体上讲，我国的家政学发展还处于艰难的爬坡阶段，面临着比较严峻的挑战。

1. 家政学学科的社会认可度还不高

受传统观念的影响，大众对于家政学缺乏一个系统而又准确的认识，习惯于把家政学学科与家庭服务行业混为一谈，对家政学学科内涵和价值的理解流于低俗化，不利于家政学研究的深度拓展。

2. 家政学的学科地位尚未在学术界得到确认

家政学是一个综合性、应用性的学科，需要借助自然科学、社会科学、艺术等学科的理论和方法来解决发生在家庭生活中的种种问题。家政学的跨学科结构在我国现有的学科体制中无法获得独立的地位，也很难将自己与其他相关学科区分开来。

3. 家政学的学科团队组织比较松散

我国家政学领域的研究者还没有建立起统一规范指导下的学术团体，现有的家政学人才队伍仍以兼职、业余为主，缺乏专业化的家政学研究和教学人才，难以形成强有力的学科团队。

4. 家政学的学科内容和方法存在明显的缺失

这主要表现在借用、模仿甚至照搬欧美和日本等国家的家政学理论，系统化、本土化、特色化、国际化程度还比较低，与西方先进的家政学理论相比，表现出明显的滞后性，难以满足本国实践发展的需要。

（二）中国家政学的发展趋势

面向未来，家政学作为一门新学科，在中国的发展呈现出四个趋势。

1. 家政学的主流化

随着我国人口老龄化、家庭小型化、生活小康化和服务社会化的发展，人们对家庭生活质量的要求不断提高，家政学学科的独特价值会充分体现，得到社会各界的高度重视，从而吸引一批研究学者投身其中，同时在高等教育体系中确立并巩固自己的地位，在参与、服务、助推我国家政行业大发展的过程中实现自身的转型和提升，从学术的边缘走向中心，最终成为一个富有生命力的主流学科。

2. 家政学的系统化

家庭生活实践的发展是家政学学科发展的源泉和动力，在家庭生活实践的推动下，家政学学科将会向系统化的方向发展，研究范围将会进一步拓展，内容体系将会进一步完善，研究方法将不断推陈出新。研究者们将会综合运用相关学科的理论和方法，不断挖掘家庭生活的内在规律，对家政学进行整体建构和优化设计，从而构建出完整的家政学学科理论体系和方法体系。

3. 家政学的本土化

本土化是我国家政学学科发展的重要方向和必由路径。可以预期，未来的家政学研究者们将会以强烈的文化自觉来创新家政学学科的研究范式，对接我国现实家庭生活实践发展的需要，把西方国家的家政学理论和我国传统家政文化进行有机的融合，从而创建符合时代需要、彰显中国特色的家政学学科。

4. 家政学的国际化

在家政学的国际科学共同体中，中国作为一个家政文化历史悠久的文明之邦，理应扮演重要角色，做出卓越贡献，尤其是在建设文化强国的新时代，家政学承载着传播中华文化的特殊使命，这一文化使命将会推动我国家政学学科主动走向国际舞台，全面展示我国传统家政文化的特色和魅力。同时，在全球文化融合的大背景下，我国的家政学研究者将会自觉融入家政学的国际科学共同体，与国外家政学者开展学术对话和交流，学习借鉴并合理吸收别国的优秀成果和先进经验，从而推动我国家政学从学科自觉走向学科自信再到学科自强。

第五节　建构中国特色家政学学科的基本设想

美国家政学家瑞斯顿说："国力的提高，有赖于国人的素质。人人都有家庭，研究家庭，帮助家庭提高生活质量和管理水平，帮助国人提高生活素质，这是提高国力的基础。家政学正好承担这个重任。"美国著名哲学家、教育家，实用主义哲学的创始人之一约翰·杜威说："对美国人民而言，再没有其他目标要比发展家政科学更为重要的了。"对于中国来说，探索建立具有中国特色的家政学学科，既是时代发展的需要，也是民生福祉之所盼。

一、学科定位

家政学是社会学的一个分支，是一门以家庭生活作为研究对象、以所有的家庭成员为行为主体、以提高家庭生活质量为根本目的新型学科。它具有五个明显的特点。

（一）独立性

家政学并不从属于其他学科，而是作为一个独立的学科存在，有其独特的研究对象、行为主体、根本目的，也有其自身的内容体系、空间视阈、内在机制，更有其客观存在的历史底蕴、时代价值、社会需求。在家庭生活这个极为重要而又十分特殊的领域里，家政学是最能够引领和指导人们行为实践的科学，除此之外，没有其他任何一个学科能够取代它。

（二）民生性

家政学并不研究和讨论那些宏大的命题，也不是要解决高精尖的技术难题，而是着眼于探究家庭生活中的理论和实践问题，指导和帮助人们充分把握和自觉运用家庭生活的内在规律，科学理性而自在从容地解决自身在家庭生活中遇到的各类问题。从某种意义上讲，家政学与民生息息相关，是直接为改善人们生活服务的。

（三）整合性

作为家政学的研究对象，家庭生活是一个内容丰富、包罗万象的复杂系统，这就决定了家政学学科具有整合性。面对家庭生活可能遇到的各种各样的问题，必须综合运用自然科学、人文社会科学、应用科学、管理科学、生活哲学等各学科研究的成果，从而使家庭生活条理化、科学化。纵观我国现有的 13 个学科门类，即哲学、经济学、法学、教育学、文学、历史学、理学、工学、农学、医学、军事学、管理学、艺术学，几乎每一个学科都能为家政学提供资源，都能为家政学所用，有家政学者指出：家政学具有哲学的高度、历史的厚度、生活的深度、数学的精度、管理的力度、文学的温度、艺术的浓度。正是通过知识整合、兼容并蓄、博采众长，家政学才得以升华为生活的艺术。

（四）实用性

家政学不是唯理论的学科，更多的是强调实际应用，从生活理念、生活态度、生活常识、生活技能、生活艺术等角度，探讨人们在家庭生活中对物质和精神文化需求的全面、综合的满意程度，统一人们对家庭生活的认识和看法，指导人们科学、正确地对待家庭矛盾、处理生活琐事、提高生活质量，让人们生活得更加幸福和美满。

（五）传承性

家政学不是当代新创的科学，而是一脉相承、代代相传的科学，具有深厚的历史底蕴，批判地继承了数千年来人类文明发展的优秀成果，集合了一代又一代的人对家庭生活的思索和感悟，尽管在不同的历史时代有不同的关注重点和表现形式，但是从整体上看，修身齐家、增进福祉、追求幸福的核心理念始终贯穿于家政学的发展之中，体现了文化的传承性。

（六）国际性

家政学作为一种生活之道、幸福学问，并不专属于哪一个国家、哪一个民族，而是满足于全人类的生活需求、服务于世界人民的家庭建设。尽管各个国家、各个民族都有自己历史、地理、文化，因而孕育了丰富多样、特色各异的家政思想和理论，但是其中包含着许多国际通用的思想观点和知识技艺，相互之间可以进行有效的互动、对话甚至融合。

二、基本内容

（一）从横向来看

家政学的内容包括礼仪、服装、膳食、居住、出行、家庭经济与消费、卫生与保健、家教、休闲娱乐、家庭伦理与人际关系、家庭生活管理。

（1）礼仪——包括：一般礼仪、社交礼仪及姿态与仪容等。

（2）服装——包括：织物的类别与选择、服装设计、服装管理。

（3）膳食——包括：食物与营养、膳食设计、食品安全与卫生、食品制备与加工等。

（4）居住——包括：居住环境的认知与选择、住宅的设备与管理、室内环境的布置与美化、家庭园艺的设计与管理。

（5）家人关系与家庭生活——包括：社交与择偶、婚姻与家庭、家庭生活周期、家人关系、家庭问题等。

（6）亲职教育——包括：个体的成长与发展、家庭教育、老年问题等。

（7）家庭经济与消费——包括：家庭收入与支出、家庭预算、家庭经济的管理、消费常识等。

（8）家庭管理——包括：家庭生活计划、家庭工作简化、家庭法律常识等。

（9）休闲生活——包括：休闲生活的类别、休闲生活方式的选择、休闲与家庭的关系等。

（二）从纵向来看

家政学的内容包括家庭制度、家庭经济学、生活科学、家庭法律、家庭社会学、家庭管理学、家庭艺术、家庭生活哲学。

（1）家庭制度——包括：家庭与社会、国家，家庭制度与风俗文化，家庭结构与功能等。

（2）家庭经济学——包括：家庭收入、家庭支出、家庭预算、家庭消费等。

（3）生活科学——包括：饮食、衣着、居住、礼仪、幼儿保育、老人照顾、休闲娱乐等。

（4）家庭法律——包括：婚姻缔结、财产继承、劳资关系、消费法规等。

（5）家庭社会学——包括：婚姻与家庭、家庭成员关系、家庭成员沟通与互动、青少年亲职教育、老人亲职教育等。

（6）家庭管理学——包括：家庭管理的功能、家庭生活日常事务的管理、家庭生活安全、家庭幸福指数等。

（7）家庭艺术——包括：生活美学、时间与空间、茶艺、花艺与园艺等。

（8）家庭生活哲学——包括：人与自然的友好相处、身心的平衡与和谐、生活智慧与服务之心、小我与大我等。

三、时代价值

家政学界有句名言：只要你是一个正常人，还想像一个正常人一样生活，就应该学家政学，懂家政学，用家政学。这段话虽不完全准确，但在一定程度上反映了家政学的时代价值。

（一）增进国民健康

家政学所涵盖的内容，如居住的环境卫生、饮食的营养均衡、衣着的舒适保温、生活的起居规律、工作及休闲的安排、美的陶冶与爱的滋润，均直接或间接有助于国民健康。

（二）稳固婚姻关系

婚姻的关系是建立在家庭的基础上。透过家庭教育，在婚前，教导青年注意礼仪，以及与家人和朋友相处的道理，进而探讨择偶、组成家庭。婚后，教育已婚男女互敬、互爱、互谅、互助的夫妻相处之道。

（三）培育下一代

通过正确的亲子教育，避免父母对子女产生溺爱、偏爱、期望过高或漠不关心的种种缺失。文化背景、教育程度、经济状况及生活水准均会影响父母教育子女的原则与方法。

（四）培养家政人才

文化越进步社会分工越精细，现代家政范围非常广泛，所以必须设置专门的学科专业来推行家政教育。

（五）增强消费者的常识

农业社会自给自足，工商社会互助互利。家政学使大家了解如何选购、使用及保养产品，而不受蒙骗。

第一章

家庭观与家庭制度

第一节　家庭的起源与发展阶段

一、家庭的概念

"家"或"家庭"这个词，英语中有两个词表示：一为 Home，是住宅、庭院、居室之意；一为 Family，在社会学中作"社会组织形式"和"社会细胞"的意义使用。Family 来源于拉丁文 Familus 和 Familia 两个词。Familus 是指一个家庭的奴隶，Familia 则是指属于一个人的全部奴隶，后来慢慢演变为包括家庭全体成员、包括奴隶在内的一种社会群体。本书中所讲的"家庭"是 Family 这个词。"家"最初可能是指宗庙，后来演变为人的住宅，故《易·家人》释曰："人所居为家。"不管家庭最初是什么，它现在已经演进为特指具有某种确定的亲属关系的成员组成的一种人类社会群体，这一点已经为学界所认同。

家庭作为社会组织形式和社会群体，一般包含婚姻关系（确切地说是夫妻关系）、血缘关系（在个别情况下包括收养关系或领养关系）和经济关系（共同消费）。同时，家庭又与一定的伦理关系诸因素联系在一起。因此，家庭是一种关系相当复杂（几乎涉及人与人之间的所有关系）的社会细胞，是介于个人与社会之间的基本社会群体。至此，可以给家庭下这样一个定义：家庭是指建立在婚姻、血缘或收养关系基础之上的，以共同居住、共同生活为特征的人口群体或社会组织形式。家庭具有双重身份，或称家庭的二重性。一方面，家庭是社会这个综合系统的一个基本组成单位或子系统，家庭是社会的细胞；另一方面，家庭是社会的一个基本经济收支单位，家庭通过家庭成员的劳动获取收入，并为家庭成员的生活进行支出，家庭是一个经济细胞。

二、家庭的起源

人类的家庭从最早的血缘家庭算起，已有 20 多万年历史，而有文字记载的历史却只有 4 000 多年。马克思、恩格斯认为，家庭是个历史范畴，是人类社会发展到一定阶段的产物。在远古的原始群团时期，人类还没有家庭。马克思在《摩尔根

（古代社会）一书摘要》中指出："最古是：过着群团的生活实行杂乱的性交；没有任何家庭；在这里只有母权能够起某种作用。"恩格斯在《家庭、私有制、国家的起源》一书中也认为，人类最初实行杂婚，没有家庭，各种各样的家庭形态是在杂婚之后产生的。这表明，家庭并非是从来就有的，原始社会的人类是没有家庭的，这是由于当时没有家庭细胞存在的条件。原始人群通过集体劳动来争取生存，除随身携带的工具（武器）外，任何人都不占有生产资料，产品分配的形式是共同消费，两性之间是杂乱的性关系。在这种生产力水平极其低下，生产资料共同拥有，产品共同消费的条件下，家庭作为一个经济细胞是不可能存在的。

那么，家庭是如何起源的呢？对此，恩格斯在《家庭、私有制、国家的起源》一书中，对家庭的起源和发展做了比较详细的考察。他根据摩尔根的材料综合分析了从原始的杂乱性交关系中发展出的血缘家庭、普那路亚家庭、对偶制家庭、一夫一妻制家庭等几种家庭形式，指出："群婚制是与蒙昧时代相适应的，对偶婚制是与野蛮时代相适应的，以通奸和卖淫为补充的一夫一妻制是与文明时代相适应的。在野蛮时代高级阶段，在对偶婚制和一夫一妻制之间插入了对女奴隶的统治和多妻制。"因此，家庭的起源并不是个人性爱的结果，它同个人性爱没有任何关系。它的产生不是以自然条件为基础，而是以经济条件为基础的。一夫一妻制家庭是"以私有制对原始的自然产生的公有制的胜利为基础的第一个家庭形式"，其产生的时间并不长，只有几千年的历史，它的产生是以有剩余消费品，男子地位大大高于女子为前提条件的。一夫一妻制家庭的出现，表明当时的生产已经不是以一个氏族为单位，而是以家庭为单位了。从这时开始，家庭便成为社会的经济细胞。

三、家庭的发展阶段

家庭是一个历史范畴，随着社会由低级阶段发展到高级阶段，家庭也经历了四个发展阶段，并不断向更高级的家庭形式发展。

血缘家庭是家庭史的第一个发展阶段。在血缘家庭形式里，所有祖父祖母互为夫妻，构成第一轮夫妻圈；所有子女互为夫妻，构成第二轮夫妻圈；所有孙子孙女互为夫妻，构成第三轮夫妻圈；所有曾孙子女同样互为夫妻，构成第四轮夫妻圈。在这一家庭形式中，仅排斥了祖先和子孙之间、父母和子女之间的性关系，兄弟姊妹可以互为性关系。因此，恩格斯在《家庭、私有制、国家的起源》中指出："这种家庭的典型形式，应该是一对配偶的子孙中每一代都互为兄弟姊妹，正因为如此，也互为夫妻。"

普那路亚家庭是家庭发展的第二阶段。普那路亚，系夏威夷语，意思是亲密的同伴。这一家庭形式的主要特征是若干数目的兄弟和若干数目的姊妹在一定的家庭范围内，相互的共妻和共夫，但是妻子的兄弟（同胞的和旁系的）被排斥在外，同样，丈夫的姊妹（同胞的和旁系的）也被排斥在外。丈夫之间不再互称兄弟，也不再必须是兄弟了，而是互称普那路亚；同样，妻子之间不再互称姊妹，也不再必须是姊妹了，而是互称普那路亚。普那路亚家庭是群婚制的高级形式，是家庭形式上的第二个进步，其进步在于排斥了兄弟姊妹之间的性关系。从在个别场合排斥同胞兄弟姊妹之间的性关系开始，逐渐形成惯例，最后发展到禁止旁系兄弟姊妹之间的性关系，其结果是导致了氏族制度的建立。

对偶制家庭是家庭发展的第三阶段，产生于蒙昧时代和野蛮时代交替的时期，是野蛮时代所特有的家庭形式。随着氏族的日益发达和婚姻禁规日益错综复杂，群婚越来越不可能，最后被对偶制家庭所代替。对偶制家庭是群婚制向个体婚制的过渡形式。在对偶制家庭阶段，一个男子和一个女子在一定时期内结为夫妻，共同生活，但不稳定，随时可以离异。对偶制家庭阶段，多妻和偶尔的通奸仍然是男人的权利，尽管由于经济原因，很少有实行多妻制的；相反，在同居期间，多半要求妇女严守贞操，倘若发生了通奸行为，将受到残酷的处罚。这一阶段的婚姻关系很容易由任何一方解除，子女像以前一样仍然只属于母亲，不过，父亲的身份也是在这种家庭形式下逐步确立的。

专偶制家庭或一夫一妻制家庭是家庭发展的第四阶段。在野蛮时代的中级阶段向高级阶段的过渡时期，随着财富转归家庭私有并迅速增加起来，随着家庭中丈夫经济地位的升高以及父亲身份的确立，对偶制家庭逐渐过渡到专偶制家庭或一夫一妻制家庭。这是文明时代开始的标志之一。一夫一妻制家庭是以丈夫的统治为基础的，其明显的目的就是"生育有确凿无疑的生父的子女；而确定这种生父之所以必要，是因为子女将来要以亲生的继承人的资格继承他们父亲的财产"。与对偶制家庭相比，一夫一妻制家庭的婚姻关系要牢固得多，已经不能由双方任意解除了；同时，只有丈夫才可以解除婚姻关系，赶走他的妻子。但是，这时丈夫仍然享有对婚姻不忠的权利，并且随着社会的进一步发展，这种权利行使得越来越广泛；同样，如果妻子想要恢复昔日的权利，她将遭到更严厉的惩罚。因此，一夫一妻制家庭从一开始就具有它特殊的性质，那就是它只是对妇女而不是对男子的一夫一妻制。

家庭产生之后，便随着社会的发展而不断发展。根据马克思和恩格斯的观点，家庭形态的发展变化，归根到底是由物质生产的发展水平和社会经济关系决定和制约的。马克思在 1846 年就说过："在人们的生产力发展的一定状况下，就会有一定的交换和消费形式。在生产、交换、消费发展的一定阶段上，就会有一定的社会制度、一定的家庭、等级或阶级组织，一句话，就会有一定的市民社会。"1884 年他又指出："宗教、家庭、国家、法权、道德、科学、艺术等等只不过是生产的一种特殊方式，服从着生产的一般规律。"恩格斯根据马克思的这些观点，在《家庭、私有制、国家的起源》一书中着重论述了家庭发展变化的社会经济根源，确认历史上依次更替的不同家庭形态，大体上是和人类社会发展的不同阶段相适应的。

第二节　家庭的地位与功能

一、家庭的重要地位

家庭是进行人口再生产的基地，是子女的第一个学校，是进行人力资本投资的重要处所。家庭对于一个人身心的健康成长，包括对于子女的健康、教育投资以及成年人的继续教育和心理抚慰，也即人力资本的积累、国民素质的提高，是根本性的。家庭同时是具有巨大利益和深刻感情的社会组织。家庭的根本价值是关爱、互惠、利他乃至牺牲精神。著名社会学家涂尔干指出："家庭是学习自我牺牲和自我克制精神的课堂，是至高无上的道德圣地。"家庭也是最容易发生利他行为的地方，亲情充溢其间是家庭完成其功能的保证。作为社会的细胞，和谐家庭建设是和谐社会建设的重要基础。如果家庭不稳定、不和谐，社会就会不稳定、不和谐。

二、家庭的基本功能

家庭功能是家庭与社会相互联系和作用过程中所具有的满足人类生存的各种需要以及适应和改变社会环境的功用和效能。作为社会的基本单位，家庭承载着多种功能。

（一）经济功能

家庭的经济功能无论是对人的生产而言，还是对人在家庭中的各种生活活动而言，都起着基础性作用。家庭在进行人口的生殖繁衍中，在对人进行养育、教育、抚养、赡养的过程中，都要以衣、食、住、行、用的物质生活资料的生产和消费为基础，因此，经济功能包括两个方面：生产功能和消费功能。而生产功能又包括组织物质生产的功能和组织货币收入的功能；与之相适应，消费功能包括生产资料的消费和生活资料的消费。在自然经济时代，社会生产与家庭生产密不可分，共存于家庭之中。家庭的生产功能十分发达，对社会发展起着重要作用。到现代工业社会和知识经济时代，家庭的生产功能正在削弱，生产消费也随之弱化，而家庭对衣、食、住、用等生活资料的消费比例，却日益上升，生活消费功能逐步强化，家庭日趋变为一个生活消费单位。

（二）生育功能

生育功能即人口的生殖繁衍功能。人类只有生育子女，绵延种族，才能延续人类社会，否则人与社会都无法存在。自家庭产生以来，人口的生殖繁衍始终在家庭中进行，但会受到社会生产力发展水平、社会经济制度、政策法律、文化传统、风俗习惯等多种社会因素的制约，同时也与个人的经济收入、文化教育水平有密切关系。在农业自然经济时代，子女能给家庭带来经济利益，人们在生育观和生育意愿上普遍倾向于早生、多生，家庭的生育功能较强。到现代工业社会，随着人们物质生活水平和文化教育水平的提高，人们看重的是个人价值和个性发展，不再重视传宗接代，生儿育女主要是为了充实夫妻感情，活跃家庭生活。随着育儿费用的提高，人们在生育观和生育意愿上则倾向于少生、优生，家庭的生育功能正在发生变化。

（三）教育功能

教育功能指家庭对其成员所起的教育作用，不仅包括对未成年人的教育，也包括家庭成员之间的相互教育和影响。对任何人来说，最浅显最基础的教育，都始于家庭。所谓父母是孩子的第一任老师，父母的言谈、举止和品格往往对孩子的一生产生重要的影响。即便孩子在接受学校和社会的正规教育之后，家庭教育并未中断，并且持续地产生影响，这种影响会延续到老，所以，家庭教育又是终生教育。人的一生始终受着家庭教育潜移默化的影响。在传统的农业社会，人类的知识传授、文化传授、道德传授，都在家庭中进行。家庭是对青少年进行生活与职业教育的主要场所，教育功能较强。到现代工业社会，学校教育和社会教育上升到主要地位，家庭教育下降到次要地位，虽然家庭对于教育的投入力度日趋加大，但教育功能相对减弱。即使如此，它的重要性也不容忽视。当前青少年犯罪之所以日益增多，固然有多种原因，其中之一，就是人们盲目依赖学校教育，忽略了家庭教育，或家庭教育不当造成的。

（四）扶养和赡养功能

扶养和赡养功能，指家庭对成年人的扶养和对老年人的赡养，目的在于对原有人口生命的保全和延续。

扶养是同代人之间，主要是夫妻之间互尽供养的责任和义务。它不仅意味着成年人在社会劳动中所消耗的体力和精力要在家庭中得到恢复和补充，还意味着他们在生病、伤残、失业的时候，能得到配偶的经济供给、生活照料和精神支持。自有人类以来，男女结为夫妻，组成家庭，为的就是生活中能相互依赖，物质上能相互扶持，精神上能相互支撑。只不过在不同的时代，夫妻之间的扶养性质有所不同罢了。

赡养是下代人尽供养的责任和义务，包括子女对父母的赡养、孙子女对祖父母、外祖父母的赡养。人到老年之后，不仅要丧失劳动能力，还要丧失生活的自理能力。在农业自然经济时代，赡养是家庭的重要功能。当长辈年老体衰之时，晚辈要承担全部的经济供给、生活照料和精神慰藉任务，养老送终是儿孙们不能推卸的社会责任。到现代工业社会，随着社会保障制度和福利事业的发展，对老人的经济供给逐步由家庭转向社会，但生活照料和精神安慰依然需要家庭中的儿女来承担。当前西方发达国家的老年孤独之所以成为严重的社会问题，就因为老年人的物质赡养解决之后，家庭放弃了对他们的精神赡养。目前世界人口正趋向老龄化，家庭的赡养功能不能完全解除，在经济不发达的地区更是如此。

（五）文化功能

家庭的文化功能包括文化娱乐功能和文化传承功能两部分。文化娱乐功能，指组织安排家庭成员的文化娱乐活动，满足人们的精神文化生活需要，包括组织家庭成员进行各种有益的文化娱乐活动，诸如看电影、电视、听音乐、听戏、学绘画、练书法、搞摄影等文艺性活动，旅游、登山、赛跑、打球、习武、下棋等体育性活动、集邮、种花、喂鸟、养鱼等鉴赏性或消遣性活动。通过这些活动，提高人的智力和体力，陶冶人的性情，增添人的生活情趣，促进社会的文明进步。文化传承功能，指人类文化通过家庭的代际传承，对社会的文明进步发生作用。自有人类以来，家庭一直是个文化传承单位。家庭的文化传承，主要是民族文化的代际传续。家庭成员在日常的生产和生活之中，在讲故事、唠家常、进行各种文化娱乐活动之中，上代人总是把自身承载的民族文化传统，连同自己的价值观、思维方式、行为方式、生活方式等，在不知不觉之间传授给下一代人。下代人接受这一文化范型时，将其内化为自己的本质，并根据自身所处的社会环境的需要，对其进行复制、改造和创新，以新的形式再现上代人的文化，从而使民族文化在遗传和变异中不断升华和更新。文化的遗传和变异，存在于世世代代的家庭成员之间。一个国家一个民族的文化传承，虽然不完全局限于家庭之中，但家庭的代际传承对民族文化的延续和发展起着重要的作用。它不仅同人的社会化有极为密切的联系，对人类进步和社会文明也有重要的影响。

三、家庭地位与功能的变迁及比较分析

在传统社会中家庭所担负的职能在现代社会中正逐渐从家庭中转移出去，即家庭职能逐渐社会化。也就是说，在传统社会中，人们只能在家庭中得到满足的东西，在现代社会中，绝大多数可以从社会直接获得。因此，从这个意义上说，家庭对于现代人的意义下降了。随着现代社会经济水平的提高和科学技术的发展以及分工的日益细化，家庭的功能也在发生着调整和变化。总起来看表现在以下几个方面：

（一）家庭的经济功能发生变化

家庭的各项消费和支出主要依靠家庭成员在市场上获得的劳动报酬或工资收入来满足，而不是依靠家庭自己的生产来提供。家庭的主要经济行为已由生产转为了消费。以家庭为单位，他们进行着最主要的购买消费，如购买房屋、汽车等。在经济学概念上，女人与男人的差异越来越小，妻子在经济来源上已经不依赖丈夫的支持。有的妻子挣的钱和丈夫一样多，甚至有的会高于丈夫。妇女职业化的转变，使得家庭的工作角色开始发生变化。男性也开始扮演女性的角色，比如在妻子出差期间，丈夫会照顾代替妻子照顾孩子等。

（二）家庭的生育功能不是变得弱化而是变得越来越理性

从家庭适应社会的意义上说，生育功能不是削弱了，而是随着社会生产方式的进步而更理性化了。在中国，传统家庭是为了传宗接代、养儿防老以及增加劳动力等，而现代家庭则已实行计划生育，多数人已把生养孩子看作是对社会尽义务，认为是一种感情的追求、爱情的果实和夫妻关系的纽带，家庭幸福的重要内容体现在生孩子不再追求数量而追求质量，不再计较性别而讲究附着在孩子身上的意境及其所带来的愉悦。

（三）在城市，家庭教育的资金投入越来越大，而在农村，家庭教育缺失却越来越严重

进入现代工业社会，社会化大生产所需要的文化技术知识越来越复杂，层次也越来越高，随着教育的社会化和现代教育手段的变化，知识教育和职业教育的绝大部分任务转移到学校，家庭教育存在缩小的趋势。在中国，传统家庭承担着对子女进行职业培训和生活知识传授的功能，家庭还承担着生活知识、伦理道德等人生的教育。现代学生的教育水平的提高，在城市家庭明显出现了新的教育形式，请家教、上各种兴趣爱好的培训班、各种学科辅导班、上班族把辅导和监督小孩完成作业放到托管中心代劳等。在农村，由于父母常年在外打工，只负责孩子的教育费用，顾不上孩子心灵的成长。大量的留守儿童不是跟着年迈的爷爷奶奶，就是自己照顾自己，家庭教育缺失现象越来越严重。这与西方是不同的，西方的社会福利使得小孩可以脱离家庭而完成基本的学业阶段，在中国，家庭教育的投入依然由父母来承担，只是施教者发生了变化或者缺失。

（四）纵使很多老人选择在养老院颐养天年，但居家养老依然是中国家庭的常态

在西方社会，随着医疗技术的发达和医疗福利设施的齐全，家庭的赡养功能明显削弱。但是老人的孤独感明显增加，这是因为一方面西方社会对于老人的物质赡养丰富，另一方面对于老人精神的抚慰却越来越缺乏，老人越来越远离家庭的温情。与西方其他国家比较起来，居家养老依然是中国家庭特色。在城市，一部分思想开明并且经济条件较好的老年人选择在养老院养老，但是由于经济水平还有待提高，再加上中国农村人口占大多数，中国养老的执行主体仍是家庭，在人口老龄化日趋

加剧的相当长一段时期，如何发挥家庭赡养老人的功能，使老人颐养天年，仍是摆在中国人面前的一项重大课题。

（五）家庭的文化功能也在发生着变化

随着现代公共设施的发达以及娱乐的商品化，家庭的文娱功能在现代社会也出现部分外移，如到电影院、剧院、音乐厅、舞厅和体育馆去进行文化娱乐活动等。但随着电视机、音响回到了家里，运用电视机、录放机、收音机、电脑等学习现代知识，了解国内外时事信息，在家里观看文体和新闻节目，在家里自娱自乐，这种家庭的娱乐方式进一步加强了家庭成员的接触和联系，深化了家庭情感。生活娱乐功能需求提高的结果，与传统中国家庭的娱乐方式相比，家庭成为一个必不可少的娱乐中心。

总之，人类家庭总是伴随着社会因素的变化而不断发展，现代家庭对传统家庭来说是超越和发展，但这种超越发展是不断地适应社会的新变化，是家庭形式的不断完善，家庭功能变迁并不能说明是家庭总体功能的弱化和丧失，而是转化与调整。

四、"家庭悲观论"与"家庭乐观论"

在西方发达国家，对于家庭的地位的探讨存在两种截然相反的观点。一种是"家庭悲观论"，一种是"家庭乐观论"。这两种观点也深刻影响了我国学界对于家庭的认识。

"家庭悲观论"者认为，首先，社会接管了家庭的教育功能，家长不再承担教育责任，使得未成年人的教育被幼儿园和各级学校代替，养育孩子不再被视为只是家庭的责任，而成为社区或社会组织的责任。如果夫妻一方觉得不能再与配偶相处，在心理上会很容易地产生离婚的念头，因为他（或她）会认为这样做并不至于使孩子的生活受太大的影响。其次，社会也接管了家庭的保护和护理功能：家庭成员的人身安全由警察和法庭保护，病人有医生和护士以及现代医疗设备为其服务，产妇被送到产科医院为其接生，老人在养老院颐养天年等，这就减轻了家庭成员之间的依赖关系，个人与家庭之间的关系日渐松散。最后，社会接管了家庭的情感交流功能：特殊兴趣社团遍及全国各地，成为人们寻求共同兴趣的情感依托。它们的出现，把更多的人引向家庭之外，家庭成员的沟通减少，矛盾也就自然而生。同时，随着更多的人挣扎于离婚和再婚后特殊的家庭生活问题中，离婚和再婚父母协会开始出现，甚至建立所谓的"离婚俱乐部"组织，专门供具有共同经历的人交流。总之，"家庭悲观论"者认为，社会在越来越大的程度上改变了人们对家庭的依赖，并削弱或取代了家庭原先具有的许多功能，于是家庭及家庭稳定性的意义相对削弱，显得不那么重要了。正如美国社会学家拉希（Lash）所言："现代家庭成了政府及各种社会机构蚕食下的牺牲品。"

而持"家庭乐观论"者认为，尽管存在着单身、同性恋、集体群居、交换婚姻等现象，但绝大多数人仍过着正常的婚姻家庭生活。1985年，兰道尔·柯林斯在他关于婚姻和家庭的教科书第一版的末尾写道，"我们正开始理解的一个结论就是，在所有这些变化之下，家庭并非在根本性地变弱，在某些方面，家庭甚至比以前更强大了"；"在一个人人都是某个家庭一部分的时代，流行的应该是爱的论调。尽管家庭中也有矛盾与冲突，然而家庭似乎比以往处于更好的状态"。美国社会学家、结构功能主义的主要代表人物科特·帕森斯也强调，现代工业基于成就价值之上，而不是血亲观念与关系之上，现代工业需要人力流动，需要"自由劳动力"以有利于经济发展。传统的扩大家庭模式、亲属聚集现象，已不能适应这种需要，必须解体，向着小型化核心家庭模式演变，亲属关系和观念需要淡化。

我们认为，传统家庭职能的弱化是社会进步的表现，是与国家的经济、社会、科技等因素密切相连的，是不为人的意识所转移的客观规律。家庭功能的弱化和丧失，由社会机构取代，减轻了家庭的负担，密切了家庭与社会的联系，应视作社会进步的表现，也是现代化进程的发展趋势。同时也克服了传统核心家庭的缺陷，提供了创造家庭模式的个人自由，满足了人们追求个人幸福的愿望，适应了人们在生活道路上不断变化的需要。

第三节　家庭的结构与类型

一、家庭的基本结构

什么是家庭结构，它的含义是什么？学术界对这个问题一直众说纷纭，认识不一。有人认为"家庭结构是家庭存在的表现形式"；有人认为"家庭结构是指家庭成员的组合形式"；还有人认为"家庭结构是人口层次的组合方式"；也有人把家庭结构和家庭类型混合在一起使用，并称之为"家庭结构类型"；还有人把家庭结构等同于家庭类型。人们各抒己见，争议不休。有学者根据 2000 年第五次全国人口普查的有关数据，对当代中国家庭结构的基本状况做了较为准确客观的把握，将当代中国的基本家庭结构分为以下六类：（1）核心家庭；（2）直系家庭（主干家庭）；（3）复合家庭；（4）单人家庭；（5）残缺家庭；（6）其他。据此划分，我们认同邓伟志、徐榕在《家庭社会学》中所下的定义："家庭结构是指家庭中成员的构成及其相互作用、相互影响的状态，以及由于家庭成员的不同配合和组织的关系而形成的联系模式。家庭结构是在婚姻关系和血缘关系的基础上形成的共同生活关系的统一体，既包括代际结构，也包括人口结构，并且是二者组合起来的统一形式"。

二、家庭的基本类型

正如学界对家庭结构的定义和内涵的认识一样，家庭的基本类型也是众说纷纭，莫衷一是。本书认为，家庭类型既存在于家庭结构之中，又有自己独具的特征。每种家庭结构可能包含与其相适应的各种家庭类型。家庭类型的划分标准不一，那么家庭类型的划分结果也不相同。

（一）根据家庭结构的不同，家庭可以划分为不同的类型

五类家庭基本结构可以继续划分为不同的家庭类型。比如，核心家庭可划分为四类。第一类，夫妇核心家庭，指只有夫妻二人组成的家庭。若从与户主关系的角度表述，指户主与其配偶组成的家庭。第二类，一般核心家庭，或称标准核心家庭，指一对夫妇和其子女组成的家庭，或称户主与配偶及其子女组成的家庭。另外一种关系形式也属标准核心家庭，即未婚子女为户主，与其父母及未婚兄弟姐妹组成的家庭。因为它是核心家庭的完整形式，亦为最普遍的核心家庭。第三类，缺损核心家庭，或称单亲家庭，指夫妇一方和子女组成的家庭，或称户主与子女组成的家庭。同样，未婚户主与父母一方组成的家庭也是残缺核心家庭。第四类，扩大核心家庭，指夫妇及子女之外加上未婚兄弟姐妹组成的家庭，或称户主与配偶、子女及未婚兄弟姐妹组成的家庭。

（二）按角色完整程度划分，家庭有两种类型，即健全家庭、残缺家庭

健全家庭一般是指由健全的父母和子女所构成的家庭。残缺家庭是指家庭角色

不全的家庭，包括单亲家庭和单身家庭。单亲家庭是指双亲不健全的家庭。单亲家庭又可分为父亲单亲家庭、母亲单亲家庭。单身家庭是指一个人单独生活的家庭，如：鳏寡孤独。

（三）根据爱情状况划分，家庭有三种类型，即爱情型家庭、责任型家庭、危机型家庭

爱情型家庭是建立在牢固、深厚的爱情基础上的夫妻恩爱型、全家和睦型家庭。责任型家庭是夫妻之间缺乏爱情，但双方出于对子女和父母的义务和责任、出于社会舆论的压力，而被迫维系的家庭。例如，电视剧《激情燃烧的岁月》中的褚琴与石光荣的家，开始就属于责任型家庭，体现了褚琴对党组织的安排高度负责任。危机型家庭一般来说是指夫妻双方建立婚姻、家庭后，因一方或双方违法乱纪、第三者插足等原因，使夫妻感情恶化，处于破裂边缘的家庭。

（四）根据经济来源划分，家庭有三种类型，即合作共济型家庭、赡养救济型家庭、独立核算型家庭

合作共济型家庭是属于家庭成员的全部经济收入合在一起，共同维持全家生活与发展的家庭。赡养救济型家庭是属于家庭中有一人或数人没有经济收入或固定收入，要依靠其他亲友或社会救济以维持生活的家庭。独立核算型家庭，这种类型的家庭成员的生活费包括公共开支等，都是按月独立核算并均摊交纳，或者家庭成员按月固定交纳生活费的家庭。在现代社会，这种独立核算型家庭越来越多。

此外，根据婚后居住模式来分，有从父居家庭、从母居家庭、从舅居家庭、新居制家庭等类型；根据家庭中的权力大小划分，有父权家庭、母权家庭、舅权家庭、平权家庭等。

三、家庭结构与类型的演变

20世纪90年代末开始，我国核心家庭虽相对减少，但家庭结构的简化趋势并没有改变。从总体上看，核心家庭、直系家庭和单人家庭为基本结构的状态将持续，仍呈现出核心家庭为主、直系家庭居次、单人家庭作为补充的格局。在城市，其标志是单人家庭上升，核心家庭中夫妇核心家庭上升，直系家庭中三代直系家庭下降。在乡村，三代直系家庭增加，约占乡村家庭总数的20%以上，达到近20年的最高水平；单人家庭和夫妇核心家庭则处于增长状态。据第四次人口普查资料显示，我国的一人单身户只占家庭总数的 4.9%，比美国的 25% 的比例低得多，而且多半是从农村到城市谋生的人，真正的独身者不多。单亲家庭只占 5.08%，主要是丧偶与离婚造成的。

上述变动特征与我国 20 余年来计划生育政策推行之下"少生"和"独生"环境的形成有密切关系。经济转型中人口迁移流动的加速也促使家庭类型发生变化。例如，随着我国市场经济的发展和青年人择偶中追求新的"门当户对"，使个体户家庭、家庭商店、家庭饭店、家庭工厂、城乡型家庭（即夫妻一工一农）等大量增加。越是经济发达地区，人们择偶时越注重本人条件和感情因素，以爱情为基础的自主婚姻是我国当代婚姻的主流。工业经济带来人的自主性和人口的流动性，以爱情为基础的自主婚姻，则适应工业社会中个人独立自主的需要，上升到主要地位。而且，在城乡广大家庭中夫妻经济地位的日趋平等。经济地位的平等，是夫妻在各方面走向平等的物质基础和根本保证。男女在社会生活中的经济平等和政治平权，从根本上动摇了丈夫在家庭中的统治地位和以往的夫权。丈夫步入厨房，同妻子共同承担家务劳动已十分普遍，妻子的人格和事业不仅受到尊重，也赢得了对家庭重大事务的决策权。夫妻关系成为家庭人际关系的轴心，父子关系降为次要关系，受夫妻关系的支配，导致家庭的典型形式由主干家庭向核心家庭转化。

此外，还出现了许多艺术世家、教育世家、戏曲世家、杂技世家、军人世家等。而具体的家庭结构和家庭形态则是在家庭成员不同的个体家庭之间的互动中形成的。在个体化价值观念和生活方式的背景下，家庭在结构形态上呈现出高度的可塑性。个体化的家庭成员，根据个人的需求和认同，来型塑家庭的结构。家庭成为了实现个人目标的途径，而不再像家族主义体系下，个人成为实现家庭目标的途径，这是中国当代家庭结构与类型改变的本质所在。

在西方，工业化和都市化对家庭产生了巨大的影响，从而带来家庭结构和类型的发展演变。美国社会学家威廉·古德在其著作《世界革命和家庭模式》中指出："无论在什么地方，工业化使经济膨胀，都会使家庭改变，扩大的亲属关系纽带被削弱了，血亲组织解体了，朝着夫妇式家庭普遍的方向发展——就是说核心家庭是最为普遍的家庭形式。现代评论家曾经指出世界上一些地区所发生的这一变化过程，所谓欧洲'美国化'甚至是世界'美国化'就是这种解释的一方面。"古德所说的夫妇式家庭，即夫妻主轴的核心家庭，正是西方家庭结构变动的主要趋势。同时，古德认为，家庭结构的这种转化，主要发生在以工资为生的低等阶层之中，"当工业化开始之时，低等阶层家庭被广泛卷入，在社会中首先发生改变"。因为手中握有大量财产的高等阶层，仍能控制青年人的择偶与婚姻，而低等阶层依靠个人的能力和工资而生活，择偶与婚姻不再受家庭和亲属的控制，因而"低等阶层家庭有更多的夫妇家庭，适应工业社会的需要"。这是因为在私有制社会里，高等阶层的婚姻在更大程度上受财产关系所左右，所以难以在家庭的核心结构中上升到主要地位。低等阶层的婚姻较为自由，能够促进家庭结构更快的转化。

工业化使西方家庭结构发生变化的原因主要是三个方面。其一，工业社会中人们依靠工资而生活，职位晋升靠个人的能力和竞争而获得，不再依赖家庭和亲属的帮助。个人具有更大的独立性和自主性，能够自由决定自己的婚姻，不再受家庭和亲属的控制。其二，工业社会讲究效益，注重个人的工作表现。职位的获得与失去、上升与下降变化无常，人们要四处奔波寻找最好的职业市场。职业的变动带来人口的流动，人们在流动中使亲属联系松弛，并常常脱离原来的血亲关系网络，去建立夫妻共同生活的小家庭。其三，工业社会为妇女走出家庭，参加社会劳动开辟了重要途径。妇女大量就业之后，有力地推动着家庭结构和类型发生变革。西方社会出现大量的男女关系较为平等的夫妇式家庭，与妇女经济上的独立自主有密切关系。

当然，人们在财产关系的束缚下，婚姻不可能完全自由，即使由当事人自己决定的婚姻，也不可能完全摆脱买卖契约的性质。这就使这场家庭变革带来大量的反常家庭现象的出现。自20世纪60年代以来，西方的家庭结构形式出现了多样化现象，除夫妻主轴的核心家庭之外，独身户、未婚生育的单亲家庭，未婚同居家庭、同性恋家庭、群居家庭等大量出现。据资料显示，在美国，单亲母亲家庭逐年上升，使得美国正在成为一个"没有父亲的社会"；而且，在美国，同性恋家庭也逐年上升。这些现象导致一系列难以解决的社会问题，诸如私生子问题、生育率下降问题、虐待和遗弃儿童问题、离婚造成的家庭解体问题等。反常家庭的大量出现，是西方社会家庭结构变动的另一个特点。

总之，受工业化和现代化进程的影响，中外家庭结构与类型演变的主要趋势基本相同。但由于社会制度、文化传统、经济发展水平的不同，家庭结构的变动也有自身的特点。

第四节　家　庭　制　度

一、家庭与家庭制度的关系

家庭是社会的基本单元，家庭制度是围绕家庭发展的既定目标而形成的各种行为规范的综合，是特定社会条件下家庭成员相互关系的社会规范，包括婚姻制度、生育制度、亲属制度、供养制度、财产制度等一系列具体制度。每种具体制度都包含若干确定家庭成员权利和义务的行为规范。家庭则是通过法律、政策、道德、风俗等等这些正式制度和非正式制度来约束家庭成员的行为，调整家庭关系，使家庭的发展趋势符合社会发展的总趋势。

二、家庭制度的时代价值

（一）家庭制度对家庭成员的各种需求具有规范作用，有利于构建和谐家庭

在一个家庭中，内部成员既有相对独立的随意行为，也有遵循一定的行为规范，彼此协调的协同行为。当个体的随意行为占上风，抵制和破坏彼此的协同行为时，家庭内部关系就会出现失调状态；反之，家庭成员的协同行为占上风，个体的随意行为居于次要地位，家庭内部关系便会整合成相对稳定的有序结构。只有通过正式和非正式的家庭制度去规范家庭成员的行为，才能实现家庭生活的和谐有序。家庭制度的功能主要体现在以下几个方面：第一，通过家庭制度的引导，可以合理疏导人的性冲动，为优生优育创造良好的家庭环境，以满足社会生存与发展的需要；第二，通过家庭制度的规范，可以保障家庭存在的物质条件，并全面管理家庭群体，满足家庭成员的物质和精神需求，协调家庭人际关系。

（二）家庭制度使家庭生活规范化，进而促进社会生活的协调运行和有序发展，有利于构建和谐社会

家庭在社会环境的包围之中，各种各样的社会因素都对家庭及内部成员的思想

行为发生影响和作用。不仅社会的经济体制、政治制度和思想意识形态直接决定着家庭的发展变化，而且社会变化中新旧体制的同时并存，旧制度的弊端和新制度的不完善，社会结构的震荡和失调，社会秩序的变化与紊乱，大众传播的误导或失灵，本土文化与外来文化的冲突与撞击，各种社会思潮的涌起，人们心理状态的失衡等等，都会对家庭有所冲击。在这些因素中，既有积极因素，又有消极因素。积极因素可以促进家庭的正常发展。消极因素则会阻碍或破坏家庭的正常发展，影响家庭的稳定性和协同性，家庭制度旨在消除家庭中的消极因素，促进家庭的和谐，进而促进社会的和谐。

三、家庭制度的起源与形成

婚姻家庭不是从来就有的，而是历史的产物。伴随着社会的发展，在生产力不断提高的前提下，人类的两性关系也发生着一系列的变化。根据摩尔根关于家庭发展形式的描述，从毫无禁忌到越来越大、越来越严格的禁忌，人类两性关系经历了漫长的演变过程，在这一过程中，生产力的发展起了"助推器"的作用。在蒙昧时代的高级阶段，随着各种工具的发明和使用，人类抵御自然的能力不断增强，伴随着自然分工，群婚的家庭模式开始发生分裂，产生了不同的家庭公社，为人类摆脱群婚，走向个体婚提供了可能。正如恩格斯指出："一夫一妻制是不以自然条件为基础，而以经济条件为基础，即以私有制对自然成长的公有制的胜利为基础的。"这说明，家庭的形式和规模，受生产力和分工的发展水平的制约。在家庭形式的演变过程中，人们逐渐认识到血亲婚配对种族繁衍造成的消极后果，于是，在两性关系上人类果断而坚决地迈出了关键的第一步——禁止父母子女之间的两性结合，之后又迈出了的第二步——禁止兄弟姐妹之间的两性结合。随着越来越多的禁忌的出现，自然选择的效果也不断表现出来。正是在这个时候，婚姻家庭制度真正地得以确立，并在人类文明的发展进程中得以逐步完善。由此看来，婚姻家庭制度产生的主要原因是基于生育质量的需求，通过对两性关系的制约以规范人们的生育行为。在这个过程中，生产力的发展则起了"助推器"的作用。

在原始社会，人们开始用道德和习俗调整婚姻家庭关系，这时的家庭制度以道德和习俗为其基本内容。进入文明时代后，法律原则和道德原则密切联系在一起，两者相互补充，相互渗透，相依为用，共同构成家庭制度的基本内容。在西欧诸国，家庭制度以法律制度为主，道德本于法，以法为据。中世纪时，基督教道德就同寺院法融为一体。到近代，以人权平等、个性自由的道德原则代替了基督教的道德原则，在婚姻家庭方面反对男尊女卑，要求婚姻以爱情为基础，夫妻之间互相扶助。在大陆法系国家，亲属法编入民法典。在英美法系各国，没有成文的民法典，亲属法由一系列单行法规组成，如婚姻法、家庭法、离婚法、已婚妇女财产法、处理夫妻案件法、养子法等。尽管各国的立法形式有所不同，但都以个人本位、私法自治、契约自由、权利平等、一夫一妻为基本原则。

我国古代的家庭制度，以礼制作为道德规范体系，以"孝悌"为根本，以"三纲五常"为核心，实行家长专制的家庭制度，形成了各具特色的家规、家法。家规、家法都由家长制定，并多撰写成文字，除向全体家庭成员通告外，有的家庭还将其附在家谱之中。世家大族的家规、家法，多写在教诲子孙立身处世的《家训》读本之中。其中，最著名的家训读本，有北齐颜之推的《颜氏家训》和北宋司马光的《司马温公家范》等。这些家规、家法具体贯彻封建社会的礼制原则和儒家的道德规范，极力维护家长专制和内部贵贱尊卑的等级秩序。在"家"与"国"一体化的中国古代社会，家法与国法并行，相互为用。我国现代家庭实行民主平等的社会主义家庭制度，主要包括法律制度、政策措施、伦理道德和风俗习惯等正式的和非正式的制度。以婚姻自由，一夫一妻，男女平等，保护妇女、儿童和老人的合法权益，实行计划生育等内容为基本法律原则，根据这些基本法律原则，在家庭贫困救济、优抚、殡葬、婚姻关系、财产继承、收养、家庭户籍、晚婚晚育、优生优育等方面由国家机关做出具体的政策规定。在非正式制度方面，主要体现在夫妻互爱互敬，尊敬和赡养老人，爱护和抚养教育子女的道德规范，但我国现行的家庭道德规范尚未形成一个完整的体系，远不及古代家庭道德那样完善和系统。

在风俗习惯方面，世界上各个国家和民族在家庭的衣食住行、婚丧嫁娶、生儿养老、礼仪敬拜、待人接物，以及节令岁时的活动、文化娱乐等方面都有许多传统风俗。这些风俗有如不成文的习惯法，以一种不易被人察觉的无形社会力量，影响到家庭成员的行为方式。

四、家庭制度的现状与面临的挑战

世界范围内，家庭制度正在经历从传统向现代，从不同类型的扩大家庭向夫妇式家庭制度的转变，主要体现在以下几方面。

（一）择偶制度的转变

从家族安排和家庭利益为目标转向自由恋爱和以爱情为基础。在现代，青年人之间，追求爱情已成为一股潮流，择偶注重情感相投，志趣相投，更看重对方人品、才学、能力等。在父系家庭制度中，婚姻不是婚姻当事人个人的行为，当事人本人在婚姻过程中无自主权，而现代双系并重家庭制度的婚姻，婚姻是婚姻当事人个人的事，当事人在婚姻过程中拥有自主权，即选择配偶的权利和对婚姻的最终决定权。

（二）个体的幸福受到重视，家族的利益被淡化，亲属关系削弱，两性间的平等增强

市场经济激发出来的主体意识和自主精神，使人们越来越重视个人在婚姻中的感受以及婚姻对个人的价值。夫妻共同生活的目的，已不再是生儿育女，继承家业，而是追求自身的幸福，实现自我价值。

（三）以代际关系为主轴的家庭关系转变为以夫妻关系为中心

家庭以夫妻为轴心，不仅是社会化大工业改变家庭功能，促使家庭进一步小型化、核心化的结果。同时婚姻以爱情为基础，意味着夫妻间的婚姻关系受到充分重视，在家庭关系中上升到主要地位，父子间的血亲关系降到次要地位。

（四）血亲关系从父系制转变为双系制

父系的决定性地位失去了往日的权威性，而与母系血缘处于同样的位置，即与父系的亲属或母系的亲属有同样的亲密关系，直接的反映是相互来往的频率上相同。

工业社会的到来，社会化大生产代替个体小生产，家庭逐步丧失了物质生产的功能，但仍然是人口生产和经济消费的单位。家庭成员之间的关系相对淡化，离婚与分居者急剧增加；生育成为选择性活动，出生率下降；未婚同居，非婚生子女增多；单亲家庭大幅度增长；单人家庭、同性恋等现象大量出现。所有这些事实，说明当代家庭正发生着急剧变革，对现存的家庭制度提出严重挑战。

五、家庭制度的发展趋势

作为家庭关系这一特殊社会关系的最正式、强制力最大的社会规范，千百年来

家庭制度已经经历了巨大的变迁，但这还远远不是全部。家庭制度等社会制度的发展和变化在漫长的历史进程中不可能是等速进行的。在新旧社会形态交替之际，这些制度处于"转型"状态，变化较为急剧；而当社会形态的交替完成、发展较为稳定的时候，这些制度则处于"定型"状态，变化较为缓慢。从这一角度来看，目前我国农业社会和工业社会之间的交替还没有完成，正处于从初级工业化向高级工业化的过渡，大量的人口将由农村居民变身为市民，其中还伴随着信息化和全球化的浪潮。在此大背景下，绝大多数家庭的结构、关系和各个家庭成员的状况也将随之有很大的改变。家庭制度在之前100多年变革的基础上仍将朝着现代化的最终方向继续转变。在复杂而急剧的持续变革面前，家庭制度的发展呈以下五个趋势。

（一）弱势化

现代社会中，家庭作为主要的生产生活单位的地位已经不复存在，所以相应地，家庭制度在社会整体中所处的地位、所规范的内容、所起的作用比起传统社会将趋于弱势。在古代，家庭制度和家庭对制度的执行往往会决定其成员的一生，而在现代社会里这种影响明显削弱。现代社会的社会化现象将诸多家庭职能从家庭中剥离出去，使得相关的家庭制度无所凭依，失去存在的必要性。而人们的活动往往表现为个体化的活动，家庭整体的活动越来越少，家庭制度所能规范的内容渐渐萎缩。因而家庭制度中家庭本位的色彩将更加淡化，个人的主体地位将上升。以往由家庭制度来决定和规范的事物，今后将更多地被个人的自由选择和更加社会化的其他社会制度所取代。当然，这并不意味着家庭和家庭制度不再重要，只是家庭制度不再大包大揽、越俎代庖、凌驾其他一些社会制度之上，而是功能和界限更加明确、单纯、恰如其分，让家庭真正地在现代社会中发挥其应有的作用。这也是社会更加分化、细化的体现。

（二）多元化

一个现代社会，往往会出现各种不同家庭制度并存、家庭制度嬗变频繁的状况。在传统社会，同一区域、统一民族之内，共同的文化，相近的经济背景使得各个家庭的家庭制度较为一致。而现代社会的多样性、流动性较为显著。跨区域、跨民族的婚姻与家庭越来越多，某个特定的地域或民族的传统习惯或风俗已经很难胜任以往的规范约束家庭关系的角色；家庭模式的多样、多变也使得单一、僵化的家庭制度无法适应。所以未来的家庭制度会在不同的家庭中表现出一定的甚至很大的差异性；全局性的家庭制度安排也要体现出一定的灵活性以包容不同的家庭模式和家庭关系状况。

（三）民主化

所谓家庭制度的民主化，首先体现在家庭内部关系的平等化、家庭内部家长制权威的削弱。随着"人人生而平等"观念的普及，不同的家庭成员之间的地位更趋平等、家庭成员之间的权利和义务平等，家庭成员的财产权利平等，代际关系平等而不是以前所强调的对家长的绝对服从。其次体现为，家庭成员自由度提高，家庭强制性减弱。因为在很多场合，个人就是各种活动的主体，个体性和主体地位凸显和上升。如一个人长年出门在外，各种活动往往要独自处理，家庭在这种时候鞭长莫及，家庭制度如果对此强加约束也显得毫无意义。最后，现代社会的剧烈变化和家庭成员活动范围的广泛使得过于强调服从、强制的制度僵化的家庭往往倾向于把新生事物看成离经叛道、把家庭成员的活力和创造力看成不安分守己，强加限制和干预，就无法与制度更加民主化的家庭相竞争。

（四）法制化

有关家庭制度的法律法规更趋完善、在调整家庭关系中的作用将会增强。以往家庭制度往往体现为不成文的道德观念、宗教戒条；维持家庭制度运转的主要是依靠家长权威与民间舆论；对违反家庭制度的人的制裁手段较为野蛮血腥。但是在现代社会中，权威弱化，熟人社会解体，靠约定俗成、习惯成自然来规范家庭制度已经不太现实；家庭和乡里也没有足够的强制性权威来保证家庭制度的运转；野蛮血腥的家族内部制裁手段也违反了大部分现代人的人道主义理念和法治理念。因此，法律作用的上升是保障家庭正常运行健康发展和家庭成员权利的客观需要。而我国现行的家庭婚姻法律体系显然还有诸多有待完善之处。

（五）人本化

以前的家庭制度的安排设计往往更多反映出国家统治者的利益和家族整体的利益。比如古代女性的人身权利、财产权利、自由选择的权利等，随着专制社会的不断固化和深化，不断被取消、限制。因为如果女性拥有和男性一样的尊严、地位、财产继承权、婚姻选择权（包括离婚、再嫁的权利）等，则传统的父系家长制家庭（或家族）本身将会不断发生分化和瓦解，处于极不稳定的状态；而建立在小农经济和家长制家族形态基础上的皇权专制也会受到很大的影响，皇帝至高无上、说一不二的地位就将不保。与之相比，现代的家庭制度将不再单单为了政府和家族方面的需要而片面要求家庭成员牺牲自己应有的地位和权利，而是更加强调对家庭成员权利和权益的保障。如在家庭暴力问题上，我国古代向来主张"家丑不可外扬"，家长或丈夫可以对其他家人任意施加暴力，而在现代社会里，家庭暴力已经成为人们谴责的对象，社会施加的干预也越来越强化，未来甚至可能效仿国外剥夺监护权等社会强制措施阻止家庭暴力的发生。现代家庭制度将不是通过限制、剥夺成员的权利来维系家庭，而是通过成全、维护成员的权利来维系家庭，是真正把家庭构筑成所有家人共同的港湾，而不是变成家长和统治者的牢笼。

只有以上述五个趋势为依据构建合理的现代家庭制度，才能有利于千万个家庭及其家庭成员的健康发展，从而推进社会的健康发展。

第二章

家庭生活管理

第一节　家庭生活管理概述

一、家庭生活的管理学分析

教育是协助个人发展潜能、实现自我、适应环境并进而改善环境的一种社会化历程，学生需要引导与支持，才能展现出和其同年龄及社会地位相当的行为表现。波林（Brolin，D E）于1978年提出生活中心的生涯课程（Life-centered Career Education Curriculum），强调日常生活所需技能的重要性，许多学者也认为学校应及早培养学生成人生活所需具备的能力，在不同教育阶段针对日常生活中自我照顾、居家生活、娱乐休闲、小区参与及职业生活能力等加以训练。当一个人的生活管理能力增加时，其生活质量也会提升。世界卫生组织于2001年颁布的国际健康功能与身心障碍分类系统（International Classification of Functioning，Disability and Health，ICF）提供统一的分类架构和标准化共通编码来说明健康状态，明确区辨服务对象，并因应其需求提供适合服务，内容涵盖个体身体构造、身体功能、活动与参与、环境因素的动态关系。其中"活动及参与"部分，举凡学习与应用知识、一般任务与需求、沟通、行动、自我照护、居家生活、人际互动与关系、主要生活领域、小区、社交与公民生活等向度，对特殊需求学生而言有其重要意义。一个健康的个体至少需达成最基本之自我照顾、寻求支持与保护，再求独立自主，乃至高阶、多元化、全功能的展现。且特殊需求学生如能尽早学会生活自理及自主管理，将可缩短其适应环境的时间。而尤里·布朗芬布伦纳（Urie Bronfenbrenner）于1979年提出生态系统理论（Ecological Systems Theory），强调环境影响个体行为与发展，如图2—1所示。

然后，相关学者们提出重要日常生活技能内涵，并依据其与人的空间与社会距离，将个人独立所需之生活管理内涵区分为自我照顾、家庭生活、小区应用、自我决策等四大主轴，以个体为中心向外推至家庭、小区环境，贯穿于其间的是个体自我决策的意志，让特殊需求学生能在生活中自我管理，有更好的能力参与小区生活并完全融入社会。

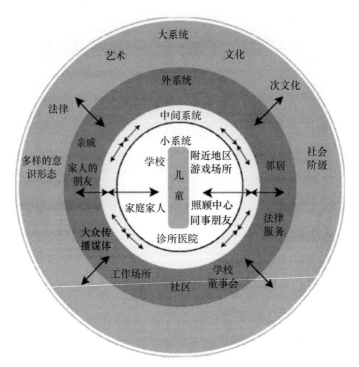

图 2—1　布朗芬布伦纳（1979）提出生态系统理论（Ecological Systems Theory）

二、家庭生活管理的目标

家庭生活管理的目标为：加强生活适应能力，做好个人健康管理，重视生理与心理卫生；管理住家生活质量，熟练各项生活技能，为个人独立生活做准备；熟悉公共资源，了解社会规范，增进小区参与能力；关注个人权益倡导，重视个人自主、自律表现，促进自我实现。

家庭生活管理包含自我照顾、居家生活、小区应用与自我决策等四大主轴。自我照顾，包含饮食处理、衣物照顾、仪容卫生、健康管理。家庭生活，包含环境清洁与维护、住家安全与处理、休闲习惯与活动、物品与金钱管理、家庭关系与性别权益。小区应用，包含休闲生活与购物、行动与交通安全、公共设施与设备。自我决策，包含自主行为、自律行为、自我倡导、自我实现。

三、家庭生活管理的基本要素

家庭生活管理有家人、环境、文化及价值观四项基本要素。

（一）家人

在家庭生活管理活动中，人是管理活动的主体，也是管理活动的客体。在管理的主体和客体之间有着人、财、物、信息等管理活动和管理联系，正是这些活动才使家庭生活管理的主体与客体发生着紧密依存、相互联系的管理关系。管理关系是人的关系，首要的管理是对人的管理。

（二）环境

管理活动是在家庭生活的物质环境与错综复杂的人际关系环境两者相复合的系统中进行，这些综合起来就叫作管理的环境。根据划分原则的不同，人本管理的环境可以划分为自然环境与社会环境、直接环境与间接环境、静态环境与动态环境等多种类型。无论怎样划分管理环境，基本上可以分为物质环境与人文环境两类。

（三）文化

1. 导向功能
导向功能是指家庭生活文化能够对家庭生活整体和家庭生活每个成员的价值取向及行为取向起引导作用，使之符合家庭生活的目标。

2. 约束功能
约束功能指家庭生活文化对每个家庭生活成员的思想、心理和行为具有约束和规范的作用。

3. 凝聚功能
当一种价值观被家庭生活成员共同认可之后，凝聚功能就会成为一种黏合剂，从各个方面把家庭成员团结起来。

4. 激励功能
激励功能指家庭生活文化具有使家庭生活成员从内心产生一种高昂情绪和发奋进取精神的效应，使每个家庭生活成员自觉地产生为家庭生活拼搏的精神。

5. 辐射功能

家庭生活文化一旦形成较为固定的模式，它不仅会在家庭生活内部发挥作用，而且会通过各种渠道对社会产生影响。

（四）价值观

价值观是人类在社会活动中产生的关于客观现实的主观意念，具有稳定性和持久性。现代家庭生活的价值观是家庭生活在追求经营成功的过程中所推崇的基本信念及奉行的行为准则。价值观对于家庭成员的影响有着多种多样的具体表现，例如个人主义行为、乐于助人的合作行为、试图超越他人的竞争行为等。

四、家庭生活管理的基本原则

俄国作家列夫·托尔斯泰（1828—1910）于《安娜·卡列尼娜》开场白中说"幸福的家庭都是相似的，不幸的家庭各有各的不幸。"这是对婚姻和家庭的悟言。家庭生活管理是提供幸福家庭的重要方法，家庭生活管理的原则如下：

（一）科学原则

要管理好家庭，必须讲求科学的原则，采用科学的方法。要与时俱进并善于利用先进的现代技术、方法和工具来管理家庭，提高管理效率。

（二）计划原则

管理家庭与管理企业或国家一样，必须有通盘的计划，要避免盲目性、随意性。对于家庭生活的各方面内容、家庭生活的现在和将来，都要有完整的计划，例如经济消费、家务分配和闲暇生活。

（三）民主原则

家庭生活中的一切重大问题都应该经民主协商和讨论来决定，而不宜个人独断专行。现代社会的家庭崇尚成员之间的民主和平等的关系，要求在家庭管理上尊重家庭中多数成员的意愿，促使形成互信互爱的家庭关系。

（四）制度化原则

每个家庭都要建立起一整套的家庭日常生活制度，每个家庭成员都要遵循被规定的角色模式，从而保证家庭生活的规范化，做到有规可遵，有章可循，实现家庭的整合。

家庭管理涉及衣、食、住、行、育、乐，包含家务劳动、娱乐休息、安全等各方面，是一个复杂的系统工程。家政学是专门研究家庭管理、为人们提供治理家庭的技巧和艺术的学科。

五、家庭生活管理的理念与方法

（一）家庭生活管理的理念

家庭生活管理是以个人为焦点，区分出儿童、青少年、成人、老人四阶段。
家庭生活管理兼具问题取向与发展潜能。
家庭生活管理包含认知、态度与技巧。

（二）家庭生活管理的程序

家庭生活管理的程序包含五个步骤：确认家庭的问题需求及目标、厘清价值、确认资源、做决策、计划和实施与评量目标的达成。同时，在评量目标的达成后须有回馈或沟通，以便能对问题及目标进行检讨与修正，如图2—2所示。

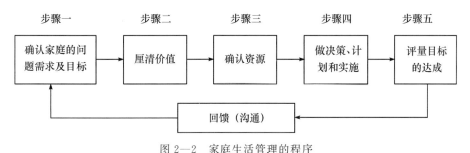

图2—2　家庭生活管理的程序

（三）家庭生活管理的意义

家庭生活管理的意义是了解家庭的价值、合理使用家庭资源、达到个人及家庭目标，提升家庭生活的效能，如图2—3所示。

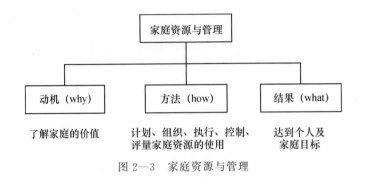

图2—3 家庭资源与管理

（四）影响管理风格的因素

影响管理风格的因素有五个方面，即历史、生理和心理、文化、个性、科技。历史因素指个人、家庭及社会所处的历史情境脉络；生理和心理因素指生理需求、安全、爱与隶属、自尊、自我实现；文化因素指社会规范、伦理；个性因素指个人特质、偏好；科技因素指技术、工具。

（五）家庭生活管理的特点

1. 目标

家庭生活管理的主要目标是满足家人需求，提升生活质量，增进家人福祉。

2. 资源

家庭资源，如：家人资源、环境资源等，包括人力、物力的资源。

3. 活动

家庭成员在家庭内的活动是生活，包括日常起居、家务工作及休闲等。

4. 发展

家庭的发展会改变家庭生活的目标、需求、资源及管理重点。

5. 管理者

管理不只是做决策，而是管理过程中所有的行为。因此，所有的家人均是管理者。

第二节　家庭生命周期与家庭生活管理

一、家庭生命周期

　　家庭生活规划受到家庭生命周期的牵动，在不同的家庭生涯阶段有其不同的发展任务。因此，在进行家庭生活规划时必须考虑到家庭生命周期的阶段性，方可达到该阶段所设定的目标。同时，家庭各不同阶段，所遇到的问题是不同的。故必须施以不同的生活规划，才能协助家庭顺利解决各生命周期所遇到的各种问题与危机。家庭生命周期的发展任务见表2—1。

表 2—1　　　　　　　　　　　　　家庭生命周期的发展任务

家庭生涯阶段		发展任务
建立期	1. 新婚阶段	a. 夫妻努力经营婚姻，达到双方皆满意的关系 b. 建立家庭在财务、家务分工等运作的规则 c. 调整双方与家人间的关系 d. 规划和准备孕育下一代 e. 怀孕时做好生理、心理调适
扩展期	2. 家有婴幼儿阶段	a. 承担父母角色，并促进婴幼儿的生理、心理发展 b. 建立一个舒适的家庭生活环境
	3. 家有学龄前儿童阶段	a. 知道孩子的特殊需要（如：安全的环境）和兴趣，并促进其发展 b. 父母须调适照顾小孩所需耗费的体力及时间
	4. 家有学龄儿童阶段	a. 准备生育第二个孩子 b. 保持家庭与学校之间良好的互动关系 c. 父母共同协助孩子的学习和课业 d. 参加和子女有关的活动，维持稳定的亲子关系
	5. 家有青少年阶段	a. 随着孩子逐渐成熟，父母宜鼓励孩子独立，并调整亲子间的关系 b. 父母重新关心并建立自己的兴趣及生涯

续表

家庭生涯阶段		发展任务
收缩期	6. 子女离家阶段	a. 父母给予子女在就学、工作与婚姻上的协助 b. 维系家庭成为家人重要支持的来源
	7. 中年父母阶段	a. 夫妻间婚姻关系的再度适应 b. 调整及适应和成年子女之间的互动关系 c. 适应为人祖父母的角色 d. 增加对小区及休闲活动的参与
	8. 老年家庭阶段	a. 学习调适因老化所带来生理上的改变 b. 面临退休的课题，而需重新适应新的社会角色 c. 学习因应配偶死亡的失落，并再度适应独居生活

※数据来源：黄乃毓等（2000），《家庭概论》，第93页。

二、家庭生活管理的价值与目标

（一）价值观

家庭的价值观是由家族成员共同型塑而成，借代代相传的过程，将上一代的价值观传承给下一代。

中国社会中很重要的社会结构基础就是有一套源远流长的社会价值观。这种社会价值观涵盖了传统文化所重视的特质，例如诚信、谦虚、慈善等，这是因为符合社会价值观的行为，不仅在社会上容易执行，往往还会受到一定的奖赏。由于家庭是组成社会的基本单位，因此在整体的社会价值观中，家庭价值观念居枢纽地位。对家庭制度而言，不论是择偶、夫妻分工、奉养上一代等，家庭运作的方式或许不同，但大都不出社会规范可以接受的范围。所以哪些事情在家庭中被认为是好的、美的、有价值的、有道德的或值得追求的，所依据的标准或概念即为家庭价值观，并由此观念而产生一整套规范性的价值体系。

在诸多家庭价值观中，有些可以特别反映社会变迁的可能影响。以往社会学的研究也指出，某些家庭价值观是不容易改变的（例如与家庭义务或亲属关系相关的观念），但有些家庭价值观已经随着社会变迁而逐步变更了（例如对离婚或对单亲的看法）。换言之，隶属于家庭制度或家庭组织的价值表现出相当持续的特色，但属于个人性而不至于冲击到家庭制度存活与否的价值，则较可能随着个人经验或社会环境而改变。因此，周遭网络成员的亲身经验以及当下提倡的社会运动或引起热烈讨论的议题等，都会对家庭价值观造成某种程度的影响。此外，家庭价值观也与个人其他态度息息相关（例如性别角色态度等）。

（二）目标

家庭生活目标是家庭的团体成员的目标，是家人共同的意念与意向，依目标的大小与达成目标所需时间的长短，可分长程性、中程性及短程性目标。长程性目标或称终极性目标，是一对夫妇建立家庭时，所拟订的理想家庭的蓝图，是整个家庭生活过程中，全家人不断努力的最终目标，由它导致并影响很多中程性目标及家庭管理的方式。中程性目标为达成长程性目标的手段性目标，其内容较具体，在某特定期间内，期望达成的成果。短程性目标即为达成中程性目标的手段性目标，目标小，只需短暂时间就可完成的工作或活动。

家庭生活目标，应依家庭资源及需求，选订合理可行、明确切实的目标，且注意目标间的相互配合，包括长程性、中程性及短程性目标的整体性，家庭目标与家人目标的协调，以及与社会国家目标的一致。若能让家人参与目标的制订，则可训练其管理能力，更有助于目标的顺利达成。

价值观与目标之间是互动的，具体互动方式如图2—4所示。

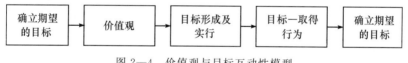

图2—4　价值观与目标互动性模型

三、家庭生活管理的步骤

家庭生活管理是由计划、执行、检查、行动四项程序构成。生活管理活动须先认清目标，再加以计划，决定达成目标的方法，依此计划适当分配工作，指导家庭成员进行工作。在实施中，则须控制实际工作与计划相符合，才能使工作预期完成。这四项程序在管理过程中，应依次成为合理有效的程序整体进行，且在每一程序中，从不同的途径，选择一最佳方案，协调家庭内外资源密切配合，才能提高生活管理功效。

在新观念中的家庭生活管理，即是选择并运用有效方法和资源，以建立良好生活环境，达成家庭生活目标的活动。家庭生活管理，是应用行为科学的知识，以探讨家庭生活管理的知识与技术，期望有助于提高生活素质的学科。

第三节　家庭生活质量与家庭资源管理

一、生活质量

"生活质量"这个概念最早是由亚里士多德提出，他由"快乐（happiness）"的角度切入，认为快乐是一种心灵活动，因此快乐的人可以活得好，事情也做得顺利。探讨生活质量常使用的词汇为"幸福感（well-being）""主观幸福感（subjective well-being）""心理幸福感（psychological well-being）""快乐（happiness）""生活满意度（life satisfaction）"等。世界卫生组织对生活质量的定义是：生活质量是指个人在所生活的文化价值体系中的感受程度，这种感受与个人的目标、期望、标准、关心等方面有关。它包括一个人在生理健康、心理状态、独立程度、社会关系、个人信念以及环境等六大方面的主观感受（见图2—5）。简言之，生活质量不外是从个人主观认知的层面、正负向的情绪和身心健康的角度来评估整体的生活情形。

（一）生活质量的领域

美国夏洛克（Schalock，1990）教授提出生活质量的概念与指标，让提供身心障碍者服务的工作人员与家长，正视身心障碍者是否真正对生活感到满意，是否拥有幸福的感觉。8个生活质量领域如下：

· 身体福祉（physical well-being）：身体健康、活动能力及寻求医疗帮助的状况。

· 情绪状况（emotional well-being）：安全感、成就感、稳定的情绪及信仰支持。

· 物质福祉（material well-being）：个人金钱及物品的拥有、就业机会及稳定

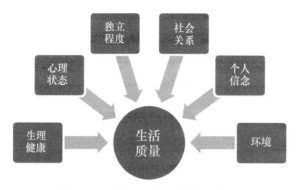

图 2—5　联合国生活质量指标模型

的收入来源。

　　·自我决策（self-determination）：拥有不同方面的选择机会、自我决定的机会、个人事宜的操控情况及个人发展目标。

　　·个人发展（personal development）：学习实用技巧的机会、个人兴趣及潜能的发展，以及进修机会。

　　·人际关系（interpersonal relations）：人际关系的建立、发展多元化的社交生活、发展友谊及社交支持、发展异性亲密关系及对于恋爱、婚姻的看法。

　　·社会融合（social inclusion）：使用小区设施及参加社会的机会，享有融合的社会环境。

　　·权利（right）：人权的享有（如尊重、尊严与平等）以及得到立法上的保障（如市民权或平等权等）。

（二）生活质量的指标

　　1. 客观指标

　　生活质量的客观指标是指计算人类环境中有用的物品、建构好的生活的物质条件或描述大多数人的一般状况等明确、特定的标准，如国民生产总值、经济成长指标等。个人福祉的测量，应从人们生活的状况及生活环境中来描述，而不是只主观地评估一个人的生活。"客观指标"含有可量化的特质。

　　2. 主观指标（知觉指标）

　　主观指标没有明确的标准或特定的准则可以依循，是以衡量个人对于自己生活状况及满意的知觉，测量的是生活经验，而不是生活实况。

（三）生活质量的评估

生活质量评估可分为整体性生活质量（global QOL）和健康相关生活质量（health-related QOL）两种。整体性生活质量强调个人在所处的环境中，对一般广泛性的生活各方面的满意度。此部分常是由个人的主观感受来评估（见表2—2）。健康相关生活质量则强调因为疾病、意外或治疗所导致个人身体功能改变，进而影响个体在心理、社会层面的生活满意度，可由主观判断及客观测量来评估。

健康相关生活质量的评估又可分为一般性（generic）和特定疾病性（disease-specific）两种。一般性评估是评估各种患者共通的生活质量部分，其结果可用来比较不同族群（如种族、疾病等）之间的差异，但却不能用来了解特定族群所特别关注的生活质量。常用的一般性生活质量量表有生活质量评价量表（Short-Form—36 Health Survey；SF—36）与世界卫生组织生存质量测定量表（World Health Organization Quality Of Life Questionnaire；WHOQOL）等。

表 2—2 　　　　　　　　　　　整体性的生活质量评价范畴

范畴一 ——生理（physical）	范畴三 ——社会关系（social）
—层面1. 疼痛及不适	—层面13. 个人关系
—层面2. 活力及疲倦	—层面14. 实际的社会支持
—层面3. 睡眠及休息	—层面15. 性生活
—层面9. 活动能力	—层面25. 被尊重及接受（面子与关系）
—层面10. 日常生活活动	
—层面11. 对药物及医疗的依赖	
—层面12. 工作能力	
范畴二 ——心理（psychological）	范畴四 ——环境（environmental）
—层面4. 正面感觉	—层面16. 身体安全及保障
—层面5. 思考、学习、记忆及集中注意力	—层面17. 家居环境
—层面6. 自尊	—层面18. 财务资源
—层面7. 身体心象及外表	—层面19. 健康及社会照护：可得性及品质
—层面8. 负面感觉	—层面20. 取得新信息及技能的机会
—层面24. 灵性/宗教/个人信念	—层面21. 参与娱乐及休闲活动的机会
	—层面22. 物理环境：（污染/噪声/交通/气候）
	—层面23. 交通
	—层面26. 饮食

二、家庭生活质量

家庭生活质量是指家庭需求被满足，家庭成员享受他们相聚在一起的生活，而且有机会做对他们而言重要的事情。家庭生活质量的基本要求在于家庭成员的需求先要被满足，而且是家庭认为重要的需求。需求分为主、客观两个方面。

（一）家庭生活质量指标

家庭生活质量包含：爱、照顾、认同、接受。学者使用资源理论定出衡量生活质量的指标，将人类的需求分为 5 种层级，借以评估家庭生活质量，包括：生理需求、安全需求、相属与相爱需求、尊重需求与自我实现需求，如图 2—6 所示。

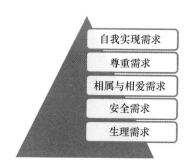

图 2—6 家庭生活质量指标

（二）家庭生活质量的变迁

从学术研究观点分析，尽管客观生活质量综合指数有持续改善的趋势（国民生活指标体系见图 2—7），但是主观生活满意确有逐年下降的趋势，主、客观生活质量差距扩大现象，发生在：客观就业机会质量与主观工作状况满意度、客观健康水平与主观健康满意度、客观教育发展质量与主观教育状况满意度、客观休闲生活质量与主观休闲满意度等方面。

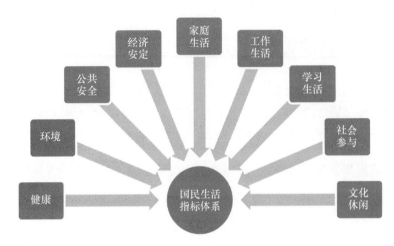

图 2—7 国民生活指标体系

三、家庭资源管理的发展

对多数人来说，家庭是生活的重心。随着社会形态多元发展，家庭生活亦呈现多样面貌，以核心家庭、双工作家庭为主要的形态，人们以为"经济基础稳固"为幸福婚姻的重要条件之一。由"家庭是资源"的观点出发，家庭是社会运作的资源，是个人家庭生长发展所需资源的来源，因此，家庭生活与资源管理紧密相关。

"管理"的概念运用于家庭当中，主要是"如何运用资源达成目标"。因此，家庭资源管理是：经由计划的过程引导价值的实现，运用计划、组织、实行、控制、评量等活动，有效地运用各种资源满足家人需求，达成个人、家庭目标。

随着"家政"领域的兴起与确立，"家庭管理"开始萌芽，也成为家政领域中重要的元素。早期聚焦于"家务工作"等实务操作，后受到管理学派的影响，系统取向成为研究家庭资源管理的主要理论架构，"经济理论"于家庭资源管理中亦扮演重要角色。另一方面，家庭资源管理的相关研究与社会经济发展息息相关，充分反映了各时代人们的家庭生活。

家庭对资源的运用不只与家人互动有关，也影响家庭如何满足家庭成员的发展需求，因此，学习如何进行家庭资源管理对个人与家庭来说均十分重要。

四、家庭资源管理的概念与原则

家庭资源管理的最重要目的在于充分利用个人及家庭的资源，以满足个人及家庭的最大需求。但这些资源的使用却深受个人、家庭及社会价值观的影响，目标的设定更与价值观有密切的关系，而价值观就像是海中轮船的罗盘，提供行为的方向。目标则是航行的目的地，使人生有意义及目的。

而个人及家庭资源是相当多元的，有来自人力的资源如个人的时间、精力、能力，亦有来自物质的资源，如个人的收入、股票、家庭的家具、房屋、社会的公园及图书馆等。虽然亦可从其他不同的分类方式来了解资源的类型，但资源的有限性和可补性是在家庭及个人资源使用时必须特别留意的，同时资源也可通过交换、保护、生产等方式达成个人及家庭的目标。

家庭决策是个人及家庭资源管理中不可少的，决策是谨慎而周密的下决定过程。有时一个决策会深远地影响个人及家庭的未来发展。决策的过程，除了可以评估所有的可行性方案外，亦可明确了解努力的目标及管理达成目标的执行行为。

一个完整的家庭资源管理程序，包括了计划实施及评估的过程，在计划中设立质与量的标准，使家庭资源的应用更明确。而随着计划设定目标的标准及次序，实施时控制行动、检查进度、调整计划，以期资源的使用达到预定的成效。最后计划完成后评估结果、计划设计的优缺点，实施的效能等，如此才能真正累积每次家庭资源使用的经验，使未来家庭的资源使用能正确而有效率。

五、提升家庭生活质量的资源

(一) 个人与家庭资源

个人与家庭资源可分为经济资源与非经济资源（见图2—8），分述如下：

1. 经济资源

指具有经济价值的物质资源，如金钱、物品等，这些资源充足，可以提升经济安定、居住质量、休闲生活等满意度，以提升生活质量。

2. 非经济资源

指不具有具体形式、不具有经济生产与服务的无形资源，包括情感、时间、精力等。具有高质量、积极、正向的精神资源，可以建立人际间的亲密关系、积极参与学习与社会活动等，减少单亲、受虐儿等家暴发生。

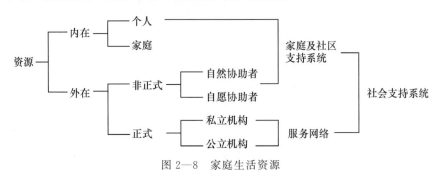

图 2—8　家庭生活资源

（二）政府资源

政府资源有公共设施、服务与医疗机构、提供学习活动单位与法令政策。公共设施、服务与医疗机构，对于保障家庭生活质量非常有帮助。同时，经济补助的法令政策如青年创业贷款、助学贷款等，保护生活的法令政策如《中华人民共和国老年人权益保障法》（以下简称《老年人权益保障法》）《中华人民共和国未成年人保护法》（以下简称《未成年人保护法》）《中华人民共和国妇女权益保障法》（以下简称《妇女权益保障法》）等，都可以提供确保家庭生活质量的方法。

（三）民间机构资源

一般社会资源包括营利组织、非营利组织。其中，非营利组织最主要的目的是提供协助，因此不只是提供学习活动，还提供经济协助。

（四）科技产品资源

使用科技产品资源如医疗科技产品、交通科技产品、通讯产品、数字科技等来改善家务工作。

第四节　家务劳动及其简化

一、家务时间与精力的含义

（一）客观与主观的家务时间含义

家务时间即家庭成员参与家务劳动工作的时间，可以从其客观与主观性加以探讨。家务时间的客观性，主要是了解夫妻或其他家人在不同的家务劳动工作中参与的状况；家务时间的主观性，可从对家务劳动工作的看法与感受两方面来了解对家务劳动工作的态度。执行家务劳动工作的感受可以从个人层面、家庭层面、社会层面的观点来加以分析，得知其感受程度。

（二）家务精力的含义

精力简单来说就是一个人的精力与体力，"精力"是一种存在的能量，可感受却不能接触，可使用却不能察觉。精力会随个体的性别、年龄、身体状况而有所差异。同时一个人也会因为自己的喜好、价值观、心情等心理因素而影响其一天或一段时间的精力使用。精力与时间存在着几个异同之点，有限性、循环性与不可或缺资源为其相同点；而精力有个人差异，时间却是固定的。

家务精力除了家务项目执行时在体力上的能量消耗外，还包括了执行家务项目时精神上的付出，而精神上的付出将受到个人主观因素的影响。

二、家务劳动的类型与特点

家务劳动的分工会因家庭需求与要求不同而不同，家务劳动被界定为家庭中没有付工资的家务琐事及看顾养育小孩。对双薪家庭家务劳动分工上得到的普遍结论是：妻子仍然承担较多的家务，即使在妻子的薪水高过丈夫的家庭亦然。双薪家庭中的家务劳动分工，一直是个复杂、具争议性，但却相当重要的课题。唐先梅（1999）对家务劳动工作的含义归纳有以下几点：第一，家务劳动的领域，家务劳动就是家里面的事情；第二，家务的项目，家务就是煮饭、洗衣照顾孩子；第三，家庭相关人物，只要跟家里的人有关就是家务劳动；第四，执行的行为，在家里面所应处理的都是家务劳动。而家务劳动工作的内容相当多而且烦琐，会因个人对家务工作含义的认知差异，以致对家务劳动工作所包括的项目内容不同。例如室内环境的整理、布置家里、衣物的清洗和整理、清理餐后洗碗、切水果、烧开水、购物、买菜、购买日常用品和家具、植物和宠物的照顾、电器维修、开车接送家人、子女的养育，甚至经济管理、生活规划等。

家庭日常劳动的类型与特点依照食、衣、住、行、育、乐可分为下述六类。

（一）食

提供适合家庭成员所需的饮食设计与制备，其中包含营养与膳食设计、食物清洁与保存、食物制备、食物采购规划、宴会与餐服礼仪等五项。家庭膳食供应符合家庭生活与家人需求，应确保饮食卫生、安全、营养、健康。同时，更要注意到家庭不同成员的个别差异，如婴幼儿、儿童、青少年、成年、中年与老年的饮食需求。

（二）衣

为家人提供干净舒适的衣物，并对家人的服装进行整理与管理，包含衣物的清洁、整烫与收纳。衣物清洁着重体现在衣物清洁剂及清洁用具的选购与使用、依据洗涤标识与织物特性进行衣物洗涤、去污方法与技巧。衣物整烫与收纳则是侧重于衣物整烫技巧、衣物相关用品收纳管理。

（三）住

指居住与环境的规划管理，主要有居家环境与家电设备两大部分。居家环境清洁、安全维护与美化是以居家环境清洁剂及清洁用具的选购及使用、居家环境清扫流程与技巧（厨房、浴室、厕所、庭院）、居家收纳、垃圾分类与资源再利用、居家安全维护（门窗与保全等居家安全系统），再加上居家布置、居家摆设技巧、维护室内盆栽、居家绿美化等相关居家生活所需的家务工作。而家庭电器与设备的使用与维护是在使用与操作上提高生活效能，主要是家电操作、家电安全维护、家电清洁及简易维修。

（四）行

对于子女行为的教导，主要有下列几项：基本习惯的培养，包括饮食、睡眠、排泄、衣着、清洁等习惯；安全教育，应以强制、反复训练、模仿学习、说明与体验等方法进行；训练儿童注意力、敏捷动作、警戒力；通过游戏与玩具、儿童画册与读物对儿童进行认知的指导；社会生活的指导，包括礼节、守法、孝亲、友悌、社会道德观念等；金钱管理的方法，包括记账指导；分担或参与家务；以及生活设计的指导。

（五）育

指对家中幼小及年老者的保育、照顾与陪伴，包括健康维护、婴幼儿照顾、老人陪伴等。健康维护包括简易家庭护理、家庭护理与用药、急救常识、意外伤害与急症处理（陪诊就医）等。陪伴与照顾婴幼儿生活包括婴幼儿照顾与陪伴、婴幼儿卫生保健、婴幼儿保育、婴幼儿生活与环境规划布置等。老人陪伴包括老人常见疾病征兆与一般紧急处理等。

（六）乐

家庭娱乐有利于家人人格的陶冶与身心的和谐。而家庭娱乐与家人余暇之利用安排关系密切，故家庭娱乐应注重能否使家人身心获益。因此，家庭娱乐包括：富有教育意义的，有益于身心健康的，能解除紧张与压力的，能培养高尚情操的，能培养思维，欣赏与判断能力的，能增加知识与见闻的，能增进家人感情并可共同或持续进行的，有趣而易于学习的，合乎社会良好风俗习惯的娱乐活动。

三、家务劳动的合理分工

家务劳动参与可视为家人互动表达爱意及增进夫妻及亲子关系的一部分。而家务劳动的参与、分担与协助，其中包含的关心及爱不论是男性或女性都一样。但是由于女性负担大部分的家务，大多从家务劳动的整体面来表达对家人的爱；而男性由于是从替代性的角色出发，因此多半是在家人需要时或是主要的家务劳动负担者无法执行其功能时才参与，然而其参与家务的出发点，仍有许多时候是站在"爱"对方的立场，因此"爱"是家务劳动工作最大特色之一。在近100年来，家务工作的工具与流程，因工业化及科技的进步而不断简化、便利，然而看似对家务工作简化非常有帮助的改变过程，却因对家务质量要求的提升，并没有为女性带来家务的减少，反而因女性外出就业人口的增加，她们开始面临更显著的多重角色压力。

而家务工作虽在每个家庭中都不曾缺席，但却会因每个家庭所处的家庭生命周期阶段而有所不同，新婚期没有孩子，家务的重点以夫妻为主。但子女出生后，子女的食、衣、住、行、育、乐都将成为父母的家务重点，且随着子女的长大而有所改变。同时，不同类型的家庭，也因家中的成员不同，家务的分工不完全相同，如单亲的父母比双亲的父母做较多的家务，而双亲家庭中未就业的母亲比就业的母亲做较多的家务。

不同类型家庭其家庭资源不同，家务分工也有不同特点。从家庭资源而言，家庭通常可以分为双薪家庭、单薪家庭和单亲家庭三种。其中双薪家庭有较多金钱资源，可以换取较多的家庭服务，单薪家庭具有较多时间资源，可进行家庭教育，分享亲子感情。而单亲家庭对金钱与时间资源皆较缺乏，家务参与最多，家庭压力最高。特别是单亲男性在对子女教育上缺乏一定经验和时间，而单亲女性在经济上有较大的困难与障碍，需要社会资源的协助或介入才能有稳定的生活。

家务上的分工，通常受五个因素影响。基于这五方面的差异，每个家庭也会有不同的家务分工方法。

（一）传统思想

传统上，中国人家庭是男主外，女主内。丈夫负责出外工作，妻子则担起家里一切大小事务，无论是教养孩子或管理财政，都一力承担。虽然现在已经是 21 世纪，但某些地区的家庭仍十分传统。这些家庭仍存有大男子意识，而女性也特别尊重丈夫。

（二）夫妻的成长背景

夫妻二人在未婚时，各自在家庭里所受的影响都可能不同。丈夫通常从父亲身上学习怎样当丈夫，妻子则从母亲处学习妻子的角色。如果双方家庭在夫妇角色上有很大分别，就容易产生冲突和争执。例如丈夫自小看见母亲对父亲言听计从，所有决定都由父亲做主，自然认为婚后他也有做主的权利。然而妻子的家庭凡事都由家庭会议决定，即使是孩子，也有提意见的权利。这样夫妻在家务分工上一定会出现分歧，需要协调和体谅，互相适应，商议出新家庭的家务分工方式。

（三）夫妻的工作时间

家务的分工，很大程度上都受夫妻的工作时间影响。传统家庭只有丈夫出外工作，妻子在家相夫教子，但今天大部分夫妇为了生计，二人都必须工作。这样家务分工就根据彼此的上班时间来分配。

（四）夫妻的能力、性格和兴趣

在家庭内，要负责的事情琐碎繁多，性质亦有不同。在家务的分配上，就要视乎夫妇二人的能力、性格和兴趣。传统观念，常模造了女性下厨、男性维修水电的固定形象，然而这并不一定的。也有一些女性，自小爱研究家居水电，对更换电线插头、修理抽水马桶特别感兴趣。所以在分工时按二人的喜好和能力来分，会使家务事半功倍。

（五）是否与老人同住

与老人同住会影响夫妇二人的家务分工。同住长者通常愿意带小孩、预备饭菜或做简单的清洁，这样夫妇就可以轻省一点。然而与老人同住的另一影响，就是他们可能还会觉得已婚子女是小孩，凡事替他们做主安排，这反而会影响夫妻二人的成长，甚至产生不少纠纷和冲突。

四、家务工作的简化

家务工作简化由 1930 年开始应用并做相关研究，如食物制备、洗碗盘、洗烫、铺床、清洁工作、工作面与贮藏场所等均已做过研究，并得到较佳的工作方法、优良的布置和设备。

家务工作的简化应用在日常生活家务操作上，体现在动作与时间、工作方法与工作程序、工作场所之布置、环境、工具、设备原料成品与商业性服务诸方面。

家务工作简化非常重要，这是因为它符合职业妇女及一般家庭的需要，并确实有所改进。对工作方面应先计划、检讨、分析、改善，对于动作宜加思考，应用工作技巧，改善工具、设备和环境，并妥善地利用商品和商业服务，以改善家庭生活，提高家庭生活水平，使家庭生活更美满、更幸福。

（一）影响家务工作的因素

影响家务工作的因素有家庭及个人因素，其中家庭因素又可分为内在与外在因素。家庭内因素有家庭组成、经济状况、家人职业、家人活动、家务标准、居住标准、室内布置。家庭外因素有自然因素、社会因素。而个人因素则有生理因素、心理因素、工作技巧。

（二）家务工作简化的要素

家务工作简化的五要素包含速、简、实、俭及全，其中速即节省时间，简即节省精力，实即提高实效，俭即节省物料，全即减少事故。

（三）家务工作简化的方法

家务工作简化的方法有三个，即计划家务工作与时间、改善工作方法与场所设备及物品有效的分类与贮存。其中改善工作的方法有如下几点：

1. 改变身体的位置与身体的动作

可以改善身体的动作以使工作更省力、更方便，如图2—9所示，蹲下推重物不会对腰造成不必要的损伤。

不良　　　　　　　　　　　　　良好

图2—9　推动重物的方法

2. 改变应用工具、工作场所及所用的工作设备

图2—10所示为双手正常与最大的工作范围，在设置工作场所的工具和工作设备时，应考虑这个范围，以保证工作的便利性。如图2—11所示，厨房设备配置要

注意合理的工作路径，同时工作台面高度与宽度应与人体的高度和手臂的长度等相适应。此外，工具设备注意分类，如图2—12和图2—13所示。

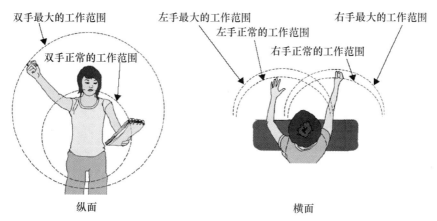

图 2—10 双手正常与最大的工作范围

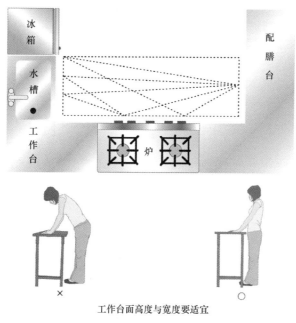

工作台面高度与宽度要适宜

图 2—11 厨房设备配置

图 2—12　橱柜分类

图 2—13　文件分类

第三章

家庭生活与现代科技

自从有了人类劳动，就有了科技萌芽，科技发展是人类历史发展的必然，科学技术史与人类历史一样久远。科技的传播具有广泛性和渗透性，一个多世纪以来，现代家庭生活的食、衣、住、行、养、教、娱，以及家庭人际交流、家务管理等各个层面已无一例外地受到科技发展的影响，发生了翻天覆地的变化。

家政学是研究家庭生活的科学，在它发展的早期就被贴上了"家庭科学"的标签，此后又有了"家庭消费者科学""生活应用科学""人类生态学""人类发展学""工艺技术学"等更多的名称，但其应用科学技术于家庭生活以改善生活品质的宗旨是一贯的，家政学家对科学生活方式的研究也一直没有停止过。科学和技术的传授和推广成为各层次家政教育的重要内容。

本章将帮助学生了解家庭生活相关领域科学技术发展的历程及其对社会的贡献，讲述家庭生活与科学技术的关系，揭示现代科技对家庭生活的负面影响，宣导现代科技引领下的健康家庭生活理念，提倡正确应用现代科技提升家庭生活质量，让学生能以理性的态度认识现代科技对家庭生活的作用，正确地应用科学技术选择科技产品和生活方式来管理个人及家庭生活，提高生活品质。并通过认识不断深化，自觉维护和改良自然和社会环境，促进其健康和谐发展。

第一节　家庭生活相关领域科技发展历程

人类在漫长的发展进化过程中为满足生存的需要，发明了最基础最实用的技术，随后对技术改进又磨炼了人的智慧，推动人类生产、生活的进步。本节针对与人类家庭生活密切相关的食、衣、住、用等方面的科学技术发展历程进行探源，从历史发展看人类技术及智慧的发展，了解现代科学技术发展对人类的影响。

一、食品科技的发展简史

（一）食品加工和保藏技术

人类在旧石器时代就学会了使用火来烹煮食物，火使人类拥有了利于消化吸收的熟食，益于大脑及体格发育。人类从使用自然火到了解人工取火的奥秘经过了100多万年。取火技术的应用使人类摆脱了"茹毛饮血"的生活方式转而进入熟食时代，同时还能满足取暖、照明、御兽的需要。火的利用是现代能源利用的起源。新石器时代，制陶技术将人类手工制作与用火技巧完美融合，陶制的容器成为人类最早的烹饪器具，使人类文明进入新阶段。之后，随着冶炼技术的发展，又出现了青铜器、铁器等器具，不仅使烹饪技术多样化，用铜、铁制成的刀具也使刀工技法得以形成。

原始人类利用明火加热或者煮熟肉类、根茎和植株，使之适于食用，可是当时的食物没有任何形式和程度的保藏。进入农耕社会，农作物栽培技术和动物驯养术丰富了人类的食物来源，多余的农作物和食物开始需要储存、保藏和运输，人类于是开始研究食物的保藏技术。公元前3 000～1 500年，埃及人发现了干藏鱼类和禽类、酿造酒类、磨面烘焙面包等食物加工的方法。中东的游牧民族应用这些方法并有所发展，保藏食品，预防饥荒，改进膳食质量，并使之多样化。1700年，氯净化水、柠檬酸调味和保藏食品成为最早的科学发现。在温带地区，应用干制、腌制、烟熏等技术保藏肉类和蔬菜；酿造醋用来保藏蔬菜和肉类；煮制蔬菜和水果，减少水分，制作果酱和酸辣酱。罗马人用冰块冷藏水果和蔬菜。巴黎的酿酒商和腌菜商尼古拉，阿尔伯特于1804年开办了第一个真空包装、杀菌的罐头工厂。

人们在长期生活实践中发明了化学保藏法，如烟熏保藏、腌渍保藏；物理保藏法，如脱水保藏、低温保藏、真空保藏等。通过这些方法，抑制微生物，防止食物腐败，使食品能长时间保藏。

城镇和城市的增加和扩展，促使食品保藏技术发展，延长了食品的存储时间，保证食品从乡村地区运输到城市而不变质，满足城市居民的需求。以前我们的食物只能是在离家比较近的地方生产的，但是冷藏保鲜技术的发展，使我们可以吃到南方的水果也能吃到北方的蔬菜，还能品尝到国外的很多美味食品。

（二）食品添加剂

食品添加剂是指用于改善食品品质、延长食品保存期、便于食品加工和增加食品营养成分的一类化学合成物质或天然物质。由于食品加工、保藏的需要，食品添加剂的出现成为必然。从油条、豆腐开始，中国应用添加剂的历史已经很久了。早在东汉时期，就使用盐卤做凝固剂制作豆腐。亚硝酸盐大概在800年前的南宋用于腊肉生产。公元6世纪，农业科学家贾思勰还在《齐民要术》中记载了天然色素用于食品的方法。泡菜的历史有几千年了，加工过程中先民不自觉使用了食品添加剂。过去的食盐、海盐等全都是粗制天然盐，正是泡菜口感变脆的因素。

世界范围内，埃及在公元前 1500 年开始用使用色素为糖果着色，公元前 4 世纪，人们开始为葡萄酒人工着色。最早使用的化学合成食品添加剂是 1856 年英国人 W. H. Perkins 从煤焦油中制取的染料色素苯胺紫。到目前为止，全世界食品添加剂品种达到 25 000 种，其中 80％为香料，直接食用的有 3 000～4 000 种，常见的有 600～1 000 种。

从数量上看，越发达国家食品添加剂的品种越多。美国食品用化学品法典中列有 1967 种，日本使用的食品添加剂约有 1 100 种，欧盟允许使用的有 1 000～1 500 种。

有专家阐述，食品商业化后，因为消费者对食物的外观品质、口感品质、方便性、保存时间等方面提出了苛刻的要求，所以批量生产的食品要想按照家庭方式来生产，几乎是不可能的。如果真的不加入食品添加剂，只怕大部分食品色香味难吸引消费者，且难以保存，或者价格高昂，消费者是无法接受的。国家许可使用的食品添加剂整体安全性是比较高的，在正常用量下不会引起不良反应。对于加工食品来说，如果没有这些食品添加剂，就很难想象食品能有足够的时间运输和出售，也很难想象消费者能够吃到放心的食品。

发展到现代，食品加工在能源、器具的开发利用，以及食品保藏方法方面都呈现了多样化、高科技的特点。能源方面，有利用天然气、电能、太阳能的灶具，烹饪器具方面，有适合不同烹饪方法的锅具，如利用压力原理的节能高压锅，加快了烹饪速度，提高了烹饪质量；还有采用微波原理的微波炉等，可快速安全地加工食品。食品的保藏设备方面有了冰箱、冷柜等，食品卫生方面有了消毒碗柜等，这些家庭科技产品，大大提高了家务工作效率，并使食品加工质量和人们的身体健康有了保障。

二、纺织服装技术发展

（一）服装材料的发展

1. 原始生活阶段——兽皮树叶遮身

距今约 40 多万年前的旧石器时代，人类出于御寒、遮羞、护体的目的，开始使用兽皮和树叶蔽身，材料直接取自大自然。后来人们从腐化的树皮中发现了长纤维，既柔软又坚韧，便想办法把它搓成绳，用于结网打鱼，同时用它结成织物围身，成为最早的纺织物。在温带和热带，人类把树皮、草叶和藤等系扎在身上，某些树木的海绵状树皮剥下后捣烂，制成大块衣料，因质地如纸，只能用作围裙。这对以后天然纤维的发现具有先导作用。在北京周口店猿人洞穴中曾发掘出 12 000 年前的一枚刮削磨制而成的骨针，可见当时已能用骨针把兽皮连接起来遮身。

2. 天然纤维的利用

亚麻是人类最早使用的天然植物纤维，距今已有 1 万年以上的历史。古埃及是亚麻发展的起点。一两万年前，古埃及人就开始在尼罗河谷地种植亚麻。从现代考古的发现可以推断，亚麻织布最迟出现在公元前 5000—前 4000 年，而且那时已经出现了织布机。

蚕丝的发现始于中国，早在新石器时代，中国人的祖先已经开始植桑养蚕。公元前 2600 年左右，中华民族的祖先首先懂得了养蚕缫丝的技术，后来在唐代通过西域的丝绸之路将丝绸文化和技术传给了全世界。

公元前 2000 多年，古代美索不达米亚地区已开始利用动物的兽毛，其中主要是羊毛。棉纤维出现大约在公元前 3000—前 2500 年，印度人首先开始使用。

棉、麻、丝、毛这四大天然纤维的发现和利用，不仅标志着服装材料的发展已进入一个新阶段，而且在人类社会发展史和人类自身进化史上都具有相当深远的历史意义。四大天然纤维作为服装、服饰的主要材料，一直到中世纪和近世纪。

3. 化学纤维的发明

随着科学技术的不断发展，人口密度的增长，资源紧张，人们不断探索新的服装材料来满足生活的需要。人造纤维的出现，成为必然趋势。

纺织进入大工业化生产时期以后，规模迅速扩大，对于原材料的需求，促使人造纤维技术的发展加快。17 世纪以来人们的一些尝试，在化工技术和高分子化学发展的基础上，不断取得进展。

服装材料的另一个巨大变化来自化学纤维的生产。早在公元 1664 年英国人 R. 胡克（Hooke）就有了创制化学纤维的构想，经过一系列研究，1838 年法国人发明了聚氯乙烯纤维，1904 年，英国人 C. F. 克劳斯（Cross）等获得了生产粘胶纤维（Viscose）的专利权，公元 1925 年粘胶短纤维问世。1938 年，美国杜邦公司宣布聚酰胺纤维（Polyamide）研制成功，并命名为尼龙（Nylon），这是第一种合成纤维。1946 年，美国研制成功人造金属长丝（Lurex）。1950 年，杜邦公司又宣布命名为奥纶（Orlon）的腈纶（Acrylic）商品化，1953 年，又成功地使称为达克伦（Dacron）的涤纶（Polyester）工业化，1956 年弹力纤维（Spandex）研制成功。

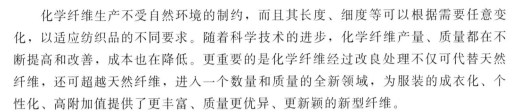

化学纤维生产不受自然环境的制约，而且其长度、细度等可以根据需要任意变化，以适应纺织品的不同要求。随着科学技术的进步，化学纤维产量、质量都在不断提高和改善，成本也在降低。更重要的是化学纤维经过改良处理不仅可代替天然纤维，还可超越天然纤维，进入一个数量和质量的全新领域，为服装的成衣化、个性化、高附加值提供了更丰富、质量更优异、更新颖的新型纤维。

4. 染料的发明

染料在现代纺织品设计中有重要的作用。人类在旧石器时代已使用矿物颜料着色，如中国山顶洞人和欧洲克罗马农人。世界很多地方都发现了古代着过色的织物。中国在公元前 3000 年已使用植物染料茜草、靛蓝、菘蓝、红花等。秘鲁地区居民很早就掌握制取虫红染料的方法。胭脂虫红是生产高质量衣料不可缺少的染料。到 19世纪以后，人工合成染料取得了一系列的成果。如苯胺紫染料（1856 年）、偶氮染料（1862 年）、茜素染料（1868 年）、靛蓝染料（1880 年）、不溶性偶氮染料（1911年）、醋酸纤维染料（1922—1923 年）、活性染料（1956 年）等。合成染料的制成使染料生产完全摆脱人对于天气的依赖，使印染生产进入了新时期。

（二）纺织服装发展

人类懂得利用纺织纤维，纺纱织布历史开始，从养蚕栽棉到纺纱织布，从穿针引线到缝衣制服，是人类文明的一大进步。

1. 纺织技术

纺织技术是一种服务于人类穿着的手工行业，它起源于 5 000 年前新石器时期的纺轮和腰机。纺纱织布，制作衣服，遮丑饰美，御寒避风，防虫护体，大约便是纺织起源发展的重要动机。1589 年英国牧师威廉·李（William Lee）发明了第一台手摇针织机。经历了漫长的历史演进，18 世纪下半叶，产业革命首先在西欧的纺织工业开始，机器把工人的手，从加工动作中初步解脱出来。1733 年英国凯伊发明飞梭，1765 年英国哈格里夫斯发明手摇纺纱车（珍妮纺纱机），揭开了工业革命的序幕，1769 年英国阿克莱特发明水力纺纱车，1771 年阿克莱特在德比设立第一座水力纺纱厂，标志着近代机器大工业诞生，1785 年英国的卡特莱特发明水力织布机。18世纪末，纺织厂开始利用蒸汽机织布。从此家庭手工生产逐步被集中性大规模工厂生产所代替。

2. 服装制作技术

最早服装缝制技术是原始人用石器将兽皮分割并用磨制的骨针进行缝合。在机器发明前，服装的制作都是手工完成，非常耗时，服装的样式也比较单一。1790年，英国的圣托马斯发明缝制靴鞋用的单线链式线迹的手摇缝纫机，它是世界上出现的第一台缝纫机。1841年，法国的蒂莫尼埃设计和制造了实用的双线链式线迹缝纫机，这种新机器每分钟可缝200针，而手工缝每分钟只能缝30针；1846年，美国的豪取得曲线锁式线迹缝纫机专利，缝纫速度为每分钟300针，效率超过五名手工操作的缝纫师；1851年，美国机械工人胜家独立设计并制造出胜家缝纫机，缝纫速度为每分钟600针，并于1853年取得美国专利。此后，缝纫机便开始大量用于生产，并逐步增加了钉纽扣、锁纽孔、加固、刺绣等功能。1975年美国发明了微型计算机控制的家用多功能缝纫机。

伴随科学技术的发展，服装技术的发展经历了手工作业、机械化、自动化和智能化的基本趋势，使服装原材料的生产技术及服装生产设备有了突飞猛进的发展。服装生产自动化，大大提高了生产速度，降低了生产成本，提高了消费者的服装购买力。现在许多高档名牌服装，大都是在生产线上制造的，如果改用人工缝制或普通缝纫机缝制，其价格会上涨许多，人们就没有能力追逐一浪盖过一浪的服装潮流了。

电子计算机的发展和运用，不仅强化了技术发展的自动化趋势，而且不断强化了技术发展的智能化趋势，使人类将更多的脑力劳动职能转移到了计算机上。电子计算机辅助设计（CAD）和电子计算机辅助工程（CAE）的出现，不但取代了部分繁杂的脑力劳动，而且加快了设计速度，提高了设计质量。

特殊功能面料及服装的研发，是纺织服装科技发展的重点。例如，针对婴儿的皮肤细嫩，易擦伤、感染，科技人员用丝棉、废丝研制出纯丝棉无纺布，生产婴儿系列服装用品，不仅轻柔滋润皮肤，而且有防菌止痒的作用。针对好运动的年轻人，科学家研制出环保快干、吸湿排汗、挺括抗皱、抗紫外线功能的功能性面料。针对老年人行动不便，瑞士一家公司研制成功一种称之为"SV"的老人防撞服装，包括防撞帽、防撞外衣，均为膨胀式。防撞帽中装有计算机防撞器，当人体头部倾斜失常时，计算机就指挥防撞器张开，调整倾斜度，老人就会感到头部像有人扶着一样。即使因倾斜速度快，防撞器来不及反应也不要紧，老人的头部会因有防撞器弹簧张力所支撑而不致受伤。

在现代科技的引导下，服装设计不仅仅是利用现代手段表现时尚元素，更注重艺术与技术的结合，新材料、新功能的开发使服装向人性化、智能化、低碳化发展。

三、住宅建筑与室内设计技术发展

（一）住宅建筑技术

1. 建筑技术的发展历史

人类最初居无定所，利用天然巢穴作为居处，农业出现以后开始定居生活，出现了原始村落，土木工程进入萌芽时期。原始社会末期，土木工程已达到相当的发展水平了。奴隶社会和封建社会，土木工程发展得相当缓慢，工程技术的传承主要是以经验的形式进行，长期徘徊在一个较低的水平上。没有或者只有很少的专门的机械工具可以使用，所使用的材料主要是来自天然的木材和石料。大型的工程主要依靠的是数目巨大的劳动力投入。

在中国，公元前 11 世纪西周初期制造出瓦，公元前 5—前 3 世纪战国墓室出现了砖。直至 18—19 世纪，在长达 2 000 多年的时间里，砖和瓦一直是土木工程的重要建筑材料。17 世纪 70 年代开始使用生铁，19 世纪初开始使用熟铁于桥梁和房屋建筑，建筑的跨度结构发生了巨大的变化。实践促进了理论的发展，土木工程从经验上升为科学，促使建筑技术更迅速地发展。

2. 建筑设计的三次技术革命

自 19 世纪工业革命以后，现代建筑的发展变化，共经历了三次重大的技术革命。

第一次技术革命是材料技术和结构技术的革命。19 世纪工业革命以后，得以大量应用的钢铁、玻璃和混凝土等人工材料，替代了砖石、木材等自然材料。材料和结构技术的革命，对建筑造型艺术产生了深刻影响。

第二次技术革命是设备技术的革命。20 世纪以来电梯、自动扶梯、人工照明、水处理、人工通风、空调等新技术不断涌现，从 20 世纪 30 年代前后开始对建筑产生巨大的影响。设备技术的革命，对建筑的影响则由空间造型形态方面转向了功能组织。建筑不再受自然环境的限制，交通、朝向、采光、通风、温湿度调节等都可由人工来处理。建筑的功能组织关系发生了重大的变化。

第三次技术革命是信息技术革命。20 世纪 70 年代以后计算机、光纤通信、电子技术和节能技术等高新技术进入建筑领域，自动化的楼宇管理系统、防灾报警系统、保安监控系统的发展，以及可持续发展的建筑观和环境意识的确立，使得当今的建筑朝着智能化和生态化的方向发展。智能建筑、生态建筑、节能建筑、无障碍建筑和老龄建筑就是在这些技术推动下产生的。

3. 现代建筑材料的开发技术

随着科技的发展，建筑材料的种类越来越多，性能越来越强，功能越来越多样化。21世纪建筑材料技术的发展趋势主要体现在以下几个方面：

第一，化学合成材料技术在建筑方面的大力发展，如合成塑料具备耐高温、耐压的性能，在建筑材料中得到广泛应用。

第二，用多种材料组合生产的高性能建筑制品的大量使用。如钢与增强聚氯乙烯组合型材用于门窗制品生产。材料工程技术不仅被用于混凝土材料，还被用于改善其他建筑材料的性能，例如，提高聚氯乙烯的耐久性，使其可用作门窗材料；提高新型纤维板的力学性能，优化保温隔热材料的结构和形式，以改善其隔热性能，以及研制更好的吸声材料等。

采用新型建材不但使房屋功能大大改善，还可以使建筑物内外更具现代气息，满足人们的审美要求；有的新型建材可以减轻建筑物自重，为推广轻型建筑结构创造了条件，推动了建筑施工技术现代化，大大加快了建房速度。

（二）室内设计与现代科技

1. 室内设计对科技的要求

现代家庭生活对居住环境要求越来越高。改善居住条件的具体要求随着人们的需求和科学技术的发展而变化，它包括改善室内环境的各个方面，既有有形的，又有无形的，如厨房、洗涤设备、温度、光线、噪声、空气质量、色彩等。改善居住条件的目标是在满足现代居住标准的同时提供舒适、安全、健康的环境。房屋不但要安全、耐久、美观，而且要保温隔热、隔音防火，并且还应考虑到家庭条件的变化。这就要求在室内设计中应用更多的科学技术。

2. 科技对室内设计的影响

现代室内设计同样经历了从手工业社会到信息化社会的转变。在现代设计文化发展的背景下，以往贯穿室内设计的一些原则和手法正渐渐被打破。人们在现代科技力量的支持下，找到了更加符合时代的合理化的设计概念，使室内设计既有时代感，又符合审美性、实用性。

科技的发展，给室内设计领域提供了各种表现手法，比如后现代风格、波普风格、高技派等，这些都使设计观念产生了巨大的变革。在现代科技影响下，设计师表现出了人性化的设计思潮，更加注重地方性和文化的约束，重视生态环境。在审美观念上，不再过于追求对称、注重含蓄等。在现代科技的条件下，室内设计的手法更加多元和开放。

同时，科技的发展也促使人们对室内设计审美观念的转化。因为现代的工作环境迫使人们追求更好的情感调节，追求更好的生活质量，从追求室内环境中的量到讲究室内环境中的质，不再单纯地满足室内装饰带给人的物质价值，而是要更好地享受装饰环境带给人的精神价值。这不仅仅在是表现科学与技术，而是要表现人的"心"的内容。这也正是在现代科技的条件下，室内装饰设计的深层次内涵。

3. 室内装饰新材料的开发

在现代科技条件下，人类可以模仿现实自然的形态，创出更具有现代感的设计。例如实木制作的传统家具，虽然古朴厚重，但资源浪费较大，现代设计师利用先进技术，将原木换成质轻价优的人工复合板，再通过机械压弯等工艺，制作出的效果简洁大方，同时手感也十分流畅。科技的运用，也大大改变了木、陶、瓷、棉、麻等传统材料的外观面貌，以室内装饰的玻璃材料为例，电脑镀色和勒丝技术的出现，使玻璃不再是透明的，而是图案丰富，花色艳丽的。通过高科技的印丝手法，可以把棉、麻、纤维的纹样织在玻璃表面，使玻璃在视觉和触觉上都让人改变了人们对它冰冷的看法。

又比如人造石材的生产，用现代高科技手段合成的人造石材，主要是弥补天然石材的不足而研制的，包括树脂型人造石和其他类型的人造石。与天然石材相比，人造石有以下优点：第一，色彩丰富；第二，无放射性污染；第三，硬度、韧性适中，易碎性、耐冲击性比天然石材好；第四，加工制作方便，凡是木工用的工具和机械设备都可以用于人造石材的制作加工，可弯曲、可加工成各种形状，这是天然石材无法比拟的；第五，结构致密，清洁卫生。人造石材结构致密，无微孔，液体物质不能渗入，细菌不能在其中生长。

四、家庭设备的科技化

家用电器使人们从繁重、琐碎、费时的家务劳动中解放出来，为人类创造了更为舒适优美、更有利于身心健康的生活和工作环境，提供了丰富多彩的文化娱乐条件。

（一）家用电器的发展历程

家用电器问世已有近百年历史，美国被认为是家用电器的发祥地。1879 年，美国爱迪生发明了白炽灯，开创了家庭用电时代。美国电力工业的发展，为家用电器的发展创造了有利条件。20 世纪初，美国理查德森发明的电熨斗投放市场，受到普遍欢迎。电熨斗的广泛使用改变了当时仅在夜间供电的传统并促使其他家用电器相继问世。因此，人们认为美国的家用电器工业发轫于电熨斗。1907 年，具有现代产品雏形的吸尘器问世。1910 年，电动洗衣机和压缩机式家用电冰箱相继问世。1914 年电灶出现。1881 年 7 月美国矿山技术人员多西根据空气压缩原理，安装了一台压缩空气的空调机，世界上第一台空调机诞生了。1930 年，房间空气调节器问世。1937 年，全自动洗衣机研制成功。从此，电器类产品的产量迅速增长，品种不断增加和更新。

电子产品方面，19 世纪末，爱迪生效应的发现和验证电磁波存在的实验，为电子学的诞生创造了条件。1895 年，意大利马尔可尼发明无线电报，促成了无线电话和无线电广播的出现。1919 年，第一个定时播发语言和音乐的无线电广播电台在英国建成，次年，在美国的匹兹堡又建成一座无线电广播电台。1923 年和 1924 年，美国兹沃雷金相继发明了摄像管和显像管；1931 年，他组装成世界上第一个全电子电视系统。在 20 世纪 30 年代末，英、美先后开始了试验性的电视广播，第二次世界大战后，电视广播便在各国逐渐普及。1954 年，美国采用 NTSC 制正式开始彩色电视广播。1963 年和 1966 年，联邦德国、法国分别确定了兼容的 PAL 和 SECAM 彩色电视制式。1898 年丹麦人发明了磁性（钢丝）录音机，1935 年德国通用电气公司制成了磁带录音机，1963 年荷兰飞利浦公司发明了盒式磁带，从此盒式磁带录音机开始普及。

20 世纪 50 年代电子工业和塑料工业的兴起，促进了家用电器的迅速发展。晶体管的发明应用，尤其是集成电路的发明，使电子技术进入微电子技术时代，出现了巨大的飞跃，使家用电器提高到一个新的水平。20 世纪 70 年代，微型计算机的问世，推动着家用电器向自动化和智能化方向发展，一批新型的家用电器相继出现。

（二）家用电器的分类

科学技术使家用电器应用于家庭生活各个方面。家用电器产品按功能与用途大致分为 8 类。

1. 制冷电器

制冷电器又称冷冻电器，用于物品（主要是食物）的冷冻、冷藏，包括家用冰箱、冷饮机等。

2. 空气调节电器

空气调节电器简称空调电器，用于调节室内空气流动、温度、湿度以及清除空气中的灰尘，包括房间空气调节器、电扇、换气扇、冷热风器、空气去湿器等。

3. 清洁电器

用于织物清洗、保养和室内环境与设备的保养，包括洗衣机、干衣机、电熨斗、吸尘器、地板打蜡机等。

4. 厨房电器

用于食物配制、烹调及厨房卫生，包括微波炉、电磁灶、电烤箱、电饭锅、洗碗机、电热水器、食物加工机等。

5. 电暖器具

用于生活取暖，包括电热毯（垫）、电热被、电热服、空间加热器等。

6. 整容保健电器

用于理发、颜面清洁和家庭医疗护理，包括电动剃须刀、电吹风、整发器、超声波洗面器、电动按摩器、空气负离子发生器等。

7. 声像电器

用于家庭文娱生活，包括电视机、收音机、录音机、DVD影碟机、摄像机、组合音响等。

8. 其他电器

如烟火报警器、电铃等。

有的国家将照明器具列为家用电器的一类，将声像电器列入文娱器具，而文娱器具还包括电动电子玩具；有的国家将家用煤气器具（包括燃油器具）和太阳能器具也列入家用电器内。美国采用混合分类法，将家用电器分为大件器具类、小件器具类、空气调节器具类、家用电子消费器具类、办公器具类、商业和公共设施用器具类、售货及钱币器具类。

（三）家居智能化

如今高科技已进入家庭生活的各个方面，家用电器也呈现出智能化、科技化、人性化、节能化的特点。例如，空调早已不是那种简单的制冷、抽湿、制热等功能，一些既实用又科学环保的智能空调的确满足了大众需求。各大空调厂商为满足不同用户的使用需要，推出了各具优势的智能使用功能，通过简单设定，让空调智能运行，自动调温。空调除智能变频外，还有智能化人数、位置感应、智能送风、智能节电、智能新生舒适睡眠、智能精确控温、智能静音控制技术等功能。

智能化的小家电如剃须刀、电动牙刷、电饭煲、豆浆机、微波炉等，为我们的生活提供了更便利的服务。早餐喝豆浆可以用微电脑控制的智能豆浆机，实现制浆自动化，具有智能控温、加热保温、缺水保护、防溢等功能。这些智能小家电的共同点在于：省时、省力、省心。使用者只要根据自己的意图，按下指令键，智能小家电们便能帮助人们完成所有的工作。这对于高节奏生活的人们来说，就像是智能"小保姆"，照顾人们日常起居，能够把更多的精力放在工作和享受上。

而家居智能化技术能够帮助人们解决更多问题，给生活带来很大的便利，其中包括了安全保护、环境调节、照明管理、健康监测、家电控制、应急服务等。例如在安全保护方面，当智能家居系统中的无线红外探测器检测到有人非法闯入时，连接至网络中的报警器就会及时把信息发送至主人的智能手机端，令主人及时了解情况，采取措施，保证财产不受损失。

第二节　家庭生活与现代科技的关系

家庭生活与现代科技的关系是密不可分的，科技满足了家庭生活的内在需求，改善了人类的生活水平，反映了家庭生活的未来趋向。家庭生活又为现代科技的发展提供了广阔天地。然而，科学是把双刃剑，在享受高科技的便利的同时，由高科技产生的弊端、危害也时时伴随着人类。人们不仅要认识到现代科技对家庭生活的正面影响，还要认识到现代科技对家庭生活的负面影响，正确看待家庭生活与现代科技的关系。

一、生活科技化是现代家庭生活的内在需求和发展趋向

（一）生活需求催生科技发展

现代科技为人类社会的发展及家庭生活品质的提升做出重大的贡献。如今科技

已经进入人类生活的每个角落，每时每刻在改变着我们的生活。

马斯洛在1943年发表的《人类动机的理论》一书中提出了需求层次论。他把需求分成生理需求、安全需求、社会需求、尊重需求和自我实现需求五类，依次由较低层次到较高层次。需求的满足不可避免地充满于日常生活之中，科技产品的发展恰好体现出人类需求的变迁过程，当需求达到温饱阶段的时候就会向小康阶段、富裕阶段递进。最终才是人类对科技的最高追求——满足个体的个性化需求。技术不断改变人类生活，推进人类进入新时代，人类又不断产生新的需求，对技术又产生新的要求。

例如我们每日的饮食，人们钻木取火煮熟食物是为了利于吸收消化；储存粮食或安全卫生地储存与制备食物则为安全需求的满足；食品添加剂，改善食品的色香味，满足人们感官及心理上的需求；快餐及方便食品，是为了适应城市快节奏的生活需要；当人们对食品安全担忧的时候，有机食品得以开发。各种食品加工技术使人们不仅可以吃其所需，还能吃其所好。

与饮食有关的快捷方便的烹饪器具如微波炉、高压锅是为了满足节省家务时间、节约能源的需要，同时还能满足家庭成员能够吃到营养的食物需要。

健康方面，由于日常工作、学习繁忙，很多人无暇到户外参加体育锻炼，导致身体肥胖而引发各种疾病，给人们的生理和心理造成很大的压力。家用健身器、美容减肥器等新产品在一定程度上满足了人们强身健体的需求。

互联网时代，网络消费成为时尚。消费者的需求不像单纯的功能需求那样简单和直接，所以产品的成长根据消费者需求反馈成长。如小米手机每周迭代一次，微信第一年迭代开发了44次。

（二）生活科技化是家庭生活的发展趋向

科技已经植根于家庭生活，并不断生出新枝叶。科技的每一次进步，往往会创造出新的产品，推动了商品经济的发展，从而改善和丰富人们的生活资料，进而引起生活方式的巨大变化。科技不断推动生活的进步，成为人们生活不可分割的一部分。除了食、衣、住，科技在更多方面改变我们的生活，使得人们的生活更加方便、快捷。

交通出行方面，以前我们出门只有自行车、汽车、火车，现在我们有地铁、轻轨、磁悬浮列车，还有飞机，无不彰显着现代社会的交通便捷。这为我们的出行节约了不少时间，也使得我们的时间得到了高效的利用。

通信技术方面，以前与家人朋友等的交流手段是通过书信往来，电话的发明使人们的交流不受距离限制，如今各种智能化的手机到处可见，手机已不再是满足通信这一单一功能的工具了，而是集通信、娱乐、办公等为一体。科技使人们的交流变得快捷。

互联网使人与媒体的连接、人与信息的连接、人与人通讯的连接、人与人交往的连接、人与商品的连接都无比快捷。如雅虎缩短了人与媒体的连接，谷歌缩短了人与信息的连接，腾讯 QQ 和微信缩短了人与人的连接，淘宝缩短了人与商品的连接。科技使人们的购物更便捷轻松，甚至网络购物已经成为人们生活不可分割的一部分。

科技使医疗技术迅猛发展，医疗环境也得到了很好的改善，挽救了大量生命垂危的病人，人类的平均寿命也得到了提高。

科技使人们思想观念发生改变。伴随着科学技术的发展，人们的生活品质得到提高，人们也更加认识到了科技的重要性，认识到了科学的魅力。人们也更多地在家庭生活中应用先进科学技术。人们变得更自信，社会环境变得更和谐，工作和生活理念变得更科学，创新能力变得更强。人们不再为物质追求而疲于工作，人们越来越重视精神生活的追求。因为科技使人们物质生活足够丰裕，人们才能追求更高层次的精神文化。

科技改变人们的生活角色和地位。科技产品的发展，使家庭成员的角色发生了改变，即从家庭物品的生产者变成商品的消费者。随着科技的发展，社会的进步，越来越多的在历史上不曾被平民所享有的设计，渐渐地渗入了社会生活的方方面面。现代工业以人为本的设计使人类地位不断提升。

（三）家庭生活为科技发展提供了用武之地

科学技术推进了全部人类社会的发展，从原始的刀耕火种到现代的信息社会，科技给了人类社会无比强盛的推进能源，人类社会也给科技的发展提供了必需的环境。若无人类社会的存在，若无人类社会在其他方面的发展，科技也将无用武之地。科技给了家庭生活带来了转变，带来了活力；相反，家庭生活的发展也在无形中推动了科技的一直前行，促进科技更新换代。两者相辅相成，只有这样，才能共同地发展与前进。

二、现代科技对家庭生活的负面影响

科学技术对人类的贡献是巨大的，然而任何事物都具有双面性。科学技术在促进人类社会进步的同时，也产生了各种副作用。由于人们在追求高科技时往往只强调其主导功能而忽略相关影响，所以很多技术进步都会带来新的问题，使人们在享受高科技的同时受到其副作用的危害。

2014年7月20日，上海福喜公司过期变质肉事件被媒体曝光。记者卧底两个多月发现，麦当劳、肯德基、必胜客等国际知名快餐连锁店的肉类供应商——上海福喜食品有限公司"存在大量采用过期变质肉类原料的行为"。虽然这并不是第一起食品安全事件，麦当劳、肯德基等洋快餐也早被人称作"垃圾食品"，事实却让消费者吃惊和痛心。媒体报道并非危言耸听，如今已经是一个人们的衣食住行极度缺乏安全感的年代，食品安全屡亮红灯，有毒服装也赫然出现在一些国际大牌中，纤纺生产也被评为世界上最肮脏的产业之一，室内装修污染导致损害人体的"不良建筑物综合征"，汽车尾气使人无处躲藏。除了人们环保意识的提高，未来科技的进步是拯救环境和人类的主要趋势。

（一）消费

现代科技的发展为人们的生活增添了大量的消费品，使人们的日常消费更加丰富多彩，但是在高新科技产品更新换代浪潮中却存在着很多消费误区。如许多电子产品企业为了在激烈的市场中取得先机，都把产品的功能当成炫耀自己技术实力的资本，这使得产品的功能越来越多，消费者在实际生活中未必都用得上。如手机上虽然很多功能，比如拍照、上网、理财、游戏、彩信等，但许多用户真正使用的不到十种，其他功能基本上属于"闲置"。这种对高科技产品功能的过度开发，也影响到消费者在电子产品更新换代时的理性选择，消费者追求"高大全"的心理，花费比实际产品高出很多的价格购买新技术产品，导致了不必要的浪费。

更新换代不断加速，一台电脑的使用寿命从过去的10年缩短到不到4年，手机不出两年就会被淘汰。有调查显示，目前中国东部发达地区家庭，平均每个家庭有两部以上手机闲置在家。手机更新换代速度非常快，但由于规格不统一，充电器、电池等手机零配件很少能重复使用，造成的资源浪费是非常惊人的。

此外，现代科技大机器流水线生产，产品周期短，产量提高，产品种类供过于求，广告天天占据电视屏幕推销产品，表面上推动了消费，促进了商品流通，但人们的时间和金钱被耗费在并非必需的产品上。时装的"快时尚"，使新潮一族不惜代价地变换款式，旧衣积压在衣柜中占用大量空间，抛弃又对环境造成污染。中国纺织工业联合会测算：如果我国废旧纺织品全部得到回收利用，年可提供的化学纤维和天然纤维，相当于节约原油 2 400 万吨，超过大庆油田产量的 1/2，还能减少 8 000 万吨的二氧化碳排放、节约近 1/3 的棉花种植面积。但事实上，每年回收纤维却不足原料的 10%，大量的资源被浪费。按照一件衣物平均寿命 3～4 年计算，如果我国平均每年每人在购置 5～10 件新衣物的基础上，遗弃 3～5 件旧衣物，到"十二五"末，我国废旧纺织品累计产生量约 1 亿吨，其中化纤类为 7 000 万吨，天然纤维类为 3 000 万吨，不进行再利用，既造成环境污染，更是一种巨大的隐形浪费。

（二）环境

粗放型经济增长模式造成资源能源消耗高、浪费大、污染严重。PM2.5 产生的主要来源是日常发电、工业生产、汽车尾气排放等过程中经过燃烧而排放的残留物，大多含有重金属等有毒物质。一般而言，粒径 2.5～10 微米的粗颗粒物主要来自道路扬尘等；2.5 微米以下的细颗粒物（PM2.5）则主要来自化石燃料的燃烧（如机动车尾气、燃煤）、挥发性有机物等。

由于大量燃烧化石燃料，世界上酸雨范围越来越大。人类发明了制冷剂，广泛用于电冰箱、空调器等各种制冷设备。制冷剂中含有的氟利昂严重破坏了臭氧层，使地球的个别地方出现了巨大的臭氧层空洞，从而无法有效地遮挡来自太阳的紫外线，增加了人类患皮肤癌的可能性。

农药化肥的发明和使用提高了农产品的产量，却使有害化学物质通过土壤和水体在生物体内富集，并且通过食物链进入农作物和畜禽体内，导致食物污染，最终损害人体健康。农药的大量使用杀死了很多有益的昆虫和微生物，水质也受到严重污染。使用化肥使土壤容易板结，肥力下降。加上高科技工业产生的新的垃圾（包括固、液、气三种形态）造成的污染，这种垃圾我们也叫做"高科技垃圾"，以及家用洗涤剂、废弃家电对环境的污染，共同导致生态遭到破坏。

频繁进入人们的日常生活的一次性泡沫塑料饭盒、塑料袋，使用方便、价格低廉，给人们的生活带来了诸多便利。但另一方面，这些包装材料在使用后往往被随手丢弃，造成"白色污染"，成为极大的环境问题。

据有关部门分析，从 2007 年起，我国每年至少有 500 万台电视机、400 万台冰箱、600 万台洗衣机达到报废年限；2008 年以后，每年需要处理的废旧电子产品达 500 万吨。此外，随着电脑、手机、VCD、DVD 等电子产品更新换代的加快，报废数量也将急剧上升。"电子垃圾"中又含有大量有害有毒的物质，如果随意丢弃、焚烧、掩埋，则会产生大量的废液、废气、废渣，严重污染环境。

（三）健康

食品加工过程中大量使用有害食品添加剂以及不符合卫生标准的包装物等，都对食品的安全性产生了较大的危害，造成整个社会的安全问题。食品机械化生产造成食品过量生产，再先进的保藏技术也会产生大量的过期食品，修改保质期、更换包装事件屡见不鲜，福喜事件的曝光从一个侧面反映了食品加工业的"失控"。

2013 年 2 月上海爆出"毒校服"事件，上海市质监局在对上海市生产销售的 22 批次学生服产品进行质量专项监督抽查中发现，有 6 批次产品存在质量问题。"毒校服"的问题主要包括面料中含有可分解致癌芳香胺染料（偶氮染料），pH 值超标等。许多消费者可能还不知道，纺织品中偶氮染料的毒性要强过食品染料苏丹红。服装一般用水洗一下，就可以除去大部分甲醛；但可分解芳香胺不但不溶于水，而且从纺织品外观无法分辨。偶氮染料用于服装布料的染色，特别是内衣的染色后，当它与人的皮肤直接接触时，其有毒成分会被皮肤吸收扩散，在特殊条件下分解产生 20 多种致癌芳香胺，经过活化作用而改变人体的 DNA 结构，引起病变和诱发癌症。

室内装修材料中化学合成材料也存在有毒物质，给人类健康造成极大影响。如人造板材、粘胶剂、墙纸中的甲醛，各种胶、漆、涂料和黏合剂中的苯等，人类在散发高浓度有毒物质的室内生活，严重的可导致生命危险。

（四）人际关系

科技的发展，人对机器产生依赖性，动手能力变差，父母直接照顾子女、辅导孩子学习的体验被机器代替。青少年沉迷于网络、电视、手机等这些娱乐设施的出现，使家人之间的交流越来越少，人情淡薄，人际关系紧张。

面对上述问题，我们应该理性看待科技进步与人类生活方式的变革。但是，从历史、现实和未来生活方式变革的趋势看，生活方式变革的实现，归根到底，还是要依赖于科技的进步。所以，科技进步必然还是未来生活方式构建中的客观因素中的核心角色，这一点是毋庸置疑的。问题是，作为主观因素核心角色的人类自身，如何正确认识和运用科技进步这一力量，最大化其正面效应，将其负面效应减至最低。

第三节　现代科技引领下的家庭生活理念

科技发展一方面要跟随市场的发展、适应市场的需求，起到促进消费的作用；另一方面还表现在更高层次上对家庭消费的引导作用。高科技消费时代，家庭生活的消费观念已发生了根本性的改变，如果没有正确的引导，消费者的观念可能步入误区。绿色、低碳、健康的生活理念是当前家庭生活应遵循的基本理念；时尚化和个性化的生活是建立在科学生态观的基础上，依靠现代科技来实现的理想化的生活。

一、家庭生活消费观念的演变

随着科学技术的发展，家庭生活消费观念的演变经历了三个时代。

（一）理性消费时代

科技不发达时期，生活水平较低，消费者只注重产品本身的质量，着眼于物美价廉，经久耐用。因此，产品质量的好坏成为消费者购买的标准。这一时代市场不成熟，产品供不应求，生产者只注重产量而不注重消费者的需求和欲望。产品种类单一，选择余地小。

（二）感觉消费时代

随着生活水平的改善和提高，人们的消费观念发生了很大变化，消费者开始注意同类产品在质量上的差异，并对创新的产品表现出极大的兴趣。科技带动工业化和机械化的发展，生产者的劳动生产率和产量迅速提高，这就使大量产品充斥市场，出现了供大于求的现象。消费者有更大的选择范围，需求开始多样化，消费层次也越来越高了，生产者眼光也开始由生产向市场转移。

（三）感性消费时代

社会科技不断进步，人们越来越重视心灵的充实，消费变得越来越挑剔，对商品的要求，已经不再是质量、价格、款式、品牌，而是在购买和消费过程中是否能够带来精神上的满足。因此，"满意"与"不满意"成为消费者购买的标准。生产者的地位越来越低，市场竞争变得日益激烈。商品自身的吸引力、销售手段成为竞争要素。

人类消费观念随科技发展而改变，求新求变成为人们对生活方式的追求。不可否认，曾经一度科技的过度发展给人类健康和环境造成极大影响。庆幸的是，人类已经开始关注到环境保护的重要性。现代科技的发展正在弥补曾经造成的危害，以人为本，以科学的发展观为指导，产品设计上建立良好的责任感和生态意识。

现代科技不仅是对消费者的引领，也是对产品设计者、生产者的引领，他们必须不断研究新技术、方法、新材料，设计生产出标新立异、人性化、符合时代特征的产品才能占领市场，在激烈竞争中得以生存。生态意识、不断创新成为现代科技开发的灵魂。而消费者不但要掌握新产品利用的知识，具备产品鉴别、选择的能力，还要不断更新理念，跟上时代发展的步伐。

二、绿色家庭生活理念

绿色生活是一种没有污染、节约资源和能源、对环境友好、健康的生活，是和谐社会的重要内容。绿色生活必须符合下面的三个条件：第一，消费者的生活环境和所消费的资料对健康是有益或无害的；第二，消费者在工作生活中注意节约资源和能源；第三，消费者所使用的物品对环境应该是友好的。

绿色家庭生活提倡绿色产品设计。绿色设计（Green Design）是 20 世纪 80 年代末出现的国际设计潮流。它着眼于人与自然的生态平衡关系，设计过程的每一个决策中都充分考虑到环境效益，减少对环境的破坏。绿色设计反映了人们对现代科技文化所引起的环境及生态破坏的反思，同时也体现了产品设计师职业道德和社会责任心的回归。绿色产品设计的基本思想是：以人为本，确保功能，在设计阶段将环境因素和预防污染的措施纳入产品的设计中，将生态环境作为产品设计的目标和出发点，力求使产品的生产和使用对环境影响最小。

绿色生活对科技产品要求具有如下特点：

外形简约、节约资源、对环境无害、对人类健康无害、可重复使用、可再生利用、能耗低、功能多样。我们在生活中应选用符合绿色生活理念的产品。

（一）低碳家庭生活理念

低碳生活是继绿色生活后的又一环保新概念。英国是最早倡导"城市低碳消费"的国家之一。2003年，英国政府的能源白皮书《我们能源的未来：创建低碳经济》中首次提出了"低碳能源消费"概念，并实施了更快走向"低碳社会"的全民总动员。书中以"低碳经济"的新理念阐述了面对全球气候变暖对人类的生存挑战，如何推广"绿色经济"已成当务之急。由此，"低碳革命"随着绿色经济的深化，迅速在世界范围内开展起来。各国政府都为限制温室气体排放做出了必要的努力。关于低碳，气候变化的话题已经妇孺皆知，尤其在2012年哥本哈根世界气候大会之后，低碳已然是全球最大的共同话题。发展低碳经济是全球经济继工业革命和信息革命之后的又一次系统变革，也被视为推动全球经济复苏的新动力源泉。

"低碳生活"（low—carbon life），就是指生活作息时所耗用的能量要尽力减少，从而减低碳，特别是二氧化碳的排放量，从而减少对大气的污染，减缓生态恶化，主要是从节电节气和回收三个环节来改变生活细节。

中国的年人均二氧化碳排放量是2 700千克，但一个城市白领即便只有40平方米居住面积，开1.6升排量的车上下班，一年乘飞机12次，碳排放量也会在2 611千克左右。

每人每年少买一件不必要的衣服可节能约2.5千克标准煤，相应减排二氧化碳6.4千克。如果全国每年有2 500万人做到这一点，就可以节能约6.25万吨标准煤，减排二氧化碳16万吨。多买一件涤纶衣服就增加碳排放47千克，相当于驾驶私家车行驶20千米的排碳量。我们购置新衣服时，已不知不觉地增加了碳排放。由此看来，节能减排势在必行。购买产品可查看是否有低碳标志。

（二）健康家庭生活

生态理念下的科技产品全力打造健康的生活方式。绿色消费和低碳消费属于宏观层面的健康生活理念，包括环境的健康发展和人的健康发展；从中观层面来讲，健康生活包括物质生活健康和精神生活的健康。现代科技在打造健康的物质生活和精神生活方面，推出很多科技产品，供我们的选择，具体见表3—1。

表 3—1 健康家庭生活产品

物质生活方面	健康的身体	医疗产品、保健产品、运动产品、远程健康管理系统
	健康的饮食	环保烹饪器具、有机食品、消毒碗柜、净水机
	健康的衣着	环保面料、功能性服装、环保洗涤剂
	健康的家居	环保装修材料、空气净化器、空气调节器、环保清洁卫生用品
精神生活方面	健康的休闲	家庭影院、家庭音响、电子读物、智力游戏
	健康的人际关系	QQ、微信、博客

除了选择有益健康的科技产品外，人们在生活方式方面也要做适当的改变：由于多数现代人生活在过于"精致"的环境里，身体抵抗力和免疫力下降，对环境适应能力下降，容易生病或精神萎靡。"宅"起来的生活不但局限了人的视野，也让很多人疏离了生活、远离了人群。多去户外，参加社会活动，接触大自然，多参加体育锻炼，是最绿色最健康的生活方式。

信息时代要学会利用电脑、网络，并经常更新这方面的知识。对于其他数码相关技术，比如摄影和视频表现技术，也需要学习，因为这也是未来的表达方式。手机和网络在闲暇之余可以缓解压力，解除独处的孤独，但不要过多迷恋网络虚拟世界，不能自拔，要能进得去出得来，否则，你将成为高科技的奴隶。尽可能放下手机，与家人、朋友面对面交流，这是一种更环保的生活方式，更有利于精神的健康。

多做家务，与家人共同体验科技用品带来的高效体验，如自己烘焙蛋糕、自己改制服装、自己清洁家居、自己维修家电等，不仅提高自己生活管理技能，还使自己得到家人的尊重和更多的爱，精神生活得到极大的满足。

（三）时尚化家庭生活

1. 现代生活科技产品反映并引导时尚文化

人们在基本物质条件得到满足以后，对生活品质的要求不断提高，这意味着消费者对商品除使用功能之外的精神需求有了更高要求。时尚是驱动消费的重大商业元素，因此，国内外许多公司、企业都以创造时尚品牌来提高关注度，提升品牌知名度，获取巨大的经济效益。如日本 SONY 公司在 20 世纪 70 年代创造的"Walkman"时尚电子产品风靡全球，而现如今苹果产品则成为时尚人士的专属。

感性消费时代，消费者更注重产品的精神感受，对产品时尚化、个性化的要求与日俱增。随着科技的日新月异，时尚已从最初少数人的独享发展到大众的需求导向。例如时装业的发展，工业化生产已经将客户定制的高级时装变成高级成衣，让更多的平民大众成为时尚达人。过去，每当冬季来临，人们就会被臃肿的服装所包裹，现在，高科技产品的开发，如保暖内衣等，为人们提供了新的选择。

2. 时尚生活的新内涵

时尚理念首先建立在绿色健康理念的基础上，消费者不仅追求最前卫的家居、服饰、电子产品、娱乐方式等，还要具备先进的科学观念、生态观念。当下的时尚产品应该是精神与物质的完美统一体。但是更值得思考的是可能带来的社会资源的浪费和当今世界能源、环境危机，因此，设计中的绿色设计、非物质设计是我们这个时代的课题，设计师如何将这些设计理念带到作品创作中，掀起新的流行时尚设计风潮来带动整个时尚界的流行趋势显得更具时代责任感。英国设计师 Anya Hind-march 所设计的限量循环再利用购物袋 "I am not a plastic bag" 环保手袋风靡全球，引发环保时尚风，既是对时尚的造就，更是对绿色时尚文化的倡导。奢侈品界，环保有机服装替代了动物毛皮服装成为新时尚。在交通工具上，追求节能型和无污染的电动汽车、太阳能汽车等绿色交通工具也将成为时尚选择。虽然时尚越来越被追崇，但是绿色消费理念使消费者在购买产品时多了理性的思考。时尚不仅是外观上的新潮，还体现在产品使用功能的前卫和人性关怀的深化。如现在夏季降温不仅仅有空调、普通风扇等，还出现了一种新型的无叶风扇，它不仅节能、方便清洁，而且安全系数也比较高，不用担心家中儿童因为好奇心触碰它而发生意外。这种绿色、安全、人性化的产品将成为科技产品的时尚主流。

（四）个性化家庭生活

个性化体现人类自我实现需求的达成，是科技产品设计的最高境界。在信息化高度发达的时代条件下，人们追求个性化生活方式已经成为一种消费心理。市场经济发展到今天，人们对于产品的选择已不再停留在基本生活物资的需求层面上，而是在基本生活需求已得到满足的基础上，更加关注提高生活质量和精神内涵。在功能都能被满足的情况下，消费者的需求是分散的、个性化的，购买行为的背后除了对功能的追求之外，产品变成了他们展示品味的方式。

个性化就是对产品从外观到品质、功能、服务等方面进行创新，对消费者体现出一种颇具时代性的人文关怀。抓住消费者的心理诉求，提供更加人性化的产品，则成为各种产品，特别是日常家居用品的设计着眼之处。如世界牛仔服制衣巨头

Levi's公司通过互联网启动全球性个性化定制，不仅大大节省了公司的材料损耗和浪费，还创造了巨大的商业价值。SOHO（小型家庭办公室）户型的出现，就是一个极具个性化、时尚化、现代化的房地产创意产品，它不仅适应了SOHO一族办公兼居住场所的功能性需求，在设计创新、建筑材料集约、建筑绿化等技术方面更符合了环保的要求。

家装新材料的出现使室内装饰成本降低，消费者可以根据自己的喜好，变换家装的风格，紧跟时尚的潮流。多功能家具、组装家居可以有更多个性化的变化。

随着交通工具的普及，人们可以自行设计线路，随时自驾游，享受个性化休闲生活。

第四节　现代科技提升家庭生活质量

当今科技高速发展，生活的方方面面都充满科技含量，高度效率化、自动化、数字化、智能化，要求消费者的知识和能力要跟上科技发展的要求，需要人们不断地学习，认识未知领域的新事物。选择科技产品要用科学的理念来指导，在提高个人和家庭生活品质的同时，还要考虑到社会、环境的和谐、健康和可持续发展。

一、科学的家庭饮食

（一）食物的选择和制作

一日三餐关注家人健康，绿色烹饪能给我们的健康最好的保障。绿色烹饪的含义包括：一是烹饪过程中所使用的原料应当是安全可靠、符合生态环保要求的；二是菜肴的烹饪方法应当符合环保要求，尽量少用易产生对人体有不利因素的烹饪方法如烟熏、高温油重复炸等；三是部分食品食用的安全剂量。

1. 食物的选择

选择食物时，应首选有机食品、无公害食品、绿色食品。由于食品安全问题不断发生，人们在食品的选择方面已十分谨慎，对家人来说最健康的食品是无公害食品、绿色食品和有机食品。

（1）有机食品（见图3—1）

有机食品也叫生态食品，是根据有机食品种植标准和生产加工技术规范而生产的、经过有机食品颁证组织认证并颁发证书的食品和农产品。

（2）无公害食品

无公害食品是按照相应生产技术标准生产的、符合通用卫生标准，并经有关部门认定的安全食品。严格来讲，无公害是对食品的一种基本要求，普通食品都应达到这一要求。

（3）绿色食品

绿色食品是按照特定生产方式生产，经专门机构认证，许可使用绿色食品标志的无污染、优质、营养类食品。

有机食品与无公害食品、绿色食品的最显著差别是，前者在生产和加工过程中绝对禁止使用农药、化肥、除草剂、合成色素、激素等人工合成物质，后两者则允许有限制地使用这些物质。因此，有机食品的生产要比其他食品的生产难得多，价格也就更高一些。

购买食材时需认准绿色食品标志（见图 3—2）。绿色食品标志是一个质量证明商标，属知识产权范畴，受《中华人民共和国商标法》保护。

图 3—1　有机食品标志

图 3—2　绿色食品标志

2. 烹饪方法的选择

各具特色的烹饪方法丰富了我们的饮食生活，然而对人体健康的影响却迥然不同，应该尽量选择对健康有利的烹饪方法，而不要过度追求对口味的嗜好。

蒸煮炖焖是利用水及水蒸气作为热的传导介质，温度一般不会超过 100℃，造成营养素的损失较少，而且蛋白质充分变性，碳水化合物完全糊化，有利机体的消化吸收。烹饪过程不会产生有害健康的物质，保持原汁原味，是首选的烹饪方法。

以油脂为介质来加工，可以获得较高的温度，烹饪出色香味俱佳的食物。热炒，用油量少，大量原料入锅后油温就降下来了，旺火快炒，时间短，营养素的损失也不大。但油煎油炸时，油温高达二三百摄氏度，维生素等营养物质损失极大，过度的加热和很高的含油量使食物不易消化。更为糟糕的是高温油炸时会形成多种杂环胺等胺类化合物。它们在体内转变为致癌、致畸的有害物质，严重影响健康，因此油炸食物不宜过多食用。

烧烤和烟熏时，不完全燃烧能产生大量的多环芳烃化合物，其中的苯并芘在动物试验中有极强的致癌性。食物与火焰或灼热的金属接触也能产生杂环胺，这些都对健康有害，有可能诱发消化道的肿瘤。烧烤和烟熏被认为是不良的烹饪方法，尽量不要采用。

腌制是一种古老的保存食物方法，虽然也提供了别有风味的腌腊食品，如泡菜、腊肉、火腿等，但亚硝酸盐含量很高，在体内能转变为亚硝基化合物，有害健康，只可偶尔食之，调换口味。

（二）建立家庭膳食平衡的习惯

家庭成员的膳食结构应按照如下科学配置才利于健康：以粮食、蔬菜和水果为主要摄入量，每个成人每类食物每天各摄入 500 克左右；以瘦肉、鱼肉、鸡蛋、牛奶、豆制品为次之，成人应将总量控制在每天 200～300 克，其中牛奶必须天天喝，鱼肉每星期应为 3～4 次；以油脂、糖、调料最少，每个成人控制在一天 20～30 克即可。

二、科学的穿衣和保养

随着纺织科技的发展和提高，各种服装面料层出不穷，人们收入的增加又使一些高档、昂贵的服装成为寻常百姓的选择。由于一些衣服的面料比较特殊，洗涤或保养不当容易造成服装品质损坏。因而，采用正确的方式选购与保养衣服显得非常重要。在选购服装时要尽量做到低碳消费，尽量按需购买服装，还要考虑服装不会对身体健康和环境造成影响。

（一）服装的选购

在选购衣服时不能只关注服装的款式、色彩、尺寸等，还要注重服装面料质量、保养方法等方面的知识。

1. 查色牢度

在选购时要注意颜色的牢度，检查其是否褪色。现在的服装市场竞争相当激烈，为降低成本，很多面料厂家选择低质染料，洗涤极易褪色，偶氮染料还有致癌作用，给穿着者健康带来极大影响。在购买深色的服装时要注意先用手指来回擦拭，检查其是否褪色。

2. 闻气味

闻气味，检查是否有刺激性气味。如果服装有刺激性气味，则需谨慎选购。整理剂中残留在服装上的甲醛就是一种有害物质，它对人体呼吸道和皮肤会产生强烈的刺激，会引发呼吸道炎和皮肤炎或更严重的疾病，一般出现在红色和深咖啡色类服装中。内衣尤其不要买深色且有刺激性气味的。

3. 查看产品的使用说明和水洗标签

第一，查看型号规格是否表达清楚，并与穿着者的体型是否相适应。

第二，查看服装布料（面料、里料、填充料等）采用的材质组成描述是否清晰齐全。

第三，查看服装有无洗涤方法的信息，这是指导用好产品的关键。

4. 识别面料

在购买服装时须关注一下水洗标签上的面料成分。现在流行的面料是新型人造纤维素纤维，如莫代尔、天丝等，不但柔软，而且是环保的，不会引起不良反应。此外还有全棉、毛、真丝、棉麻、棉丝等混纺系列可供选择。

（二）服装的保养

正确地保养服装，不仅可以保持服装本身的色泽等性征，而且可以延长服装的寿命。服装保养的主要内容可以概括如下：

1. 正确的穿用

正确穿用和维护服装是经久耐穿的一个关键，对于一些价值昂贵的真丝、毛呢服装、毛绒服装都须精心穿用及维护。各类型的服装在穿用过程中需要注意的问题如下：

（1）真丝类服装

需特别细心，小心穿着，避免暴晒，慎防摩擦、损伤、污染。

（2）毛呢、毛绒类服装

弹性好，但承受力较低，所以穿着时尽量避免粗糙剧烈的摩擦，以防磨损布料和防止起毛球,即使表面有一些起球现象,要待毛球浮起离开布面时,小心进行手工修剪,使毛球脱落,千万不能用力拉扯,一旦出现破损小洞应及时修补,避免扩大。

(3)皮革服装

穿着时要注意防磨、防划,以免出现划痕而影响美观;不能暴晒或火烤,因为高温易使皮革收缩变形;受到雨水淋湿后要及时用布擦干,避免皮面板结发硬。

(4)其他类服装

穿着时,需要尽量避免与锐利的物体接触摩擦,并且远离火源及避免污染。

2. 正确的洗涤

首先要根据衣物的面料选择洗涤剂。洗衣粉属于碱性洗涤剂,适用于化纤面料衣物及棉麻面料衣物洗涤,但是洗衣粉主要成分是三磷聚酸钠、硅酸钠、烷基苯磺酸钠、荧光增白剂等化学原料,这些成分对人体的神经系统、循环系统、免疫系统、生殖系统、皮肤均有一定的危害,甚至是诱发癌症的一种因素,用过的洗衣粉溶液进入下水道对环境也会造成污染。使用洗衣粉尽可能漂洗干净,避免残留。现在市场上已经有了绿色环保的无磷洗衣粉,大家在选购洗衣粉的时候注意包装上的标注。洗衣液属中性洗涤剂,它性质温和,适用面广,特别适合高档丝毛面料,且不含磷、铝、碱等,不刺激皮肤,不损伤衣物,洗后衣物不褪色,可以替代洗衣粉使用。

真丝类服装洗涤时不能用洗衣机,一般用冷水手工轻柔洗涤,采用专用的"丝毛洗涤剂"或"丝绸洗涤剂"等中性优质洗涤剂洗涤,污渍部位只能用手或软毛刷轻轻刷洗,加入3%食用白醋浸泡2~3分钟再清洗。

毛呢毛绒服装产品按标注的洗涤方法洗涤,一般不宜水洗,最好选择信誉好、洗涤质量好的干洗店进行干洗。即使标注可机水洗或手工水洗的羊毛产品,洗涤时间要短,洗涤速度处在缓和洗涤状态。手洗时,冷水浸泡时间不超过15分钟,洗涤剂和清洗方法与丝绸服装相同,洗后不能拧绞,只能挤压。

皮革服装只能专业干洗和加脂、上光处理。纯粘纤薄料服装也建议用手工轻揉水洗,不要机洗,因为粘纤布料在水中强力下降较大,机洗时面料易受损坏。

其他棉、麻、各种化纤服装,都可以机洗,待洗涤剂充分搅拌均匀后再放入衣服,并注意洗涤时深浅衣服要分开洗涤,以防异色污染。使用洗涤剂时有颜色衣服尽量避免用增白、漂白作用明显的洗涤剂,以防洗后衣服明显褪色。

3. 正确的晾晒及熨烫

真丝类服装,适宜在阴凉处滴干(反面朝外),采取反面、中温熨烫,这样可保持颜色鲜艳，减少褪色。

毛呢、毛绒服装产品，适宜在阴凉通风处吹干，待半干状态时需进行平整整形，并蒸汽熨烫，温度不超过200℃。

皮革类服装，一般都必须晾干，不得暴晒。

其他棉、麻、各种化纤服装，一般应避免阳光直射、暴晒。

4. 正确的保存

所有服装在收藏保管前一定要清洗干净（干洗或水洗）、保持干燥后再存放，深浅色服装分别放置，丝绸、毛呢绒、皮革服装最好悬挂在衣柜中，并放入防蛀剂，确保服装安全存放。白色衣物、真丝面料衣物、合成纤维衣物不要使用樟脑丸等防蛀剂。

三、科学的居家设计

（一）家居风格简约化

近年来，尽管家装风格概念一直在不停变换，现代简约的设计风格始终是主导风格。许多中高端的消费者开始主动拒绝采用过去那种崇尚奢华的家装设计理念，改走简约路线，以自然通风、自然采光为原则，减少空调、电灯的使用概率，节约装饰材料、节约用电、节约建造成本。简约的风格是家装节能中最为合理的关键因素，当然简约并不等于简单，只要设计考虑周全，简约的风格是很适宜现代装修的，而且这样的设计风格能最大限度地减少家庭装修当中的材料浪费问题。通透的设计如今也慢慢被越来越多的家庭所接受，而这样的设计在保持通风和空气流通的同时，也很大程度上减少了能源浪费。

（二）色彩回归环保自然

以前的家总是千篇一律的白色，随着化工产业的发展，家居的颜色越来越多。家居色彩的运用也是关系到节能的，过多使用大红、绿色、紫色等深色系会浪费能源。特别是高温时节，由于深色的涂料比较吸热，大面积设计使用在家庭装修墙面中，白天吸收大量的热能，晚上使用空调会增加居室的能量消耗。所以，家居墙面设计尽量以浅色为宜，室内色彩的变化可根据季节利用可更换的纺织品，如窗帘、布艺靠垫或其他装饰品，搭配来实现。

（三）选择绿色建材

室内绿色装修要求尽可能采用天然木材，少用人造板材；黏合剂和涂料方面，可运用无毒植物胶、无机涂料等材料，减少对室内环境的污染。

在装修过程中，可以在一些不注重牢度的"地带"使用类似轻钢龙骨、石膏板等轻质隔墙材料，尽量少用黏土实心砖、射灯、铝合金门窗等，可以一定程度降低家装工程的碳排放量。而在一些设计上也可以考虑放弃射灯和灯带，这些照明设施使用频率不高，却造价不菲。可以通过材质对比、色彩搭配等各种手段，替代射灯和灯带。

充分利用可循环材料。家居行业的原材料在采集、生产制造和运输时都需要耗费大量的能源，能够做到"低碳""可持续发展"的不多。消费者在选择木材、棉花、金属、塑料、玻璃、藤条时，要尽可能地使用可循环利用的材料。

此外，搬新居时，能继续使用的家具尽量不换。多使用竹制、藤制的家具，这些材料可再生性强，也能减少对森林资源的消耗。在家居生活中合理利用废旧物品对于营造"低碳"的生活环境同样意义重大。比如，将喝过的茶叶晒干做枕头芯，不仅舒适，还能帮助改善睡眠；用废纸壳做烟灰缸，随用随扔，省事且方便。这些毫不起眼的废物经过精心的 DIY，都可以变废为宝，让自己的家变得更环保、更温馨，又充满实现创意的欢乐。

（四）节约能源

低碳家居的核心是节能，但是节能并不意味着要牺牲居住的舒适度，并非就是关闭空调或采暖系统。其实低碳生活是一种态度，就是在对人类生存环境影响最小，甚至是有助于改善人类生存环境的前提下，让人的身心处于舒适的状态。比如，使用节能灯、节水型卫浴用具、太阳能等可再生能源进行照明和供暖。欧洲现在建设了很多零排放建筑，隔热效果非常好，在自然通风的条件下，隔热层可以把室内温度调控到一个合适的水平。

四、科学的设备配置

与我们家庭生活相关的设备种类和品牌繁多，这里无法一一介绍，仅从生活的基本要求出发，重点介绍家电选择的基本原则，并列举与家庭环境维护有关的科技产品的作用与功能，从产品的选择谈人与环境及设备的关系。

（一）家电的选择

消费者在购买家电时，应从自己家庭实际需要出发，综合考虑商品的外观、耗电量、噪音、价格、性能、性能价格比等指标。其中应重点考虑家电的重要性能指标，如选购冰箱时要注意容积、制冷剂指标，选购空调时注意制冷量、输入功率、能效比等指标，争取物有所值。在此基础上，如果经济条件允许，再考虑其他指标的选择。同时，还应考虑家电品牌、生产企业的信誉和实力，售后服务也是不容忽视的问题，正确理解"环保""健康""绿色"家电概念，不要为广告宣传所左右，做一名理智的消费者。

能效标志又称能源效率标志，是附在耗能产品或其最小包装物上，表示产品能源效率等级等性能指标的一种信息标签，用户和消费者做出购买决定时有必要关注这一重要信息，以选择高能效节能产品。选购家电产品是否节能环保对消费者来说要全方位考虑。例如消费者在选购节能冰箱时，往往是考虑到其耗电量，而没有考虑冰箱的有效容积问题。考察一台冰箱的节能优势，需要看其有效容积，否则不具备可比性。一台有效容积为 212 升、耗电量为 0.48 度的冰箱与一台有效容积为 259 升、耗电量为 0.58 度的冰箱相比，从标志值上看 0.48 度更为节能，但综合考虑有效容积后，实际是 259 升 0.58 度的冰箱更为节能。又如，一台 5 级能效的冰箱每天的耗电量接近 2 度，一台 1 级能耗的冰箱每天的最低耗电量只有 0.4 度，仅此一项，一年的电费差额就可以达到数百元。

（二）清洁卫生用具用品

家庭清洁虽说是简单的家务工作，但这项工作的频率高、强度大，选用高效、省力、节能、环保的器具用品就很重要。下面列举几种新型清洁卫生用具用品。

1. 超细纤维清洁布

超细纤维丝是一种无污染的高科技新型纺织材料，其成分为涤纶和锦纶有机复合所生成的一种超细纤维。超细纤维清洁布以针织方式制作，吸水、吸油力更佳，尤其适合用来清洁家中电器或电子仪器用品或厨房用具；吸水力强、不起刮痕，不留棉絮，干湿皆可用。

2. 静电平板拖

拖把头采用超细纤维机织布，不脱散掉毛，高强度不锈钢伸缩杆，不仅可以

360°灵活旋转，还可以调整长度，操作简单方便；拖把头覆盖面积大，可脱卸洗涤；干拖可静电吸附灰尘，减少吸尘器的工作，湿拖可去除污渍，去污能力强，吸水性强，易洗快干。

3. 空气净化器

由于空气质量下降和家庭装修污染等问题，空气净化器受到青睐。空气净化器可以过滤空气中的PM2.5及空气中的甲醛等有害物质，还有杀菌、除异味的功效。在购买空气净化器时，首先应根据自身实际需求来选购具备相应突出能力的产品。如，对于新装修的消费者，建议选择去除甲醛等污染物能力强的空气净化器产品。其次，应选择满足实际使用面积的空气净化器产品。第三，关注能效比和能效等级，建议选择能效等级较高的节能产品。

家用设备器具品种繁多，家庭不但要根据实际需要选择合适的设备用品，还要懂得正确的使用和维护的方法。节约、节能、高效、环保是我们在选用家用设备时必须要考虑的条件。

家庭生活品质的提升，体现在对我们生活各个方面的认识和实践上。科技为我们的生活创造了无限的可能，我们要不断地学习，适应时代发展的需要，用科学来引导我们的生活，创造美好的生活。

第四章

家庭教育和家庭文化

作为人的第一所也是终身学校，家庭在人的一生中起着至关重要的作用。家庭教育是对人的一生影响最深的一种教育，它直接或者间接地影响着一个人人生目标的实现。家庭文化是家庭教育的价值内核，它影响着家庭教育的理念和方法，同时制约着家庭教育的效果。

第一节　家庭教育和家庭文化概述

家庭教育和家庭文化，是古今中外每个家庭都涉及的内容，在不同国家、不同时期它们也被赋予了不同的内涵和意义。

一、家庭教育的内涵和意义

关于什么是家庭教育，研究者有不同的表述：在《辞海》中，对"家庭教育"词条的解释是：父母或其他年长者在家庭里对儿童和青少年进行的教育。《中国大百科全书·教育》中把家庭教育定义为"父母或其他年长者在家庭内自觉地、有层次地对子女进行的教育"。孙俊三等主编的《家庭教育学基础》中认为：家庭教育就是家长（主要指父母和家庭成员中的成年人）对子女的培养教育。即家长在家庭中自觉地、有意识地按照社会需要和子女身心发展特点通过自身的言传身教和家庭生活实践，对子女施以一定的影响，使子女的身心发生预期的变化的一种活动。

我国台湾学者王连生对家庭教育有狭义和广义两种解释，狭义的定义即"学前儿童在家庭中接受的教育，即父母对幼儿所施之情感生活之指导，与道德观念之养成"。也就是父母把为人处世的社会规范教给子女，使子女长大后能适应社会生活并服务人群。广义的家庭教育定义为"一个人从生至死，受家庭环境、成员、气氛的直接熏陶或间接影响，在情感生活的学习上、伦理观念的养成上、道德行为的建立上，获得身心健全发展的指导效益"。另一台湾学者黄乃毓在一本系统论述家庭教育的著作中指出："家庭教育强调在家庭里，家人彼此的互动关系，也就是说，父母和子女是互相教育的，家庭里发生的许多事都直接或间接地让我们学到一些东西，我们也在日常家庭生活里接受最基础的教育。"

美国英文版《教育词典》对家庭教育（Family Education）的解释有两种：一是正式的学习，包括在学校、宗教组织或其他福利团体的课程内，目的是要达到父母与子女、子女之间及父母之间的更好的关系；二是非正式的学习，即在家庭中进行，学习家庭生活的适当的知识和技能。在这里，前者强调家庭人际关系，也包括了婚姻关系；后者属于家庭学习，偏重日常生活的经验。在传统观念中，家庭教育是在家庭生活中，由家长（其中首先是父母）对其子女实施的教育。而按照现代观念，家庭教育既包括家长对其子女实施的教育，也包括生活中家庭成员（包括父母和子女等）之间相互的影响和教育。

家庭教育在现代教育系统中，具有积极重要的意义。人的教育是一项系统的教育工程，这里包含着家庭教育、社会教育、集体（托幼园所、学校）教育，三者相互关联且有机地结合在一起，相互影响、相互作用、相互制约，这项教育工程离开哪一项都不可能，但在这项系统工程之中，家庭教育是一切教育的基础。"学校教育、社会教育和家庭教育的有机结合是造就一代新人的必要条件。学校教育是主体，社会教育是学校教育的外部环境，是学校教育的继续和扩展，而家庭教育则是学校教育和社会教育的基础。"近些年来，家庭教育和社会教育越来越得到人们的关注和重视，尤其是家庭教育，更是谈论的热点。《中国教育改革和发展纲要》指出："家长应当对社会负责，对后代负责，讲究教育方法，培养子女具有良好的品德和行为习惯。"《中华人民共和国教育法》明确提出了要建立和完善终身教育体系，这本身就包含了家庭教育在内的教育，也可以说家庭教育在一个人的终身教育中是处于起点位置的。家庭教育已经成为我国新时期对人的教育的重要组成部分，而且家庭教育占有举足轻重的地位。苏联著名教育学家苏霍姆林斯基曾把儿童比作一块大理石，他说，把这块大理石塑造成一座雕像需要六位雕塑家，即家庭、学校、儿童所在的集体、儿童本人、书籍、偶然出现的因素。从排列顺序上看，家庭被列在首位，可以看得出家庭在塑造儿童的过程中起到很重要的作用，在这位教育学家心中占据相当重要的地位。

家庭是社会的细胞，家长肩负教育子女的重要责任。从这个角度看，孩子不应该是仅属于哪一个家庭的，应该看作祖国的未来，是社会主义现代化的建设者和接班人。马卡连柯指出："现今的父母教育子女，就是缔造我国未来的历史，因而也是缔造世界的历史。"家庭教育已经成为全世界面临的课题，并纳入各个国家的整体规划之中。各个国家这么做的意义就在于认识到了未来社会的竞争必然是科学技术的竞争，而科学技术竞争的结果是人才竞争，人才来自教育，家庭教育是基础。就我国目前情况看，家长们对孩子们的教育是非常重视的，但这种重视大都是学校教育，而对家庭教育的重视还不够。其根本原因就在于家长们还没有把家庭作为教育的场所，也没有把自己当作孩子的教师。

家庭教育在孩子的成长过程中是非常重要的。特别是婴幼儿时期的教育，可以说是人的一生身心发展的关键期。从人的一生教育过程看，家庭教育必然成为人的终身教育的重要组成部分。在家庭教育中，父母所充当的角色，以及承担的责任是相当重要的。卢梭曾经指出："人生当中最危险的一段时间是从出生到12岁。在这段时间中还不采取摧毁种种错误和恶习的手段的话，它们就会发芽滋长，及至以后再采取手段去改的话，它们已经扎下了深根，以至于永远都拔不掉它们了。"卢梭是从反面说明了家庭教育的重要性。"合抱之木，生于毫末；九层之台，起于垒土"。家庭教育是基础工程，做好家庭教育对每一个人的健康成长都具有极其重要的意义。

二、家庭文化的内涵与意义

"文化"一词在西方来源于拉丁文 cultura，原义是指农耕及对植物的培育。自15世纪以后，逐渐引申使用，把对人的品德和能力的培养也称之为文化。在中国的古籍中，"文"既指文字、文章、文采，又指礼乐制度、法律条文等。"化"是"教化""教行"的意思。广义的文化是指人类创造的一切物质产品和精神产品的总和。狭义的文化专指语言、文学、艺术及一切意识形态在内的精神产品。

家庭文化同样可以分为广义和狭义两个概念。广义的家庭文化是指家庭的物质文化和精神文化的总和。家庭文化属于社会科学范畴，指的是一个家庭在世代承续过程中形成和发展起来的较为稳定的生活方式、生活作风、传统习惯、家庭道德规范以及为人处世之道等。家庭文化是建立在家庭物质生活基础上的家庭精神生活和伦理生活的文化体现，既包括家庭的衣、食、住、行等物质生活所体现的文化色彩，也包括文化生活、爱情生活、伦理道德等所体现的精神情操和文化色彩。天津社会科学院社会学研究所研究员关颖认为，家庭文化是由家庭的各种要素组成的，从不同的角度来看可分为三个层面：一是表层文化，指可供家庭成员衣食住行的物化环境，比如家庭美化、室内装饰、语言、服饰等，也称为"器物文化"；二是中层文化，比如家庭制度、家庭生活方式等。这里所说的家庭制度，不仅指见诸于法律的家庭成员间的权利义务关系，还指家庭日常生活的一些规范。家庭生活方式包括的范围很广，比如闲暇时间的利用、家庭消费方式、家务劳动方式、家庭生活管理等都属于这一范畴；三是深层文化，包括精神文化和心理文化，是指凝聚家庭群体的内在情感机制，比如家庭成员的思想、情操、价值观念，以及爱情心理、道德心理等。

狭义的家庭文化，多指家庭文化中的精神文化层面，如家庭中的家风和家训等。家风是以家族和家庭为纽带，以中华传统文化为母体，以家族和家庭成员的奋斗精神为滋养，是家族和家庭历史上各种思想文化、习俗作风、观念形态的总体表征。家庭文化是指那些过去有的，现在仍然在起作用的东西，是一代一代传下来的活的东西；是历史延传下来的思想文化、制度规范、风俗习惯、宗教艺术乃至思维方式、行为方式的总和，它无处不在，无所不在，时时刻刻影响着我们的社会行为和生活习俗；是祖先们所创造的、具有鲜明族群和家庭特色的传统优良的风尚或习俗作风。2014年春节期间，中央电视台推出了"你家的家风、家规是什么"的专题调查节目，许多被采访对象结合自身实际谈体会、说想法，许多观众也踊跃参与，纷纷在网上留言。这一节目不仅成为马年春节荧屏一道亮丽的风景，而且留给人们许多思索和启示。

家庭是社会的"细胞"。"细胞"健康，社会的和谐、安定与进步，就有了最重要的保证。"欲治其国者，先齐其家"，说的就是家庭文化的重要性。当今我国社会繁荣昌盛，但一些地方却存在种种不良现象的情况下，严格治家的意义不可小视，甚至可以说，家风应成为我们的正本清源之举。有句谚语说："孩子是看着父母的脊梁骨长大的。"这就是说，家长首先要行得正，不要"将什么精神上、体质上的缺点交给子女"。家庭是孩子成长的摇篮，父母是孩子的第一任老师。父母的一言一行甚至习性爱好都会潜移默化地影响孩子。作为父母，理应重视家风建设。可是，现在有些人不大重视这件事，要么整天忙于挣钱、应酬，把家事丢在一边，对家庭缺乏应有的责任感；要么一味地溺爱孩子，不重视他们的品德教育与日常行为养成；要么自身品行形象差，给子女成长造成负面影响。

聂荣臻元帅在他88岁高龄那年，向全国家长倾吐肺腑之言："家教之道贵以德。"一个现代人的健康标志，应是生理上健康与心理上健康的统一，而心理健康关键是品德和人格诸方面必须健康。家庭文化建设的关键是要重视孩子的思想品德教育及健康人格养成，让他们有理想、有道德、有担当，成为一个对社会有用的人。

三、家庭教育与家庭文化的关系

家庭教育与家庭文化相互交融，两者互为目的和手段。家庭教育是家庭文化的一种表现形式，同时推动了家庭文化的形成。家庭教育本身就带有较强的文化传承功能，从孩子出生开始，父母就是子女最经常、最直接的模仿对象。中国传统家庭非常重视父母的榜样作用，强调言传身教，身教重于言教。通过父母的表率作用，将家庭的文化观念传输给孩子。林语堂说："深刻而徐进的日常渐渍之影响于个性是不可忽视的。"这就是点点滴滴的教育，如同春风化雨一般将家庭的传统文化不断延续。

家庭文化影响家庭教育的理念和方法，同时制约着家庭教育的效果。家长的教育观念受到自身家庭文化观念影响很大，一个在棍棒底下长大的家长，往往同样会对子女加以棍棒。近些年在网上引起较多热议的"狼爸"即是如此，他通过"打"的方式将四个子女都送进了北京大学，根据他本人自述，他出生于广州的一个传统家庭。母亲没读过书，只认一条古训：不好好读书，打。所以，从小学到中学，"狼爸"萧百佑都是在母亲的棍棒之下度过的：拿不到满分，差1分打10下；罚留堂，留1分钟打1下；迟归家，迟1分钟打1下；打架，不管对错都打20下；说谎，打到嘴巴出血为止……凡是被打的当天，不能吃晚饭；无论被打成什么样子，不许哭。虽然"狼爸"的教育目前从表面来看取得了成功，但他的这种极端化教育方式引来很多非议，而他的这种方式究竟对孩子的心灵有没有创伤也不得而知。还有的家庭抱持"延续香火"的旧文化观念，家长就会产生重男轻女的教育观念，重视对男孩的教育，而忽视对女孩的培养。

家庭文化的内涵是十分丰富的，它渗透在家庭生活的各个方面，具有立体式、全方位、多通道的特性。它不是靠外力强制和约束来达到教育目的，而是通过日渐深厚、潜移默化的熏陶、感化来培养人，塑造人。

第二节　家庭教育的理论与方法

家庭教育不是一种单向的教育过程与影响行为，它是一种双向互动协同作用的过程。家长对自己的孩子会有着各种各样不同的期望，家长根据自己的期望通过多种方式，包括家庭环境、心理氛围、长辈语言等，去影响孩子，孩子接受这种来自家长的教育与影响后，又会用自己的言行表现反作用于家长，所以说家庭教育并不是家长单向的对孩子的要求，而是家长基于文化、心理、语言、环境等诸多综合因素，在与孩子互动过程中而对孩子施加影响的教育过程与行为。

一、家庭教育的内容

家庭教育的重点是以品德教育为主，因为一个孩子只有懂得应该怎样做人，才能树立明确的学习志向；一个孩子也只有端正了学习心态，并养成了良好习惯，才能做到按时认真学习；一个孩子也只有具备了坚忍不拔的毅力，学习时才能刻苦攻读；一个孩子也只有具有了孝顺心，才能在生活学习中尽可能自理自强，少给父母添麻烦。所以家庭教育的主要任务、首要任务应该以培养孩子良好的道德品质和养成良好行为习惯为主，行为习惯主要包括：生活习惯、饮食习惯、卫生习惯、学习习惯、劳动习惯等。

二、家庭教育的原则

家庭教育的原则是根据家庭教育的目的和要求，根据对家庭教育的规律性的认识，而制定的指导家庭教育实践的基本要求。它是在家庭教育实践的基础上，对施教过程中各种矛盾关系的认识和处理的基本规则。

（一）因材施教原则

这一古老的教育原则出自孔子的《论语·为政》，子游和子夏同时问孝，得到了孔子完全不同的回答，这是孔子针对两人截然不同的性格因材施教的结果。每个孩子的情况都不一样，在家庭教育中应当根据孩子的自身情况，提出适当的教育要求，选择合适的教育方式。现代教育观念甚至将"因材施教"细化成了三个方面。一是因性施教。男女的性别不同，从小在生理、心理上就会存在差异，如幼年时的女生语言能力和机械识记能力一般优于男生，而男生的抽象思维略强于女生。所以家长可以因势利导，帮助他们利用优势，弥补劣势，促进早期教育。二是因龄施教。瑞士著名儿童心理学家皮亚杰，提出了认知发展四阶段说，他认为儿童在各年龄阶段都各有其特征，因此针对孩子在不同年龄段，家长要因年龄特征而教。三是因能力差异而教。即使同性别和同年龄段的孩子，在不同事情上的能力也各有差别，能力的发挥也有早有晚，有的天资聪颖，有的大器晚成；能力的结构上也有差异，有的长于思考，有的敏于行动等。所以家长应根据孩子能力的个体差异而教。

（二）以身作则原则

列宁夫人克鲁普斯卡娅说："家庭教育对父母来说，首先是自我教育。"中国也有一句老话是"教儿教女先教己"。父母是孩子教育道路上的奠基者。从孩子出生起，父母就是孩子最早的模仿对象，父母的行为有意或无意地影响着孩子的行为习惯。只有父母以身作则，才能使教育发挥更大的作用。孔子也说过："其身正，不令而行；其身不正，虽令不从。"模仿是孩子的天性，并由于他们信任和尊重家人，把家人作为自己学习的榜样，家长的一言一行，对他们起着潜移默化的作用。以身作则原则要求家长具有高尚的思想品德和作风，严格要求自己，以免给孩子的思想行为造成不良的影响。父母是孩子终生模仿的样板。父母的言传身教，对孩子的心理发展和品性形成起着非常重要的作用。教育专家研究发现，孩子不仅在总体上模仿他们父母的生活方式，还往往继承与父母相同的个别有害于或有益于健康的行为，如吸烟或运动锻炼等，男孩的生活方式常常与父亲的生活方式更为相似，而女孩则更可能模仿其母亲的行为。所以，父母在教育孩子时，不仅要重视对孩子的说服教育，更要重视言行一致。父母要求孩子做的，自己应该首先做到。有的父母教育孩子要孝顺，自己却做不到孝敬父母，还有的父母教育孩子不要说谎，可自己在生活中却对别人说谎，在身教重于言教的情况下，孩子往往会去模仿父母的负面行为，以至于收不到正面的教育效果。

（三）循序渐进原则

望子成龙，望女成凤，是天下父母的共同心愿。只从主观愿望出发，急于求成，不顾孩子的年龄、接受能力等情况采取填鸭式的教育方式，不但收不到应有的效果，还会造成孩子对学习的厌倦情绪。从孩子的实际能力出发，循序渐进地启发教育孩子，才能达到教育目的。即使是学龄前儿童，虽然各方面都有很大发展和变化，但他们仍然是没有发展成熟的孩子，在生理与心理上都与小学生有着很大的差别，还应主要用玩耍的方法去强化孩子的概念意识，不要用中小学生的学习思维方法和标准对待和要求。根据孩子的年龄特征个性差异及身心发展水平，确定适应每个孩子的教育内容和要求，运用适当的方法，有的放矢地进行教育。孩子的年龄、个性不同，其生理和心理特征就有所不同，身心发展水平也存在差异这是客观存在的。父母一定要根据孩子的具体情况，有针对性地做好孩子的教育工作。有的父母由于自己对孩子的要求过高，不顾孩子的身心发展水平等具体情况，只凭主观臆断，过早、过多地对孩子进行知识灌输，这不仅不能让孩子接受，而且违背儿童身心发育的一般规律，往往达不到教育效果，甚至事与愿违。

（四）教育一致性原则

教育专家苏霍姆林斯基说："教育的效果取决于学校和家庭的教育影响的一致性。"在家庭教育中，面对同一个孩子，家中成员应当保持基本一致的要求和观念。首先是教育观念应该一致，尤其在涉及是非观、道德观等问题时，必须达成一致意见，以免孩子形成双面的人格。如果一个人有一只手表，他能准确地判断时间，但如果有两只手表，他将失去判断力，从"手表效应"的事例我们可以发现教育一致性的重要性。其次是教育态度应该一致，比如孩子犯错误时，家庭成员的意见可能不统一，有的会严厉批评，而有的会袒护孩子，这种教育态度上的分歧容易影响家庭和睦，也易导致孩子失去正确的判断，尤其是年纪小、没有建立起自己是非观和判断力的孩子。总之，无论从教育理念和教育态度上，保证正确且一致的家庭教育非常重要。

三、家庭教育面临的问题

当前家庭教育特别是早期家庭教育，已经引起社会各界的广泛重视，早期家庭教育在儿童的可持续性发展中的独特价值终于逐渐得到社会的认可。但在具体的家庭教育实践中还存在很多问题。

（一）拔苗助长

"拔苗助长"这个成语说的是不要刻意去违反自然界的生长过程，否则必适得其反。家庭教育也是同理，如果违反事物发展的客观规律，急于求成，效果往往不尽如人意。

在社会竞争的强大压力下，家长为了不让孩子输在起跑线上，让孩子提前学习、过度学习。现实生活中，"拔苗助长"的情况是多种多样的。有的家长忽视孩子的身体发育情况，强迫孩子提早学习走路，孩子还不会爬就学会了走，父母洋洋得意，后来才发现，没有经过爬的训练，孩子的平衡能力得不到锻炼，走路还不如其他孩子稳当。还有的家长忽视孩子的天性和需求，让孩子除了上学，其他时间都上各种培训班，造成孩子的抵触、逆反心理，厌恶学习，身心发展失衡。

（二）盲目攀比

2011 年 2 月，一篇题为《别人家的孩子》的帖子在网上"走红"，网友们纷纷响应"别人家的孩子"是自己的"宿敌"，因为自己一路就是被父母"比"着长大的。上学时，比的是成绩，毕业时，比的是证书，而工作后比的则是职业、收入，退休后比的是孩子。

世界上每一个孩子都有自己相应的优点和缺点，能力和特长也各不相同，但是很多家长却总是喜欢把自己的孩子和别的孩子做比较，然后一味地抬高别人，贬低自己的孩子。家长希望使用这种教育策略来激发孩子的上进心，虽然有的时候能收到一定效果，但是相当多的家长是盲目攀比，随意选择评价标准，用自己孩子的缺点去比别人的优点。据相关研究表明，孩子进入 12 岁后的身份认知模糊期后，他不清楚自己是什么样的人，而家长又反复拿"别人家的孩子"——这个泛个性的优点集合体来刺激他，孩子很容易因厌恶反感而迷失方向。

（三）分数至上

在当今应试教育盛行、高考作为人才选拔的最重要方式的时代，催生了许多"分数至上"型的家长，由此也导致了很多"高分低能"孩子的出现。有的家庭里，父母除了让孩子学习，其他一切都不让做，家务不让孩子沾边，看到孩子玩游戏就批评。这种教育方式是非常偏颇的，家长限制了孩子的行动，导致孩子除了学习以外，其他的能力都得不到锻炼。家长把学习成绩当成评价孩子的唯一指标，很多孩子为了分数拼命学习，在"填鸭式"教育的灌输下，直到考上大学。而大学成为孩子的分水岭，有的孩子习惯了填鸭式教育，完全无法自主学习，还有的孩子连基本生活自理能力都没有。而当孩子走出了学校之后，还会更加迷茫，没有了分数这一参考，自己不知道该建立什么样的自我评价体系。

（四）庸俗功利

中国著名作家老舍先生说："摩登夫妇，教三四岁小孩识字，客来则表演一番，是以儿童为玩物，而忘了儿童的身心教育甚慢，不可助长也。"任何教育都有一定的功利色彩，即教育价值的追求，然而教育过程中的庸俗功利则会追求一种立竿见影的短期教育效果，不惜以牺牲孩子的可持续性发展为代价，这是一种典型的以成人为中心的教育方式。

很多家长鞭策孩子学习，是想把孩子当成自己炫耀的资本，有的家长逼迫孩子学习琴棋书画，是为了表演给别人看，还有的不得志的家长，把自己没有实现的理想寄托在了孩子的身上，自己没有读过大学，就希望孩子能够考上名校。当孩子有了一些成绩的时候家长就四处炫耀，把孩子的成绩当作自己的骄傲。孩子有了成绩，家长可以为此自豪，但不能把这当成逼迫孩子学习的理由，也不要因为自己的过度夸耀给孩子带来不必要的压力。

（五）低估质疑

2013 年 10 月，《贵阳日报》上的一篇新闻引来网友争议：某小学一年级要出一期黑板报，黑板报的内容要求繁多，学校要求孩子如果无法完成的，由家长协助完成。结果这个班的家长一致协商，认为孩子太小没法完成，家长太忙没时间，后来凑钱将这个黑板报交给了广告公司来做。一个小小的黑板报最后被交给了一家广告公司，引来很多网友议论。在对此事的后续采访中，许多老师都认为孩子的能力被父母低估了，"很多家长说自己的孩子什么都不会做，什么都要大人代劳，其实在孩子们参加学校的集体活动时，那些孩子在家里没做好的事情，在没有家长的情况下都可以做得很好。"因此作为家长应该要全面而客观地看待自己孩子，不要老是认为孩子太小，什么都做不好，什么都不会，什么都不懂。有的时候这种一厢情愿的低估型思维甚至会带来灾难，曾有新闻报道，2 岁孩子趁家人不在时搬着椅子爬上桌子，打开窗户结果导致坠楼，而家长甚至不相信孩子有这样的能力。所以家长应该充分认识到孩子的潜能，对孩子采取正确且合适的教育方法。

（六）束缚专制

有的家长信奉"棍棒底下出孝子"，一切事情由家长说了算，孩子无权决定自己的事。家长用自己的标准设计孩子，将自己的意愿强加给孩子，如果遇到孩子反抗，则拳脚相加，威逼孩子就范。这样的家庭教育使孩子惧怕父母，渐渐失去自信，甚至长期处于恐慌之中。心理学家曾用动物做过实验：把同一胎生的两只羊羔放在不同的条件下喂养，其中一只羊所处环境正常，另一只羊则被关在笼子里，并在笼子外面拴上一只狼，让这只羊总感到自己面前有一个可怕的威胁。这后一只羊羔本能地处于极度恐惧状态，逐渐瘦弱，不久就死了。而在正常环境下的羊长得很健壮。

在"专制"家庭中成长的孩子不少，最著名的比如卡夫卡，这位 20 世纪最伟大的作家之一，其一生都处在他父亲的阴影之中。卡夫卡的父亲是一位艰苦创业获得成功的商人，从小对卡夫卡实行"专横有如暴君"的家长式管教。卡夫卡一方面敬畏父亲，另一方面，一生都生活在强大父亲的阴影中。他孤独忧郁，害怕生活，害怕与人交往，甚至害怕结婚成家，曾先后三次解除婚约以致终身未婚。在他的文学作品中也多展现这样孤独、阴暗、忧郁的世界。

（七）放纵溺爱

法国思想家卢梭说过："你知道用什么方法一定可以使你的孩子成为不幸的人吗？这个方法就是对他百依百顺。"中国自古以来就有"慈母多败儿"的说法。这里"慈母"指的是一种过分的母爱，也就是溺爱。从字面上看，溺爱的"溺"字即是一种过分和放纵。过分的爱等同于害。古人云："虽曰爱之，其实害之；虽曰爱之，其实仇之。"家长对孩子爱得过分，且无原则，无限制的爱超过了理智，事事顺从孩子的要求，孩子逐渐变得以自我为中心，性格乖张、蛮横、依赖、没有生活自理能力和起码的处事能力。韩非子有句话："人之情性莫爱于父母，皆见爱而未必治也。"说的是人与人之间的感情没有比得上父母爱子女之情的。但是只有爱，是无法将孩子教育好的。

（八）包办代替

每期开学前的大扫除，往往能看到很多家长忙碌的身影，不只是小学低年级，有的中学甚至都是如此，家长习惯了包办代替，是孩子形成性格软弱无能的重要原因之一。现在越来越多的家长抱怨孩子没有责任感，可他们并没有意识到，正是自己的包办代替剥夺了孩子承担责任的机会，而更令人忧心的是，家长们将这种越俎代庖的行为看作是关心孩子，并未意识到自己行为的不妥当。亲子教育专家邢军认为，包办是孩子自尊心的杀手，独立思考、自己动手，应该是父母从小就交给孩子的基本观念。父母对孩子不能解决的问题应该采取诱导的方式引导孩子思考问题，重要的不是教会孩子一个问题怎样解决，而是要告诉他们解决问题的方法，这样才能培养孩子独立思考的能力。

（九）漠不关心

著名精神分析大师弗洛伊德提过：对一个出生不久的婴儿来说，除了需要被细心地照料之外，还需要和母亲有温柔的身体接触。美国纽约大学也曾做过一个实验，结果表明，幼时缺乏和父母接触的儿童，长大后普遍缺乏温情和体贴，而且往往不自信，自我评价偏低，这样的孩子总是不懂得向别人传达自己的快乐情绪，对周围的人也冷漠没有亲和力。同时，有的家长如果对孩子漠不关心，孩子或者需要从别的地方寻找重视，或者为了引起家长注意，做出各种叛逆的举动与行为，这些行为很有可能会让孩子走入歧途。单亲家庭出现"问题少年"的概率比正常家庭要高，一定程度上也是因为单亲家庭的孩子缺少父母关爱所致。

（十）语言暴力

"中国少年儿童平安行动"组委会发布一项调查结果显示，语言伤害、同伴暴力、运动伤害是当前亟待解决的三大校园伤害问题。其中，81.45%的被访小学生认为，语言伤害是最亟须解决的问题。在家庭教育中也出现了同样的问题，不少父母已经意识到使用暴力会对孩子产生不良影响，却将暴力定义局限在拳脚范围内，而忽视了语言暴力对孩子的伤害同样很大。语言暴力，就是使用谩骂、诋毁、蔑视、嘲笑等侮辱歧视性的语言，致使他人的精神上和心理上遭到侵犯和损害，属精神伤害的范畴。很多情况下，语言暴力源自不平等的相互关系，受害者通常缺乏自卫的力量，未成年人遭受的语言暴力就属于这一类。所以，父母对孩子施加的语言暴力也是一种虐待，有些家长一张口就说孩子"笨"，还有的总说孩子没用。有的父母甚至当着别人面责骂或嘲讽孩子，这种语言上的伤害往往会在孩子心中停留很久。儿童心理治疗专家就曾指出，孩子尤其是幼童，最怕的就是出自父母之口的冷嘲热讽。

四、家庭教育的方法

家庭教育的方法，是指父母教育子女时所采用的具体措施和手段。家庭教育的方法是多样化的，列举其中几种。

（一）环境熏陶法

有人说，"生活环境，是孩子品德最好的教师"，"对孩子性格形成的重要因素，遗传不如环境"。可见家庭教育的氛围非常重要。沟通交流是一种较好的家庭教育方式，有利于营造民主和谐的家庭氛围。通过家长和孩子之间的思想交流，使孩子受到教诲和启迪。尤其是家长和孩子产生矛盾的时候，交流尤为重要，不要一味以自己的想法揣摩孩子，可以选择合适的时间，在双方情绪较为平静的时候，与孩子进行沟通。同时，家长应该抓住日常生活中的各种机会，让孩子在各种场合都能接受良好教育。"少小若天性，习惯成自然。"从大处着眼，从小处着手，是一种细致的积累式的教育，通过日常行为的涓涓细流式的教育，汇成良好的家庭教育的大海。

（二）目标激励

设置适当的目标，达到激发人的热情、调动人的积极性的目的，称为目标激励。目标在心理学上通常被称为"诱因"，即能够满足人的需要的外在物。目标设置要合理、可行，要设置总目标与阶段目标，总目标可使人感到工作有方向，阶段性目标可使人感到工作的阶段性、可行性和合理性。马秀娟女士在《我们是这样教育孩子的》一书中谈到，孩子只有在主动、积极、愉悦的心境下才能达到最佳的学习效果，父母的宽容常常会得到孩子的感激和加倍的补偿、回报，适当的激励也会使孩子产生不懈进取的动力。在家庭教育中要科学运用"目标激励法"，首先应该给孩子制订适合自己的目标。这个目标应根据孩子的年龄、特征、个性差异及身心发展水平，因人而异地制订，目标既不能太简单、太容易达到而导致毫无成就感，又不能太难，以至于让孩子望而生畏。家长在制订目标时可以与孩子商讨，尽量尊重孩子的意见，这样更加民主化，也更有利于促进孩子的参与意识。另外，在实现目标的奋斗过程中，家长应该密切关注孩子的努力情况，同时也可以适当调整，如发现目标太难达到，则可以将目标细化，将原来的大目标先换成一个小目标，再逐步推进。

（三）恩威并施

"恩威并施"在中国古代一直被奉为战争中管理士兵的重要谋略，古语有云："恩威并施，此为治也"。《三国志·吴书》中也写道："赏善罚恶，恩威并行。"在现代，它也是企业管理下属的重要手段。日本企业家松下幸之助认为，经营者对于部下，应是慈母的手紧握钟馗的利剑，平日里关怀备至，犯错误时严加惩戒，恩威并施，宽严相济。在家庭教育中，恩威并施也是一种行之有效的方法。在家庭中，父母树立起自己的威信很重要，恩威并施就是树威信的一种好方式。如果只对孩子施恩，容易出现溺爱，如有的家庭隔代教育，老人往往更宠溺孩子，但孩子并不愿听老人的话。而如果只对孩子严厉，甚至过分施威，孩子往往口头上不得不服，但心理却有抵触情绪，尤其是家庭如果长期处于简单粗暴的教育环境中，孩子对这种一味施威施压的教育方式常常会产生严重的逆反心理。

（四）在"爱和尊重"中完善家庭教育

教育家夏丏尊说："教育之不能没有爱，犹如池塘之不能没有水。没有爱就没有教育。"爱是一切教育的基础，父母应当向孩子充分地表达爱，同时也应该让孩子在被爱中学会爱。当然，这种爱应该是适度的，不是过度的溺爱。在马斯洛的需求层次理论中，爱的需要被放在第三层，在它上面的一层即是"尊重"的需要。很多家长给予了孩子足够的爱，却忽视了尊重的需要。前苏联教育学家马卡连柯主张教育工作中首先必须尊重儿童，所谓的尊重，就是尊重他们的人格，相信他们的力量，善于发现他们的优点，并以深厚的感情来对待和教育他们。一句话，就是要把每一个儿童当做"正在发展的人"来看待。对很小的孩子也要尊重，给孩子自主权，以便在自由的环境中完善孩子的个性，这也是西方很多父母的教育方式。由于得到了父母的爱护和尊重，美国的孩子从小就积极参与家庭事务，并可以发表自己各种意见，大到购买什么样的家电、汽车，小到某些小家务怎么处理，孩子都可以与父母商议，父母一般也会尊重孩子的意见，并对孩子给予肯定。孩子的意见如果被接受，他会产生被尊重的幸福感和自豪感，这也能让他更加自信和独立。

第三节 家庭文化的理论与方法

家庭将个人联结成一个整体，无数个小的家庭紧密团结就能促进社会安居团结、稳定发展，提高了社会的整合程度。家庭文化建设得好，家庭的凝聚力提高，就有了社会凝聚力的基础。

一、家庭文化建设的内容

和谐社会视角下家庭文化建设的主要内容包括：家庭礼仪、家庭调解、家庭生活教育、家庭养老扶幼和家庭婚姻承诺。

（一）家庭礼仪

礼仪，是指人们在进行社会交往中相互交流情感信息时所借助的某种原则和方法的综合，它与一定的社会风俗、习惯相联系，反映着社会文明风尚的程度，既具有一种稳定社会秩序、协调人际关系的功能，又是人们表达情感的惯用形式。而家庭礼仪，指的是人们在长期的家庭生活中，用以相互交流情感信息而逐渐形成的约定俗成的行为准则和礼节、仪式的总称。例如，在《广州市民礼仪手册》中，家庭礼仪被细分为夫妻礼仪、亲子礼仪、尊老礼仪等。夫妻礼仪强调尊重宽容，夫妻之间最重要的是人格的尊重，不论社会地位、职业类别、文化程度、经济收入等有何差异，都应该平等相待，互相尊重对方的人格和尊严；亲子礼仪强调与孩子一同成长；尊老礼仪强调寸草报得三春晖等内容。家庭礼仪应强调家庭中的每一个成员自身、成员之间的礼仪建设，调节家庭成员之间达成和谐的关系，强化维持家庭生存和实现幸福的基础。例如，我们要注重少年儿童的家庭礼仪教育。我国历代思想家、教育家都极为重视，将礼仪教育视为少年儿童的必修功课。孔子就曾谆谆告诫自己的儿子："不学礼，无以立。"朱熹曾在《童蒙须知》中从礼服冠履、言行步趋、洒扫涓洁、写字读书等方面对儿童礼仪做出过严格规定，明代王阳明也将学习礼仪列为儿童每日的必修课程。虽然当代对于青少年儿童的礼仪教化已不及古代社会烦琐和严格，但礼仪教育仍然是家庭启蒙教育的重要内容之一，并渗入生活能力教育和文化知识教育之中。

（二）家庭调解

调解是指在第三方主持下，以国家法律、法规、规章和政策以及社会的公德为依据，对纠纷双方进行斡旋、劝说，促使他们互相谅解，进行协商，自愿达成协议，消除纷争的活动。家庭领域内的纠纷是复杂且琐碎的，最大特性主要体现在家事纠纷当事人之间的特殊人身关系，法院并不能有效地采用对父母或孩子都有利的方式来处理家事纠纷，而调解的非对抗性使婚姻家庭纠纷当事人在互相理解的基础上，正面审视自己面临的问题。加拿大家庭调解协会首任会长岳云教授和迈克尔·本杰明博士认为家庭调解不处理过失，不进行指责，不提供法律忠告，不为当事人做决定。家庭调解的成功在于当事人谈判后得到最佳利益的协议，家庭调解制度的出现意味着提供了一条新的解决家庭纠纷的途径。

（三）家庭生活教育

"生活即教育"是陶行知生活教育理论的核心观念，"生活即教育，是生活便是教育；不是生活便不是教育"。"从定义上说：生活教育是给生活以教育，用生活来教育，为生活向前向上的需要而教育。"生活决定教育，过什么家庭生活，便是受什么家庭教育，拥有较高质量的家庭生活更有利于实现好的家庭教育；家庭教育促进生活的变化，家庭教育随生活的变化而发展；家庭生活需要家庭教育，家庭教育也离不开家庭生活，两者是一个整体。家庭生活教育就是要帮助家庭成员使其社会化，培养每个家庭成员成长为具备情感、意志、品格、生活技能及家庭伦理等素质的合格的社会人。家庭生活教育的推进之所以重要，首先，具备情感、意志、品格、生活技能及家庭伦理等素质并非天赋的而是后天学习形成的，也就是说，是在接受教育的过程中逐渐具备家庭人际关系调适、生活管理等的知识和技能；其次，家庭生活的内容是一个动态更新的过程，在当今时代快速变革、信息海量爆炸，家庭生活内容不断更新的社会中，我们要在接受家庭生活的传统经验的同时，不断积累和消化新的内容。

(四) 家庭养老扶幼

家庭养老扶幼是一个历史性范畴，它以家庭的存在为必要的社会历史条件。我国经历了长期的传统的农业社会，家庭既是生活单位又是生产单位，具有多方面功能，在这种社会条件下，家庭养老扶幼是一种最主要、最普遍、最根本的生活方式。一方面，我们需要坚持现有的家庭养老模式。我们现在面临一种挑战，传统的养儿防老观念在现代社会实践起来已经较为困难，子女不愿意与老人住在一起；过重的生活负担让年轻的父母不堪重负，养老人心有余而力不足；独生子女政策下的"4－2－1"家庭结构，使子女面临无力承受之重。我国已进入老龄化社会，但目前社会养老保障体系仍不完善。而在社会养老保障体系相对完善的发达国家，老年人的收入和医疗保障基本上由社会提供。马克·赫特尔说："以前，子女有义务赡养他们年老的父母。自从19世纪核心家庭私有化和独立的新观念出现以后，这种义务就丧失了其重要性，结果使政府日益忙于为老年人提供财政资助和保健的便利条件。"因此，随着西方社会的工业现代化，传统的家庭日趋瓦解，逐渐采取了只抚育后代、不赡养老人的单向抚养模式。但由于老年人口日益增多，社会负担越来越重，有些人提出要重新给家庭养老以必要的重视，要重建在社区支持下的家庭养老制度。因此，我们要提高对家庭式养老的认识，让每个公民都明白，养老不仅仅是亲情寄托，更是社会责任。另一方面，我们要扶助、爱护孩子的成长。我们要学会正确地疼爱孩子，不能溺爱孩子；正确引导孩子的思想，从小教育孩子要独立自强；要培养孩子的正确价值观等，给孩子的成长培育一个良好的环境。

（五）家庭婚姻承诺

婚姻关系是家庭构成的基础关系，但目前我国家庭婚姻存在一个显著问题是婚姻不稳定。改革开放以来，受西方价值观的影响，居民对婚姻的要求发生了变化；加之拜金主义、消费主义、物质主义的盛行，同居文化、不结婚文化、不生育文化、离婚文化的浪潮，导致婚姻关系极不稳定，离婚率连年攀升。据 2011 年 6 月公布的全国民政事业统计数据显示，一季度，我国共有 46.5 万对夫妻办理了离婚登记，较去年同期增长 17.1%，平均每天有 5000 多个家庭解体。中国离婚率已连续 7 年递增。婚姻承诺是配偶对婚姻关系和未来长期发展的可能性的信心和预期，是建立在对他们未来婚姻稳定的信念上；也有学者提出婚姻承诺代表一个长期的相互适应，包括相互依恋的感觉和长期厮守的愿望。婚姻承诺能使夫妻双方对这段婚姻更具有信心，这种信赖则"使人们能毫无保留地确信伴侣将继续夫妻责任并关心自己"。应大力推行家庭婚姻承诺，帮助个人在应对婚姻压力和危机中得到成长，使家庭和社会更加和谐、更具活力。

二、家庭文化的特点

随着社会经济的发展，家庭文化的内容、形式和特征也在不断变化，当前，家庭文化主要呈现出以下四大特点。

（一）内容的多元性

文化在任何时候都是一个动态的、开放的、不断变化着的系统，它的发展、壮大，离不开与其他文化的交流、沟通和传播。家庭文化也是多元的，不同的族群有不同的民风、民俗，不同的家庭也有不同的家风、家训，不同的家庭结构也会形成不同的家庭文化。这些不同的家庭文化之间不是矛盾冲突的，而是一种相互渗透、融合的关系。

（二）传承性

文化是连绵不断、世代相传的。传承性是文化的基础，在家庭文化中这一特点体现得尤为明显。中国的家庭文化极其重视血脉传承的家庭关系，每个家庭成员的行为方式都在潜移默化中影响了下一代，这种影响即是传承。在没有政治、自然灾害等强大外力的干扰下，家庭对于文化的传承是最基本的。有些家庭的家风或家训世代相传，历经千百年一直延续下来。

（三）稳定性和发展性并存

家庭文化的传承性从侧面体现了它的另一特点，即稳定性，随着血脉相传，许多文化被继承和延续多年，不经历大的变革没有发生改变，体现了家庭文化的稳定。但这种稳定性是相对的，文化就其本质而言是不断发展变化的。19世纪进化论人类学者认为，人类文化是由低级向高级、由简单到复杂不断进化的。如早期的茹毛饮血、刀耕火种是一种族群文化，到今天自动化、信息化的家庭生活，同样也是家庭文化，这是文化发展的结果。

（四）时代性

在人类发展的历史进程中，不同时代有自己不同的文化类型。例如，以生产力和科技水平为标志的石器时代的文化、青铜器时代的文化、蒸汽机时代的文化、电力时代的文化和信息时代的文化。家庭文化也是如此，时代的更迭必然导致家庭文化的发展变化，新的类型取代旧的类型。如"夫唱妇随"的传统家庭文化具有封建时代的典型烙印，"男女平等"的现代家庭文化则是新时期的典型特征。家庭文化的时代性并不否定文化的传承性，也并不意味着作为完整体系的文化发展的断裂。

三、家庭文化建设的方略

基于和谐社会建设的视角，谋划家庭文化的建设，提出家庭文化建设策略，也是一种新思维的探寻，主要体现在以下几个方面：更新思想观念、营造建设氛围、借鉴国外经验、鼓励全员参与。

（一）更新思想观念

思想是行动的先导，有什么样的思想理念，就会有与之相应的发展方式和结果。家庭文化建设的推进，总是要以思想的进步和观念的更新为先导。因此，更新思想观念成为家庭文化建设的重要基础。梁漱溟先生认为在东西方社会结构中家庭的社会地位和作用有很大不同，中国建立和谐社会，不能像西方人那样仅仅寄托于契约法制的精神和力量。在具备好的政治制度和社会法制的同时，家庭文化还要诉诸中国特有的"家"文化，传统不意味着是静态的过去，要融合于现在并预示着未来，应特别注重具备当下时代特色的"家"文化。和谐社会的构建需要我们高度正视家庭文化教育缺失的现状，不断转变传统观念，创新家庭文化建设的内容和形式。如家庭礼仪建设是对学校礼仪教育的一种补充和强化，以往的礼仪教育更偏重于以学校为阵地，着重依靠老师进行知识的灌输，这种方式使得孩子能背出一大篇文明手册，却做不到运用于生活，而家庭礼仪建设就有利于知识在生活中的实践和升华。

（二）营造建设氛围

对于家庭文化建设的内容是什么、如何进行家庭文化建设等问题，社会认知可能还不太清楚和统一。我们必须充分认识深入推进家庭文化建设对社会主义和谐社会建设的战略意义，以对国家、社会、家庭高度负责的精神，把家庭文化建设不断引向深入。加强理论和学术创新，着重从家庭礼仪、家庭调解、家庭生活教育、家庭养老扶幼、婚姻承诺几个方面开展研究，加强对现实和热点问题的研究阐释，让群众明确此项活动的开展关系到自己的切身利益，以积极向上的世界观、价值观、人生观引导干部群众更好地统一思想、凝聚共识，促进幸福生活与和谐家庭的构建；进一步加大宣传力度，要注重宣传规模、力度和范围，提高干部和群众的思想认识，加强理念认同，发挥文化建设导向作用。

（三）借鉴国外经验

他山之石，可以攻玉。许多发达国家注重对于家庭文化的建设，有许多值得我们借鉴的经验。在家庭礼仪建设方面，新加坡强调用家庭和谐引领社会和谐，家庭伦理可以带动政治伦理、家庭秩序可以促进社会秩序的观念深入人心。在家庭中有宽厚仁慈之心，到社会才有豁达仁爱之举。一个热爱自己家庭的人，也会毫不含糊地热爱和服务于自己的祖国。在这个意义上，家庭伦理可以推及政治伦理，家庭秩序关联政治秩序，家庭伦理与秩序建设带有政治意义和功能。在家庭调解建设方面，例如，在澳大利亚家庭法中，首要（主要）争议解决制度，即 PDR（Primary dispute resolution），是解决澳大利亚家庭纠纷案件最主要的制度，是指在法庭之外解决争议的程序和服务，包括：（1）由涉及家庭和儿童方面问题的律师提供的咨询服务；（2）相关方面的调解员提供的调解服务；（3）相关方面的仲裁员提供的仲裁服务。日本的家事调停实行强制的"调停前置主义"，根据家事审判法第18条的规定，对能进行调停的事件，首先必须在家庭裁判所申请调停，而这样的事件不做调停申请而起诉的，裁判所必须将该事件交付家庭裁判所进行调停。我们需要充分借鉴国外家庭文化制度建设中的成功经验，并结合我国实际进行转换应用。

（四）鼓励全员参与

家庭文化建设要从内容和形式有长远规划，形成上下联动、分工明确、密切配合的生动局面，形成广大人民群众积极参与、家庭全员参与的活动氛围，以增强建设效果。在总结和继承长期以来家庭文化建设好做法、好经验的基础上，适应时代的发展变化，积极拓展文化内容，赋予新的时代内涵。要坚持面向群众、面向家庭，运用群众喜闻乐见的方式，搭建群众便于参与的平台，开辟群众乐于接受的渠道，吸引广大群众参与到家庭文化建设和实践活动中来。要善于运用新的载体和平台增强家庭文化建设的号召力，通过互联网、手机、微博等新媒体增强家庭文化建设的吸引力，使其成为符合时代观念，符合大众尤其是家庭成员思维习惯和审美习惯的传播形式。在家庭文化建设中，要注重建设过程中典型的树立、成果的展示，提升建设的成效，促进家庭文化建设的深入开展。在推进群众参与家庭文化建设活动的过程中，要始终坚持依靠群众、相信群众，尊重群众的主体地位和创造精神，激发他们参与家庭文化建设的积极性和热情，形成学习和建设良好家庭文化的氛围，最终促使家庭文化建设成为每个家庭有意识、能自觉的行动。家风的形成无关家庭贫富，所关涉的乃是父母的德行素养。作为子女第一任老师的父母，要强化角色意识，自觉担负起培养教育孩子的责任，不能把自己应做的事推给学校和社会；要强化表率意识，要求孩子做到的自己首先做到，要求孩子不做的自己带头不做，以自身的良好形象影响和教育子女。同时，还要适应时代的变化，讲究教育的方式方法，善与子女交朋友，多与他们进行平等的沟通和交流，在润物细无声的氛围中达到心灵的共鸣、情感的交融。作为子女，也应体谅父母的关爱之情，主动承担起自己的责任和义务，这既是对父母最好的尽孝，也是对社会的责任担当。

第五章

家庭伦理与家庭人际关系

家庭是人类文明和伦理关系的起点，家庭是人类最早创立的一种制度文明，其实质是一种伦理文明。家庭伦理产生并发展于特定的社会历史背景中，具有特定的内涵与价值。家庭人际关系是社会的最基本关系之一。和谐的家庭关系是构成整个社会安定的基础。加强家庭伦理建设，正确把握和处理好家庭伦理关系，对于提高人们的家庭道德素质，优化家庭的物质、文化生活质量，创造和谐、幸福、美满的家庭生活，促进社会主义物质文明和精神文明建设，具有重要的现实意义。

第一节　家庭伦理与家庭人际关系概述

家庭伦理是社会伦理道德的一个重要组成部分，是调节家庭领域各种人际关系的道德原则和行为规范。家庭人际关系是社会的最基本关系之一，是每个人首先和必须面对的社会关系。家庭伦理和家庭人际关系在家庭生活中具有重要的地位和作用。

一、家庭伦理的内涵和特点

（一）家庭伦理的内涵

家庭伦理也称家庭道德，是在一定的社会历史条件下形成的、调节家庭内部成员之间关系以及家庭成员与亲属、邻里等关系的道德原则和行为规范的总和。家庭伦理是为适应人们共同的家庭生活的需要而形成的。基于家庭与社会经济关系的内在联系，人们除了要依据一定的法律关系、思想关系和其他物质关系以外，主要是在一定的姻缘关系、血缘关系或收养关系的基础上，按照一定的道德原则和规范来组织家庭生活，处理各种家庭关系，以及由此派生的各种亲友关系和邻里关系。在现代社会，家庭伦理既反映着基于两性关系和亲子关系的自然原则的要求，又符合基于平等性的公民关系的社会原则，是自然关系与社会关系的统一。家庭伦理通过家庭教育、社会舆论、环境熏陶等手段，使人们内心形成自觉的道德信念，规范人们的家庭生活行为，来实现对家庭关系的调整。

家庭是社会的细胞，它建立在一定的社会经济关系之上，并为一定社会的经济关系所决定。因此，作为社会伦理道德重要组成部分的家庭伦理，也是由一定社会存在——经济基础所决定，是其经济关系的反映，并为其经济基础服务。这就是家庭伦理的本质。

（二）家庭伦理的特点

家庭伦理作为社会伦理道德的重要组成部分，具有以下几个方面的特点：

第一，时代性。家庭伦理是一个历史范畴，是指在一定的社会历史条件下形成的调节家庭成员关系的规范准则，反映了一定经济关系对人们家庭生活行为的要求。一定的社会生产方式决定家庭伦理的产生、性质、变化及其发展。不同的社会历史时期具有不同的家庭道德原则规范，即使在同一个民族、同一个阶级的家庭，不同时代所形成的家庭道德的具体内容、具体实践活动也不尽相同。

第二，阶级性。在原始社会中，生产力极其低下，因而不能形成真正的家庭道德规范。在阶级社会，家庭伦理总是受一定的集团利益的影响，代表着不同的利益集团的意志，不同集团之间的关系的对立和对抗性，必然要反映到道德和家庭道德之中。处在不同利益集团中的个人及家庭，不能不受本集团道德观念的支配。

第三，继承性。任何一种家庭伦理都是在批判和继承旧的家庭伦理的基础上发展起来的。家庭伦理的发展是一个客观的必然的历史过程，有着必然的规定性。新旧伦理之间有着不以人的意志为转移的历史联系。不同历史阶段的家庭伦理有不同的内容，但也有一定的联系，有一定的继承关系。

第四，民族性。家庭伦理道德一经形成就同民族传统、民族区域的风俗习惯结合在一起，不同的民族具有不同的宗教信仰、生活习惯、行为规范等民族传统。因而不同民族的家庭所形成的家庭道德信念、情感、行为等具有不同的特征。家庭伦理正是在民族区域内以传统的形式世代相袭的。

第五，相对独立性。这种独立性具体表现在与经济基础发展的不完全同步性，与生产力发展水平的不平衡性。有时，家庭伦理落后于社会的变化，因而阻碍了家庭婚姻关系的及时调整。有时，由于预见到社会的变化，新的家庭伦理促进了家庭生活行为对社会变迁的及时适应。

第六，持久性和隐秘性。家庭成员之间的关系，尤其是父母与子女，兄弟姐妹之间的血缘关系，是社会关系中最稳定、最持久的关系，而且家庭关系将世世代代延续下去。因此，家庭伦理作为调节这种关系的行为准则和内心信念，具有持久性；另外，家庭生活中有许多方面例如夫妻性爱、生育后代、亲子感情、家务劳动等等，都是只与当事人有关的隐私，属于人们私生活的范围。对此，社会其他成员无权干涉和无法控制，也无法规定具体、统一的行为标准。因此，家庭伦理关系具有一定隐秘性。

二、家庭人际关系的内涵和特点

家庭人际关系是以婚姻关系、血缘关系为基本内容的一种初级社会关系，是家庭成员在长期的相互交往、相互作用的过程中所形成的比较稳定的人与人的关系，主要包括其成员之间的认知评价态度、情感状况、亲和倾向等内容，属于社会关系的微观方面。它是由社会经济基础所决定的，受社会关系体系所制约的。家庭人际关系主要包括夫妻、亲子、婆媳、兄弟姐妹等关系。

家庭人际关系在整个社会之中，与其他人群的人际关系相比较，家庭人际关系具有自己的特征。

（一）家庭人际关系具有个体性与整体性的统一

家庭人际关系是家庭成员长期交往而形成的心理关系，具有个体性。家庭人际关系往往受个人的主观态度、知识经验、情感和个性倾向的影响。由于个人的经历千差万别，决定了每个家庭中人际关系各具特色即个体性。一个人可以喜欢、尊敬、亲近某个家庭成员，也可能讨厌、鄙视和疏远他（她）。而这种关系是个体的一种自我心理活动，是在长期家庭生活中产生、发展和变化的。

家庭人际关系的整体性是指家庭成员之间的人际关系是相互依赖的，彼此制约和影响、不可分割的，并且共同构成家庭中的整体心理气氛。由于家庭对外是一个社会基本单位，对内则是成员物质生活和精神生活的共同体，成员之间不仅有知识、经验的传递，而且有思想情感、态度的交流和沟通。因此，家庭成员的人际关系总是相互影响、相互制约的，是一个统一的心理组织。家庭人际关系的整体性主要表现为：主导心理气氛，强有力的凝聚性，协调一致的家庭生活。总之，家庭人际关系是一个整体，各种关系都是相互影响和制约的，并受已形成的家庭主导心理气氛所调节。

（二）家庭人际关系具有内隐性与亲密性的统一

家庭人际关系表现为一种心理活动，不是一目了然的，它具有内隐性。它要求我们通过长期观察和了解家庭成员之间相互作用的行为方式，分析和调查他们在家庭中的情感、态度、亲和倾向等各种心理和行为表现，才可能弄清他们之间的真实的人际关系状况。我国民间谚语"家丑不可外扬"，正表明了其内隐性的特点。

家庭人际关系的亲密性是指由于长期的共同生活和彼此的互相深刻了解，以及血缘关系，必然会引起家庭成员的心理共鸣，在心理上达到自然的默契，心领神会，息息相通，难舍难分的亲密的人际关系。这种亲密性表现出家庭成员具有强烈的归属感、认同感，即家庭意识。而家庭意识一经出现，它就逐渐深化，持续终生，使个体始终鲜明意识到自己是属"我们的家"的。因此，每个家庭成员都相互认可为同一家里的人，具有自然的归属心。

家庭人际关系是以爱情为基础而发展起来的。夫妻之爱的结晶而产生父子之爱、母子之爱、兄妹之爱等，能使他们必然在感情达到融洽、和谐，充分信赖和真诚的爱，在态度上能相互理解、相互尊重和亲近，在行为上能够相互依恋和信赖。这种情感上充分信赖和真诚的爱，也是家庭人际关系亲密性的表现。这种亲密性还表现为家庭成员能够相互关心和帮助，在同家里人交往时，人们感到最安全，可以自然流露出各种思想和情绪，而不必矫饰自己的心理等。

（三）家庭人际关系具有封闭性和开放性的统一

家庭是个封闭系统，是一个基本的社会心理单位。家庭成员之间有自己情感交流和信息传递的方式和手段，家庭成员的心理活动是很少让外人知道的，在家庭中所表现出来的行为方式与在外界环境中的表现也是有区别的。它不直接受外界社会环境，包括社会文化、社会规范等的制约，而主要直接地受家庭内部环境的影响，受家庭成员交往的行为方式及彼此内心的情感、态度的制约。因此，家庭人际关系表现为极端封闭性，这主要是由家庭人际关系的内隐性、深层性和家庭意识的深刻性所决定的。

然而，由于家庭成员自身具有多种社会关系，扮演了多种角色，他们与社会环境如学校工厂、兴趣活动小组、邻里街道、民族与国家等，都有着广泛地联系，必定会受到自己所参与的社会实践活动、社会环境的广泛的影响，从而在思想、情感、态度、个性等自身心理特质上发生变化。这些个体成员在心理特质上的变化，必然会对他们的家庭人际关系交往发生作用，使家庭人际关系与外界环境有了密切的联系。同时，个体在与外界交往中，总是把外界人际关系同家庭人际关系进行对比，以便改进自己的社会人际关系和家庭人际关系。因此，家庭人际关系又总是十分开放的，与外界环境有着千丝万缕的联系。

三、家庭伦理与家庭人际关系在家庭和社会生活中的作用

家庭伦理是调整家庭人际关系的主要规范，其思想内涵博大精深，良莠并存，凝聚积淀着中华民族文化诸多方面。家庭人际关系是以婚姻关系、血缘关系为基本内容的一种初级社会关系，也是家庭里人与人的关系，属于社会关系的微观方面，是由社会经济基础所决定的，受社会关系体系制约的。家庭伦理和家庭人际关系在家庭和社会生活中起着重要作用。

第一，家庭伦理是维系家庭健康稳定与和谐幸福的重要纽带。家庭伦理评价人们在家庭生活中的行为，调节人们在婚姻家庭生活中的相互关系，使家庭中的每个成员都遵守一定的规则，履行各自的道德义务和职责，从而维护家庭的健康稳定、和谐幸福。家庭伦理和家庭人际关系能树立良好家风，增进生活情趣。中华民族是一个特别重视血缘关系的民族，家庭伦理和家风问题，历来受到社会和思想家们的重视。中国伦理思想史上的大量家教、家训、家范、家规以及治家格言中所论述的内容，都与家庭伦理和家风有密切的关系。或者说，它们都是从不同的方面，反映着家庭伦理和家风的内容。中国历史上很多著名的思想家、政治家、教育家，都是在良好的家风培育中成长起来的，如孟轲、曾参、陶渊明等。当然能否形成良好的家风，家庭长辈起着关键的作用。家庭长辈要自觉地担负起以身作则和言传身教的责任。家庭伦理和家庭人际关系，有助于培养共同的生活情趣，使许多家庭成员以对方的情趣为自己的乐趣，相互以对方的情趣为中心，从而形成共同的生活情趣，使家庭成员之间的关系更加融洽。在家庭生活中，因为有了家庭伦理的良好精神氛围，家庭成员才能够在这个环境中愉快的生活。

总之，家庭伦理与和谐的家庭人际关系是一种原动力，有了这种原动力，家庭生活才能不断发展，不断增加新的生活内容，才能保持家庭的健康稳定与和谐幸福。

第二，家庭伦理是促进人的价值实现的精神支柱。一个人的思想、信念和道德品质的形成，与家庭伦理教育影响有密切的关系。家庭美德赋予个体价值反思、是非判断的能力，并发展其社会价值意识，从而能够更有效地对外部世界进行价值思维和价值判断，自觉地调控自己的行为，担负起对家庭及社会应负的道德责任和应尽的道德义务，使自己成为遵纪守法的好公民。同时，又能使人学会选择，确定人生的目标，懂得如何满足自己的需要和实现自我的价值，使自己的人生充实并富有积极意义。

第三，家庭伦理是社会稳定、经济发展的文明基石。家庭伦理通过指导、规范、制约人们在家庭生活中的行为，保持有序的生活，会间接地影响社会秩序的稳定，进而影响社会经济关系和社会制度的形成与巩固。同时，家庭成员的道德意识和文明行为，对于社会公德和职业道德的形成有着直接的影响和促进作用。社会的稳定和发展，有赖于家庭的稳定和谐。家庭道德建设搞好了，就能启动家庭成员的内动力，推动社会的发展。相反，如果家庭关系处理不好，夫妻反目，婆媳相嫌，必将损害整个社会的安定局面，影响经济和整个社会的健康发展。文明幸福的家庭不仅是社会的"解压阀"，而且是社会文明发展的基本标志之一。我国历代政治家和思想家都极为重视家庭伦理道德的作用，强调"修身""齐家"与"治国""平天下"的关系，所谓"教先从家始""整家而天下定矣""家和万事兴"等格言说的就是这个道理。在家庭处于急剧变化的当今时代，更加迫切地需要加强家庭伦理建设，增强人们在婚姻家庭关系调整中的自觉和自律。

【案例 5—1】

出生于 1991 年的孟佩杰是山西临汾隰县人，有着不幸的童年。5 岁，生父因车祸去世，生母无奈将孟佩杰送人领养，不久生母因病去世；5 岁的孟佩杰由刘芳英照顾，三年后养母刘芳英因病瘫痪，不久后，养父不堪生活压力离家出走，此后杳无音讯。

从此，孟佩杰日复一日照料养母刘芳英，任劳任怨，不离不弃。2009 年，孟佩杰被距离家乡百公里外的山西师范大学临汾学院录取，不放心瘫痪在床的养母，她决定"带着母亲上大学"，在学校附近租了房子，继续悉心照料着养母。2009 年，临汾市委授予孟佩杰母女文明和谐家庭荣誉称号，2010 年，孟佩杰成为临汾市年龄最小的十佳道德模范。2011 年被评为"感动中国"人物和全国孝老爱亲道德模范人物。

像孟佩杰一样孝老爱亲的道德模范人物还有：四十年如一日地照顾得了绝症瘫痪在床的妻子及妻子与前夫生的两个儿子、支撑全家的一条腿被截肢的残疾人朱邦月；照料重病父母 40 多年，把 8 个弟妹抚养成人的青海牧民罗桑扎西；为公公捐献肝脏的好儿媳——河北农民张建霞；15 年照顾瘫痪儿媳的山西好婆婆黄代小……

问题：是什么力量让这些人物能如此顽强、执着地生活和付出？他们的事迹对当今中国社会家庭伦理建设有什么启示？

第二节　家庭伦理的理论与实践

　　历史唯物主义认为，家庭不是从来就有，也不是一成不变的，它是人类发展到一定阶段的产物，随着社会生产、生活的发展而不断发展。同样家庭伦理也不是从来就有的和一成不变的。家庭伦理产生并发展于特定的社会历史背景中，具有特定的内涵与价值。家庭伦理就像社会的晴雨表，它不仅记录了婚姻制度和婚姻礼俗的发展变化，还体现着社会经济、政治和文化等诸多方面发展变化的规律及特点。

一、家庭伦理的起源

　　马克思、恩格斯在《家庭、私有制和国家的起源》中从婚姻、家庭与社会经济发展状况的密切联系中，考察了家庭的起源及其历史沿革，揭示了从原始人到文明人婚姻家庭及其伦理起源和演进的过程与动力。

　　他们认为，婚姻家庭作为一种社会现象，是历史发展的产物，属于历史范畴，同一切事物一样，经历了从无到有、从低到高的发展过程。婚姻家庭的产生是人类最早创立的一种制度文明，其实质是一种伦理文明。这种伦理文明最首要的功用就在于对人的"自然本性"改造和控制，它通过一定的伦理规制，不断排除诸如父母子女之间、兄妹之间乃至同姓血亲之间的性交关系。社会文明不断进步，两性关系上的伦理规范就越多。人类在两性关系基础上形成的最初的伦理关系就是原始的男女婚姻关系和家庭关系。这种关系的产生和确定是不依个人意志为转移的，就其产生的生活条件来说，是必然的、历史的。

　　在人类从猿转变到人的过渡时期，那些正在形成中的人不仅没有建立其他的社会制度和社会组织，而且在两性关系方面也没有任何制度、伦理观念和任何组织形式，处于一种没有婚姻规范、没有家庭结构的杂乱状态。在这种情况下，不仅兄弟和姊妹之间性交关系没有禁例，而且父母和子女之间的性交关系也没有禁例。在较高等的脊椎动物中，由于雄性的性的嫉妒，使它们两性的结合基本上采取了两种形式：多妻制和成对配偶制，在这两种形式下，都只允许有一个丈夫。高等动物由于雄性嫉妒而形成的这种配偶状态和群体状态，足以证明脱离动物状态的原始人类，不可能组成动物那样的家庭，因为像正在形成中的人这样一种没有武器的动物，"为了在发展过程中脱离动物状态，实现自然界中的最伟大的进步，还需要一种因素，以群的联合力量和集体行动来弥补个体自卫能力的不足"。这就是说，从动物到人的这个伟大变革，必须依靠群体的力量，在社会集体的劳动实践中才能最终实现。然而怎样才能把那些正在转变为人的个体联结为一个个群体呢？只有在这些个体消除了性的嫉妒从而根本没有建立家庭时，群体才能建立。恩格斯说："成年雄者的相互宽容，嫉妒的消除，则是形成较大的持久的集团的首要条件，只有在这种集团中才能实现由动物向人的转变。"由此，相互宽容和消除嫉妒，是前婚姻家庭伦理向婚姻家庭伦理转化的首要条件。

尽管现在还没有找到这种杂乱性交状态的直接证据，但是，现有人类婚姻家庭史的资料，却可以提供极有力的间接证明。这种间接证明其一是群婚制，即整个一群男子与整个一群女子互为所有，很少有嫉妒余地的婚姻形式。其二是多夫制，这种形式更是直接同一切嫉妒的感情相矛盾，因而是动物所没有的。不过，我们所知道的群婚形式都伴有特殊的复杂情况，以致必然使我们追溯到各种更早、更简单的性交关系的形式，从而"归根结底使我们追溯到一个同从动物状态向人类状态的过渡相适应的杂乱的性交关系的时期"。杂乱状态下的血亲婚配对人类的发展是极其有害的，但是初始的人类对此还没有自觉。人类文明和最初的婚姻家庭伦理就产生于意识到"血亲婚配"的危害，从而产生"应当"禁止血亲婚配并开始禁止的那一界限。

因此，在原始社会随着正在形成中的人转变为完全形成的人，随着只会使用天然工具发展到学会制造工具，人类的两性关系也从最初没有任何习俗、制度规约的杂乱状态发展到具有一定习俗、制度规约的群婚制婚姻形态，形成了以乱伦禁忌为核心的家庭伦理。

二、家庭伦理的发展历程

根据美国民族学家、原始社会史学家摩尔根对古代社会婚姻家庭形态的考察和马克思恩格斯关于婚姻家庭的起源及其历史沿革和发展规律的研究，人类家庭伦理的演变和发展的历史轨迹大概如下。

（一）原始社会的家庭伦理

1. 血缘家庭伦理

血缘家庭伦理是人类家庭发展史上的第一种群婚家庭形态——血缘家庭的伦理

禁忌。血缘家庭是由嫡亲的和旁系的各类兄弟姊妹集体相互婚配而建立的。这种群婚家庭的主要特点就在于按照辈数来划分婚姻家庭集团，即同一辈的各类兄弟姊妹结为共夫和共妻的关系，而不同辈的人即上辈和下辈、长辈和幼辈之间，则禁止性交关系。血缘家庭的产生，是人类两性关系从杂乱状态进入群婚阶段、从没有制度到建立制度的标志，不仅使人类婚姻家庭史上的一大进步，也使人类婚姻家庭伦理有了雏形。与血缘家庭相对应的家庭伦理具有两项基本内容：一是直系血亲间禁止婚配；二是旁系血亲间允许婚配。

血缘家庭伦理对人类社会的最大贡献就是产生了直系血亲间的婚姻禁例，从而使直系血亲之间具有了乱伦禁忌。

2. 普那路亚家庭伦理

它是在血缘家庭伦理的基础上发展演变而成的，是群婚家庭伦理的最高阶段。具体内涵有二：一是旁系血亲间禁止婚配；二是男女婚配遵循氏族外婚的规范。如果说人类婚姻家庭伦理史上的第一个进步在于排除了长辈和幼辈之间的性交关系，那么第二个进步就在于排除了同辈的兄弟姊妹之间的性交关系。血缘家庭伦理发展到普那路亚家庭伦理，主要原因有两条。其一，自然淘汰原则的作用。由于生物的"近亲不繁"和"生存斗争"的原则、规律的作用，兄弟和姊妹之间的婚配关系给人类种族的繁衍带来了很大的弊害。其二，社会生产的发展和人口数量的增加，引起了血缘家庭公社的分裂，而以族外婚为基础来组织新的家庭公社，即普那路亚家庭。普那路亚家庭伦理的出现，标志着人类的婚姻关系由血亲婚配发展到非血亲婚配，由族内婚进步到族外婚，对人类种族繁衍起了重要的促进作用。

3. 对偶家庭伦理

这是人类婚姻发展史上的第三种主要婚姻家庭形态——对偶家庭的伦理原则和规范。对偶家庭的出现标志着人类由群婚制阶段进入个体婚制阶段。对偶家庭伦理具有如下内涵：一是成对男女在一定时期内过着偶居生活；二是成对男女的偶居生活以"主夫"和"主妻"的身份界定，不专限于与固定的配偶同居；三是成对男女偶居期间出生的子女的生父能够确定；四是成对男女的偶居生活遵循夫从妇居、女娶男嫁的伦理标准；五是婚姻规范有了男女权利和义务的明确划分，也有履行权利和义务的严格要求，婚姻关系可以根据夫妇任何一方的意愿而解除。在对偶家庭中，伦理关系的发展开始主要是受自然选择的制约，但要使这种家庭成为巩固的家庭形式，与家庭经济发展相联系的社会选择成为新的动力。在母系氏族晚期，随着原始农牧业的发展，农田耕种和牲畜喂养均由男子担任，使男子在生产中占据了主要地位和经济生活主导地位。正是在这种历史条件下，对偶婚制下的配偶生活方式就由"从妇居"改变为"从夫居"，即从丈夫"上门"改变为妻子出嫁，丈夫娶妻。这样，母系大家庭也就自然而然地转化成了父系大家庭。但这时的父系大家庭是一个以血缘关系为纽带、以家庭集体经济为基础，家庭成员相互平等的经济集团。

原始社会的家庭形式和家庭伦理发展过程说明，"原始时代家庭的发展，就在于不断缩小最初包括整个部落并盛行两性共同婚姻的那个范围"。这样我们看到，原始婚姻伦理关系的调节是从两性关系的非自觉的自然调节而逐渐发展到两性关系的人为调节的。辈分——亲疏——义务，就是原始家庭伦理产生、发展和"应当如何"的要求，就是维系伦理关系的强力纽带，而那些义务的总和便构成他们的家庭伦理关系的实质。

（二）私有制社会的家庭伦理

一夫一妻制是私有制社会中主要的婚姻家庭形式，是随着私有制的产生、男子经济地位的变化和奴隶制产生而产生的。一夫一妻制家庭伦理，又称个体婚伦理或单偶婚伦理，是与文明时代相适应的一夫一妻制婚姻家庭的道德原则和规范，是人类历史上"最伟大的道德进步"。私有制社会经历了奴隶社会、封建社会和资本主义社会三种形态。在这些不同社会形态下，由于社会经济状况、政治文化制度的不同，家庭伦理也各有不同的内涵和特点。

1. 奴隶社会的家庭伦理

在奴隶社会，生产力有了较大发展，产品有了剩余，产生了私有制，逐渐形成了奴隶主与奴隶相对立的阶段。奴隶不但生命不能自主，而且没有追求幸福的权利，没有家庭，也就无所谓奴隶的家庭道德。奴隶主的家庭，家庭所有的财产和奴隶都属家长所有，家庭成员之间的关系是一种统治与服从的关系。奴隶社会的家庭伦理是调节奴隶主和自由民的家庭成员的行为规范和准则。其家庭伦理主要表现为如下四点。

第一，生育继承丈夫财产的子女是婚姻的道德目的。妇女被要求为丈夫严守贞操。

第二，男尊女卑、男主女从是家庭伦理的原则要求。女性必须在家长权、父权和夫权三位一体的权力统治之下。夫妇之间的关系也只是一种主从关系。对于丈夫来讲，妻子在家中除了生育子女之外，妻子的地位与家庭女奴隶一样，不过是家庭女奴隶的一个总管，应当绝对服从丈夫，称呼自己丈夫为主人，不能使用自己姓名，完全丧失了独立的人格。

第三，父权至上、严尊孝道是调节上下辈之间的行为准则。在奴隶主和自由民的家庭里，家长至尊，在家中享有至高无上的地位和权力，家中的一切财产都由家长个人支配，子女无权过问。子女的人身也隶属于家长，成了家长的私有财产。父亲对其子女有生杀予夺之权。另外，子女必须遵守绝对服从父母的"孝道"，如果不行孝道，将会受到严厉惩罚。《孝经·五刑》上说："五刑之属三千，而罪莫大于不孝。"

第四，实行一夫多妻是奴隶主婚姻家庭伦理的实际内涵。奴隶主贵族名义上是一夫一妻制，而实际上通行的都是一夫多妻制。

2. 封建社会的家庭伦理

封建家庭是以农业为主体，与手工业相结合的自给自足的自然经济。封建社会的家庭关系像其他社会关系一样是一种等级森严的人与人之间的不平等关系，随着专制的加强，男尊女卑、男主女从、夫尊妻卑的伦理规范也随之被强化，进而演化为"夫为妻纲""父为子纲""长幼有序""三从四德"等封建家庭伦理信条。

第一，夫义妇顺、夫为妻纲是夫妻关系的主要规范。早期夫妻伦理虽然强调夫义妇顺，即丈夫要讲情义、礼义，妻子应尊敬、顺从丈夫，夫妻恩爱和谐，以道正义，但其显著特征是妻子对丈夫的顺从、服从。随着专制主义的加强，最终发展成夫为妻纲。所谓夫为妻纲，是指丈夫对妻子有绝对的统治支配权力，妻子在各方面都要绝对服从和忠诚丈夫，全心侍奉丈夫。妻子在家中毫无权利，一切受丈夫支配，只能夫唱妇随，逆来顺受，百依百顺。妻子在家中的重要职责之一，就是侍奉丈夫。不仅如此，妇女还要服从公婆、侍奉公婆以及承担所有的家务。封建贞操观要求妇女不仅丈夫在世时要忠贞专一、从一而终，在丈夫死后，妻子还必须居丧守节，不能再嫁。而丈夫对妻子不满，却有休妻的自由，可以根据封建社会通行的"七出""三不去"[①] 条例，把妻子赶出家门。

第二，父为子纲、父慈子孝是封建家庭中父母子女关系的实质体现。父为子纲，是指父对子女有绝对的支配统治权力，子女完全受命于父。首先，家长对子女有人

---

① "七出、三不去"是在中国古代的法律、礼制和习俗中，规定夫妻离婚时所要具备的条件和限制，当妻子符合"七出"（又称七去、七弃）中的一种条件时，丈夫及其家族便可以要求休妻（即离婚），若符合"三不去"（又称三不出）中的一个条件，则不得休妻。"七出"一词至唐代以后才正式出现，其内容包括"无子、淫佚、不事舅姑、口舌、盗窃、妒忌、恶疾"，源自汉代记载于《大戴礼记》的"七去"——"不顺父母、无子、淫、妒、恶疾、口舌、窃盗"。"三不去"包括：有所娶无所归、与更三年丧、前贫贱后富贵。

身支配权。家长支配、限制着子女的行动自由，对他们的劳动生产活动和日常生活活动采取专制和野蛮的管理和控制手段。子女以服从父母为天职，对于父母的训斥、苛责和处罚，无论正确与否，都要接受。其次，家长对子女实行经济专制。在封建家庭里，不论地产或房产都属家长所有，家庭全部经济收入和支出归家长掌管，子女不得有私产和擅自动用财物。最后，父母对子女要养之有道，教之有方，使子女能成家立业。子女必须对父母行孝。行孝即敬重父母、报答父母的养育之恩；依礼而行，侍奉父母；父母死后祭拜供奉；繁衍后代，持续香火。对于不孝者，不但予以道德上的谴责，法律还认可父母处死不孝子女的权利。

第三，兄友弟恭、长幼有序、男女有别是兄弟姊妹关系的基本伦理规范。在封建家庭中，兄弟姊妹关系仅次于父子关系，是一种统率与服从的关系。兄长应以慈爱、友善的态度对待弟幼，弟幼应当尊敬顺从兄长。祖父、父亲在世时，长子是家中高于同辈的"家督"，父死后，长兄作为家长，不仅弟妹要服从长兄，连母亲也要服从长子。家庭财产继承原则是父系继承制，继承权限于家中的直系男子。最初，在继承上，以嫡长为先，长子有继承财产的权利，其余儿子完全没有；或长子享有大部分继承权，小部分的遗产分配给众子。后来逐渐形成诸子均分制度。女子则没有继嗣权，没有侍奉和祭祀祖先的义务，也没有继承权。

第四，"三从四德"是中国古代对妇女的严苛道德要求。"三从"即"未嫁从父、既嫁从夫、夫死从子"，规定了妇女的人生道路从生到死属于男性。"四德"即"妇德、妇言、妇容、妇功"，是评价妇女的思想和行为的主要道德标准，也是妇女充当丈夫的家庭奴隶的必要条件，其目的是维护夫权。男尊女卑、三从四德、夫为妻纲的封建家庭道德，不但使妇女的屈辱地位更加加强，而且使这种束缚妇女的精神枷锁神圣化了，是压迫妇女的一种强有力的道德武器。

封建社会的家庭伦理比起奴隶社会来有所进步。农民阶级的婚姻虽然也是父母包办的结果，但是农民比起奴隶来，婚姻上已有一定的独立性，可以组织有自己经济生活的家庭。农民的家庭伦理主张夫妻应当同甘共苦，互敬互助，家庭成员共同劳动，互相关爱。古代许多优美的民间传说，可以说明这一点。

3. 资本主义社会的家庭伦理

资产阶级是人类历史上最后的一个剥削阶级，利己主义是调节资产阶级人与人之间关系的基本道德原则，也是资产阶级处理家庭关系的基本准则。资本主义社会的家庭伦理是在批判封建家庭伦理的基础上发展起来的。在反封建的斗争中，资产阶级提出"男女平等""人身自由""个性解放"等口号，家庭伦理也呈现出"婚姻

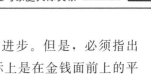

自由，男女平等，一夫一妻"的色彩，这无疑是一个重大的进步。但是，必须指出的是，资产阶级在家庭成员关系上的所谓地位"平等"，实际上是在金钱面前上的平等。资产阶级在家庭成员关系上的所谓"自由"，实际上是为个人摆脱应尽的家庭道德义务的"自由"，是推卸道德责任的"自由"。资产阶级的家庭伦理主要有以下特征：

第一，男子在家庭中仍然居统治地位。尽管资产阶级提出"男女平等""妇女解放"的响亮口号，但对夫妻在家庭中的传统角色并未改变，夫妻平等在资本主义条件下实际上是办不到的。在资产阶级家庭中，丈夫负责家庭的经济来源，财产全为丈夫掌握，妻子只参加消费，只管生儿育女，操持家务，这就使丈夫居于一种无须有任何特别的法律特权的统治地位。

第二，资产阶级否定婚姻的社会性质，宣布婚姻纯粹是个人的私事，认为男女的性欲是自然的合乎人性的要求，它的满足应该不受任何限制。所以在现代西方资本主义世界里，普遍出现性紊乱和性放纵的现象。

第三，父母有抚育子女的责任，子女没有赡养父母的义务。在西方资本主义世界，在父母子女关系上，是一代一代的"接力模式"，子女对父母只享有被抚育的权利，却不承担赡养父母的义务。显然，这种父母子女关系，必然造成核心家庭和亲属团体的疏远，丧失了家庭作为生活的基本单位，造成了家庭功能的失落。老人生活寂寞、孤独，日益成为严重的社会问题。

在资本主义社会中，存在着与资产阶级家庭伦理相对立的无产阶级家庭伦理道德。无产阶级的社会地位决定了无产阶级婚姻家庭不再是权衡利害的结果，而是可以从男女双方的感情为出发点，家庭成员关系相对平等。但是，在资本主义制度下，无产阶级的家庭伦理是受到压抑的，并未形成系统的理论体系。

（三）社会主义社会的家庭伦理

无产阶级革命的胜利和社会主义制度的建立，不但在经济和政治方面发生了巨大变化，而且在人类的婚姻家庭史上也引起了深刻的革命和变革，出现了真正一夫一妻制的社会主义婚姻家庭伦理。这种家庭伦理的主要特征是婚姻必须以爱情为基础，真正实现婚姻自由、一夫一妻和男女平等，敬老爱幼。

第一，婚姻以爱情为基础。社会主义社会中，联姻的目的必须确实以男女双方当事人的感情为出发点。恩格斯在《家庭、私有制和国家的起源》一书中指出："只有以爱情为基础的婚姻才是合乎道德的。""只有继续保持爱情的婚姻才合乎道德。"

人们在结婚和家庭生活中更多地考虑双方是否具有真挚的爱情，越来越注重双方爱情的保持和更新。

第二，婚姻自由。男女婚姻自由，是社会主义婚姻家庭的根本特征，也是社会主义家庭伦理的基础。婚姻自由则是现代婚姻制度区别于传统婚姻制度的主要标志之一，当事人享有自由选择婚姻的权利，婚姻不再是家庭之间的事情，而是当事人个人的事情。婚姻自由包括两层意思。一是结婚自由，二是离婚自由。离婚自由是结婚自由的补充，目的是为了使婚姻真正建立在双方感情的基础上。一切干涉婚姻自由的行为都是不合法的，也是不道德的。婚姻观念的自由，为创建和谐幸福的婚姻关系奠定了基础。

第三，一夫一妻。一夫一妻，即指任何人只能有一个配偶，不能同时有两个或两个以上的配偶。废除一切形式的一夫多妻制和一妻多夫制，使男女双方都过上真正的一夫一妻制生活，是社会主义婚姻关系的必然要求。我国社会主义公有制经济的建立和发展以及社会主义道德观的形成，为实现真正的一夫一妻制提供了根本的物质基础和思想保证。我国婚姻法实行一夫一妻制的原则，它是对几千年来一夫多妻制的直接否定，任何人重婚、纳妾，不仅其婚姻无效，还会构成重婚罪，要受到法律制裁。以婚姻自由为基础，贯彻实行一夫一妻制原则，也成为社会主义社会婚姻伦理的主流。

第四，男女平等。男女平等，即指男女在家庭生活中的人身关系和财产关系以及家庭权利和义务上都是平等的。这体现了社会主义婚姻家庭制度的本质。它对实现婚姻自由，建立幸福美满的家庭，起着十分重要的作用。社会主义社会的建立铲除了私有制社会男女不平等的社会根源，为广大妇女的解放创造了条件。许多社会主义国家通过婚姻法等法律制度对男女平等做了法律上的保障，并通过社会政策和社会舆论将男女平等原则推广开来，变为整个社会的一条道德准则。当然，男女平等并不仅仅是一个空洞的政治口号，它是至今尚未完全实现和完成的历史重任。

第五，敬老爱幼。敬老爱幼，构筑和睦亲情关系，是社会主义家庭道德建设的重要内容和基本要求，同时也是一种社会责任和法律义务。赡养、尊敬、关心老人，是每一个晚辈应尽的道德责任和法律义务。抚养、教育、关爱后代，也是每一个做父母的人应尽的道德责任和法律义务。

未来的家庭伦理如何变化，"可能的答案只有一个：它正如过去的情形一样，一定要随着社会的发展而发展，随着社会的变化而变化。它是社会制度的产物，它将反映制度发展的状况"。

三、当代中国家庭美德的建设与培育

（一）当代中国家庭美德建设的现状

我国在新中国成立后，通过 1950 年《中华人民共和国婚姻法》的宣传和贯彻，旧的婚姻制度改革和新型家庭伦理建构得以完成，其基本原则和方向是"实行男女婚姻自由、一夫一妻、男女权利平等、保护妇女和子女合法利益的新民主主义婚姻制度"。改革开放以来，党和政府在致力社会经济、政治、文化改革转型的同时，也非常关注婚姻家庭伦理文化的转型。1980 年的《中华人民共和国婚姻法》及随后的《未成年人保护法》《妇女权益保障法》《老年人权益保障法》，2001 年 4 月 28 日修订颁布的新《中华人民共和国婚姻法》（以下简称《婚姻法》）等，这一系列法律法规的实施，为现代婚姻家庭伦理的确立提供了法律保障，也是实现现代婚姻家庭伦理转型的重要举措。转型后的家庭伦理在坚持原有婚姻原则基础上增加了保护"老人的合法权益，实行计划生育，夫妻应当互相忠实、互相尊重，家庭成员应当敬老爱幼，互相帮助，维护平等、和睦、文明的婚姻家庭关系"的原则，在内涵上主要体现在"尊重、人道、公平、忠实"的基本伦理精神在家庭关系方面的规范要求，促进了人们家庭伦理观念的转变。

随着中国的社会转型和对外开放，中国的家庭伦理文化悄然地发生着嬗变。我们更多看到的是一种积极进步的变化：家庭中的个体意识正在觉醒，追求个人在家庭中的独立地位和自主发展；爱情在婚姻中的基础地位不断提高和确立；家庭关系崇尚民主和平等；对个体在婚姻家庭领域中选择的多样性的尊重等。与此同时，我们也看到了许多消极的现象和问题。当今中国家庭伦理文化正处于打破原有秩序、建立新秩序的历史转型期，它包含一系列矛盾与冲突，不但表现为传统文化与现代文化的冲突，也表现为中西文化的冲突。家庭伦理观念呈现出一种歧义、多元化和易变性的状态。这导致在一些道德问题上难以达成一定程度的共识，缺乏明确的家庭道德评价标准，导致人们道德选择的矛盾冲突，家庭生活出现相应程度的混乱。一些人把善恶美丑通过畸形的方式使它们并存，迷失了正确的价值追求，家庭生活中非道德主义盛行，在婚姻观念、性行为、家庭生活方式上出现了种种越轨和失范现象。如传统的贞操观念变得淡漠，性行为的严肃性减低，非法婚姻、事实婚姻、试婚、婚前性行为、重婚、婚外恋、离婚率上升，单亲家庭子女增多、啃老、嫌老、弃老等现象越来越多，家庭婚姻方面的"第三者现象"等失范行为往往受到社会舆论某种程度的宽容。甚至许多在封建社会中才会出现的丑恶现象如纳妾、赌博等现象又沉渣泛起，如令人深恶痛绝的"包二奶"现象已严重破坏了婚姻家庭制度，给社会生活和个人生活带来了严重危害，潜伏着引发社会道德危机的巨大隐患。青少年犯罪、滥用毒品、暴力行为、拐卖虐待妇女儿童等社会问题，都源于家庭伦理道德的失范。

在社会结构重构过程中，面对各种家庭道德观念的冲突和婚姻家庭关系形态的多元化趋势和家庭伦理道德的一些失范现象，必须构建新的家庭伦理道德体系，并通过道德教育，使其内化于人们心中，成为有效的依靠家庭成员进行自我调控的调节、控制手段，维护家庭和社会的和谐。

（二）当代中国家庭美德建设与培育的主要内容

家庭美德是美好的家庭伦理道德，所谓美好的家庭伦理道德就是符合当代伦理精神，继承传统伦理的优秀品质，适应当代社会经济文化生活的现代家庭伦理文化。

社会转型时期，有许多新情况、新问题和新矛盾需要研究解决。中共中央强调必须在加强社会主义法制建设的同时，切实加强社会主义道德建设。2001年中共中央颁发了《公民道德建设实施纲要》。《公民道德建设实施纲要》中明确指出："家庭美德是每个公民在家庭生活中应该遵循的行为准则，涵盖了夫妻、长幼、邻里之间的关系。""要大力倡导以尊老爱幼、男女平等、夫妻和睦、勤俭持家、邻里团结为主要内容的家庭美德，鼓励人们在家庭里做一个好成员。"因此，家庭美德的主要内容包括如下五个方面。

1. 尊老爱幼

尊老爱幼，不仅仅是基于亲情和履行家庭伦理道德义务，同时也是一种社会责任，是构建和谐社会的重要内容和基本要求。尊老，即赡养和尊敬老人。尊老包含了两个方面的内容。一是要赡养老人。这是敬老爱老的最起码的要求。赡养老人既要给父母充足的生活资料保证父母的生活需要，也要给予他们精神上的关心和理解。二是尊敬老人。孝老必须从内心尊敬老人，尊敬老人的人格和意愿，其中包括对老人有礼貌，虚心向老人学习，尊重老人的意见，关心老人的身心健康，想方设法让老人们有一个愉快、幸福的晚年。尊老要做到四个"一样"：一是对自己的父母和配偶的父母要一样；二是对经济条件好的老人与经济条件差的老人要一样；三是对有劳动能力的老人与无劳动能力的老人要一样；四是对身体健康的老人和有疾病的老人要一样，提倡"久病见丹心，温暖慰病人"的风尚。爱幼，即父母要教育和抚养子女。抚养和教育子女，是父母必须承担的法律义务和道德责任。抚养就是要在生活上关照子女，使他们吃得饱，穿得暖，能够健康成长。同时，还应让他们经受艰苦生活的锻炼，使他们具备健康的体魄、健全的人格和良好的性格，以便将来适应社会的需要；教育不仅要求父母给子女传授基本知识、生活经验，而且要传授做人的准则，父母应该把对子女的爱提到社会主义的伦理道德高度，按照社会主义事业接班人的标准严格要求。在对子女进行抚养和教育的过程中，父母要以身作则，起模范带头作用，充分发挥父母作为孩子的第一任教师和家庭作为孩子的第一个课堂的积极作用。社会、子女及家庭成员应尊重和回报老人。成年人在物质和精神上应当照顾与培育儿童。

2. 男女平等

男女平等是我国的一项基本国策，是《婚姻法》通篇都贯穿的原则，内容十分广泛。如男女双方都有婚姻自主权；在结婚和离婚问题上，男女双方的权利和义务是平等的；在家庭关系中，父亲与母亲、兄弟与姊妹的权利与义务也都是平等的；夫与妻的人身、财产等各种权利义务都是平等的，夫妻的男女平等既表现为夫妻权利和义务上的平等、人格地位上的平等，又表现为生育和抚养子女中的男女平等。贯彻男女权利平等原则，就是要保护妇女权益，承认妇女在家庭生活和社会生活各方面有与男子同等的才能和贡献。

3. 夫妻和睦

夫妻关系是家庭关系的核心。夫妻和睦即夫妻要相互恩爱、忠实信任、平等相待、尊重理解、关心体贴、相互帮助、情义和合。夫妻和睦是婚姻稳定和谐的基础、夫妻美满幸福的源泉，是夫妻生活力量与快乐的迸发地。夫妻和睦首先应该是夫妻相互恩爱、忠实信任。恩格斯认为，现代社会符合道德要求的夫妻关系是以爱情为基石的，"是以所爱者的互爱为前提的"，"只有继续保持爱情的婚姻才合乎道德"。因此，婚姻应该以男女双方相互真心爱恋为缔结前提，同时，在婚后要继续相互亲昵依恋、温暖热情、不断增进爱情的同时要相互忠实、专一、信任，以诚相待，胸怀坦荡，坚决杜绝婚外情、重婚等行为。其次，夫妻要平等相待、相互尊重理解。夫妻要相互尊重人格尊严和独立自由，不能因家庭出身、文化程度、职业声望、经济收入等方面的差距而轻视、贬低、侮辱对方；尊重对方的基本权利和个性、志趣、爱好等，努力做到"求大同，存小异"和"异质互补"，学会谅解、接纳、欣赏和宽容。再次，要相互关心体贴、相互帮助、情义和合。夫妻结合不仅是身体、感情和生活状态的融合，更应是双方精神追求的志同道合和家庭责任义务的共同担当，婚姻生活不是各自为政、独立分离的个人生活，而是互帮互助、团结合作的家庭生活，恩爱的夫妻不是相互索取，而是无私地给予和奉献。因此，夫妻要在行使表达爱情、享受幸福生活的权利的同时自觉承担关爱照顾对方、抚育子女和赡养老人的责任，以对方的幸福为自己的幸福，并以自己能为对方的发展提供动力和帮助而得到最大的满足，将夫妻恩爱感情和幸福生活推进到情义和合的最高层次。

4. 勤俭持家

勤俭持家就是既要努力工作，勤劳致富，也要量入而出，节俭持家。在家庭领域，勤劳致富和节俭持家都是我们民族大力提倡的传统美德。勤劳致富是"开源"，节俭持家是"节流"，二者密切结合，才能兴家强国。勤劳致富是家庭美满幸福的必要条件。我们要过上美满幸福的家庭生活，必须大力提倡劳动致富的美德，在积极能动的劳动创造中，提高家庭物质生活水平，为社会多做贡献。在劳动致富的同时，节俭持家便是创业精神在家庭领域的具体体现。每一个家庭，都应有全局观念、长远观念，在婚丧嫁娶、节日喜庆，乃至日常生活的方方面面，力倡俭朴节约，将节俭持家的美德发扬光大，为社会主义两个文明建设贡献应有的力量。

5. 邻里团结

古往今来，每一个家庭都不是独立存在的，它存在于社会关系之中，存在于亲戚、朋友及邻里的相互交往之中。亲戚、朋友及邻里关系的好坏直接影响着家庭和睦与幸福。因此，亲戚、邻里之间应该相互尊重，以礼相待，做到互谅互让，互帮互助，宽以待人，团结友爱。亲戚关系是家庭关系的延伸，自古以来都受到重视。在亲戚交往中，要遵循诚恳平等、亲情关怀的伦理原则，经常来往走动，不断交流思想、沟通感情、关怀生活、重情轻物、深化亲情、密切关系；亲戚有困难求助应在合法合理的前提下尽力相助。遇事能够以大家庭的团结和利益为重，自强不息，乐于吃亏，善于合作。邻里关系是以居住地域的连接和相近为条件，并在日常生活相互联系的基础上形成的家庭与家庭之间的相互关系。处理邻里关系的基本道德要求主要体现在四个方面。一是要友待邻里，遵守公共道德。平时交往时应主动招呼，热情问候，友好相处，礼貌相待，照顾大家的共同利益，不要独自占用公共设施和面积，避免制造噪声，影响邻里休息等。二是要亲善邻里，平等信任。在平时生活中适当亲近、赞美邻居，尊重邻居的生活方式和隐私，对左邻右舍平等相待，一视同仁，真诚信任。三是关心邻里，助邻为乐。四是礼让邻里，和睦相处。在面对矛盾时，应该在不违背公理、正义的前提下，对利益的一种主动谦让，在利益当前多

替别人着想，少为自己打算，以和为贵，以仁为美。

【案例 5—2】

2010 年 4 月 5 日，河北电视台经济频道报道了定州市一位年近八旬的老人生有7 个子女，却无一人愿承担老人养老费用的情况。在老人的 7 个子女中，有的常年在外地经商打工，从不回家看望老人，连老人的电话也不接听，更不用说向老人提供养老费用了；生活在本村的子女虽然家境不错，但也不承担任何赡养老人的责任，其中还有一个儿子自己单方面起草了一份与其父亲解除父子关系的文本。据记者了解，7 个子女之所以不承担老人的养老费用，仅仅是老人没有给他们留下多少家产。

问题：请根据社会主义家庭伦理原则和道德规范评判这 7 个子女的行为。对于不孝子女，社会应该通过何种方式进行规制？

（三）当代中国家庭美德建设与培育的基本路径

当代中国家庭美德建设与培育是一项极其复杂而艰巨的系统工程，需要社会各方共同努力。

首先，加强家庭道德伦理的建设必须加强社会主义经济建设，建立比较完善的社会主义市场经济体制，大力发展社会生产力。孟子说过："民有恒产则有恒心，无恒产则无恒心。"生产力的发展水平归根结底对道德发展与进步起着决定性的作用，提高人民的物质生活水平，能为社会主义精神文明的发展提供丰富的物质基础，而在绝对贫困的原始野蛮社会是永远不会结出高度文明的精神成果的。因此，只有提高一个民族的综合国力，促进经济高速发展，使劳动人民安居乐业，才能改善社会的精神面貌，提高社会的道德水平。家庭道德作为社会主义道德的一个重要组成部分，其道德状况同样是在一定的家庭经济基础之上的，因此，家庭经济状况的好坏，直接影响着家庭的道德水平。而要使整个社会中家庭经济生活水平提高，提高整个社会的生产力水平是其中的关键。

其次，家庭道德建设要和法律建设、制度建设相结合。孔子讲："子为父隐，父为子隐。"其提倡的家庭道德建设强制了"至亲、至孝"的伦理道德规范，在唐律中这一儒家的慈孝伦理思想被写进法律条款，"十恶"罪行中也对"不敬""不孝""不睦"等违背封建伦理纲常的行为给予法律制裁，这仍可为我们的家庭伦理建设提供有益的历史借鉴。在社会主义家庭道德建设过程中，同样也应如此。

实践证明，只有建立严明的法纪，正义才能伸张，邪恶才能制止，家庭道德文明才有了制度的保证。因此，我们应将一部分基本性道德规范转变为法律、法规、公共政策等，依靠制度的权威性、强制性来推广道德规范，使之成为一种制度性道德，这部分道德具有一定的强制性，对于道德觉悟比较低的人，特别是根本无视道德的人具有很大的威慑力，而且直接作用于人的行为层面，具有较强的可操作性。如在《婚姻法》中增加规定：夫妻应当互相忠实、互相尊重，家庭成员间应当敬老爱幼，互相帮助，维护平等、和睦、文明的婚姻关系。并明确提出：因重婚、有配偶者与他人同居而导致离婚的，无过错方有权请求损害赔偿。这可以说是一个法律化的道德，它对婚姻家庭，婚姻双方的家庭成员提出了一个总体的要求，这既有总体上的规范作用，也有鲜明的导向作用。

再次，培育良好的家庭道德环境是实施家庭道德建设的基本途径。家庭是孕育道德人格的温床，是社会有机体的细胞和建立在婚姻、血缘关系上的小社会。对于未成年人来讲，其道德观念的启蒙时期是在家庭道德教育时期，家庭作为他的第一学校，家长作为他的第一任老师，家庭成员的道德面貌对个人的品性和道德修养的形成具有直接的影响。因而往往会起到"春风化雨，润物无声"的效果，因此，作为家长应做到"以德立身"，优化自身的道德人格形象，时刻做到言传身教，使自己的言行一致，努力营造良好的家庭道德氛围，使年轻人从良好的家庭道德环境中耳濡目染良好的道德品行，使之符合社会主义道德规范的基本要求，从而提高家庭伦理道德的水平。

最后，加强家庭道德教育，使家庭教育有益于人性的完善，有益于社会的发展和进步，并保持家庭道德教育和社会道德教育的一致性。在家庭道德教育内容上，既要使家庭道德教育体现我们社会主义社会的理想、道德原则，又要体现在家庭成员的举止上。如在家庭伦常方面，要做到父慈子孝、夫和妻柔、尊老爱幼，并逐渐把这道德原则内化为自己的内心信念，以保证家庭成员养成稳定良好的品格。此外，家庭道德教育要和社会道德教育相结合，社会道德教育和家庭道德教育是相互促进、相互影响的，如社会道德教育所展示的正面的主流的道德价值对家庭道德教育具有导向作用，能为家庭道德教育提供社会文化氛围，其良好的社会风气，强有力的道德监督和道德评价能培养后一代的道德识别能力，提高后一代同社会上的消极因素或反面因素做斗争的艺术，并对个体的不道德行为产生压力。同样，社会道德教育也要建立在家庭道德教育的基础上，需要家庭道德教育与它相配合，否则社会道德教育的影响和作用将大大减弱。因此，既不要使家庭道德教育流于空泛，也不要使家庭道德教育和社会道德教育相分离，以此实现家庭道德教育的最终目标，使每个家庭成员具有良好的道德品格，成为一个有益于社会的、健康的、全面发展的人。[①]

　　另外，在家庭伦理道德的建设过程中，还要对传统道德及现代西方道德进行合理扬弃，剔除传统家庭伦理道德中的诸如父为子纲、夫为妻纲、男尊女卑等封建糟粕及西方道德中诸如性自由、性解放等观念，建立民主、和睦、亲善及平等的家庭人伦关系，倡导夫妻"互敬"、父母与子女"慈孝"、兄弟姐妹"友爱"的家庭道德，建立全新的有利于社会进步的家庭道德规范，创建全新的、符合时代特征和民族特点的科学的家庭伦理道德体系，这必定会对社会主义文化建设特别是道德建设起到积极的推动作用。

第三节　家庭人际关系的分析与调适

　　家庭人际关系是以婚姻关系、血缘关系为基本内容的一种初级社会关系，也是家庭里人与人的关系。夫妻之间通过婚姻组成家庭，形成夫妻关系；兄弟姐妹之间通过血缘形成同胞关系；孩子与父母之间通过血缘形成亲子关系；妻子与丈夫的家人之间或丈夫与妻子的家人之间通过婚姻形成姻亲关系。这些家人关系中夫妻关系是基础，其他家人关系都是由夫妻关系衍生或延续而来。

一、家庭人际关系的主要类别

　　家庭人际关系属于社会关系的微观方面，归根结底是由社会经济基础所决定的，受社会关系体系制约的。家庭人际关系包括夫妻、亲子、婆媳、兄弟姊妹等关系。

（一）夫妻关系

　　夫妻关系是家庭关系的基础和核心。夫妻关系的好坏，不但关系到家庭的全局，制约各种家庭关系，而且直接影响婚姻的幸福和家庭的和睦，影响社会的安定团结。因此，夫妻关系的伦理调适也就成为婚姻家庭伦理中最关键的一环。

---

　　① 朱巧香. 论家庭伦理道德的失范及建构途径［J］. 江西社会科学，2002（5）

夫妻关系是通过婚姻形成的两性关系，它是婚姻发展到全体婚制时期在家庭人与人之间的具体表现形式。夫妻关系本质上是一种社会关系。

夫妻关系的内容主要包括夫妻性生活关系、夫妻经济生活关系、夫妻情感关系、夫妻道德关系和夫妻法律关系。夫妻性生活关系是夫妻关系的生理要素，男女之间基于生理基础的性行为或性关系是男女结为夫妻关系的重要动因之一；夫妻经济生活关系是夫妻关系的物质要素，个体婚制一经产生就是男人与女人的经济联盟，要维持家庭生活、生育子女、赡养老人，都离不开夫妻的物质生活和经济合作；夫妻情感关系是夫妻关系的心理要素，随着社会的发展和文明进步及人的思想文化素质的提高，夫妻关系中对感情的要求日益增强，爱情成为维系夫妻感情的重要基础；夫妻道德关系是夫妻关系的伦理要素，是夫妻在一定道德规范和行为准则下的交往关系；夫妻法律关系是夫妻关系的制度要素，夫妻婚姻关系的确定和解除都要经法律的认可，并被赋予相应的权利和义务，夫妻关系的处理必须依法而行。夫妻之间的这几种关系是一个完整的统一体，但层次各不相同。夫妻性生活关系和经济生活关系是夫妻间的基础性关系，感情关系是一种高层次的关系，道德和法律关系介于其中。这五种关系相互作用和影响。只有协调和统一好各种关系，夫妻关系才能达到最佳状态，才能有最好的夫妻生活和家庭生活质量。

与一般社会关系相比，夫妻关系具有以下明显的特点。第一，夫妻关系是由法律所确认的婚姻而结成的两性关系。有了具有法律效力的婚姻契约，男女之间也就形成了一种法律上的"夫妻关系"，受到相关法律的保护，于是夫妻间因婚姻而产生了相应的权利与义务关系。第二，夫妻关系是直接表现一定社会中两性之间伦理关系的特殊关系，如性道德关系、家庭道德关系等。当然，夫妻关系毕竟是社会关系的一种。在不同的社会里，夫妻关系有不同的社会内容和特点。

（二）亲子关系

亲子关系是父母与子女的关系，它是由夫妻关系产生的一种最基本、最主要的家庭人际关系。亲子关系分自然血亲的亲子关系和拟制血亲的亲子关系，前者其子女属父母亲生，后者其子女系父母所收养。

亲子关系是一种社会关系，具有社会属性。在伦理道德关系上，作为父母有义务、有责任抚养和教育子女，使之健康成长；作为子女有义务、有责任孝敬父母，关心父母的生活，赡养其终身。亲子关系是一种血缘关系，具有自然属性。这种自然属性是天然的、纯真的，但也是有情感的。它的爱是无私的，但它不能缺乏理智，如果没有理性的指导，爱子失度，就会酿成教子失当的祸患。

（三）家庭其他关系

1. 祖孙关系

祖孙关系是由一种隔代的血缘关系形成的一种家庭关系。祖孙关系虽是隔代的血缘关系，但在我国多代同堂或独生子女的家庭里，仍然具有独特的亲情性的特点，即爷爷奶奶格外疼爱孙子孙女，彼此关系格外亲密。

2. 婆媳、岳婿关系

婆媳关系与岳婿关系没有直接的血缘或姻缘关系，而是通过儿女、妻子丈夫这样特定的双重角色而发生的间接"血缘—姻缘"关系。婆媳关系和岳婿关系是关涉家庭和睦的至关重要的家庭关系。

婆媳关系和岳婿关系具有以下的特征。其一，"非血缘"关系。其二，代际关系。其三，协作关系。没有血缘关系的代际双方由于相互的利益关系而形成稳固的人际关系，这种共同的利益关系是婆媳和岳婿关系处理的基础。

3. 兄弟姊妹关系

兄弟姊妹关系是第一代的旁系血缘关系，包括兄弟关系、姐妹关系、姐弟关系、兄妹关系。兄弟姊妹情同手足，关系比较密切。兄弟姊妹不但有密切的血缘关系，而且同吃一锅饭，同在一个家庭里长大，彼此间你帮我扶，朝夕相处，互相了解，彼此信任。若兄弟姊妹间不能相亲相爱，父母一定忧心，孝道仍不能圆满。所以为了使兄弟姊妹的亲密关系、手足情谊长久保持下去，兄弟姊妹之间应该有一定的伦理规范。

4. 姑（叔）嫂关系

姑（叔）嫂关系是因夫妻关系和兄妹关系的同时存在才得以产生的，也是家庭关系中间接的姻缘关系，姑（叔）嫂虽然没有天然的血缘联系，但共同的家庭利益把他们联系在一起。处理好姑（叔）嫂关系，有利于搞好夫妻、婆媳以及妯娌关系。

5. 妯娌关系

妯娌关系是家庭关系中间接的姻缘关系，她们会在家庭地位、经济利益等方面产生某种竞争关系，从而极易发生摩擦和冲突，影响大家庭的和睦。有人说："亲兄弟，仇妯娌。"这话尽管并不正确，但确实说明在家庭关系中最难处的恐怕要数妯娌关系。妯娌关系因兄弟关系而存在，是嫂子和弟媳之间的关系。妯娌关系的好坏直接影响到兄弟关系的好坏。妯娌们从不同的家庭走进同一个家庭，她们的生活习惯、性格爱好等都不尽相同，但只要遵循一定的道德规范，也是可以建立和谐友爱的妯娌关系的。

二、家庭人际关系调适的基本原则

家庭人际关系的调适是指家庭成员之间互相配合、互相适应的过程。英国早期社会学家斯宾塞曾说过："生活即是内在关系与外在关系的调适。"调适好家庭人际关系，对于构建幸福的家庭生活具有重要意义。为此，在家庭人际关系调试过程中，必须遵守一定的基本原则。

（一）夫妻关系调适的基本原则

根据现代社会的发展趋势、现代夫妻关系现状以及中国特色婚姻伦理的基本精神和道德规范，可以将现代夫妻关系的伦理调适原则概括为如下四个方面。

1. 切实定位，相互包容

首先，夫妻双方要有切合实际的角色期待，准确定位。夫妻的角色期待是决定夫妻感情发展或破裂的重要因素。切合实际的角色期待有利于夫妻感情的发展，反之夫妻之间往往因为角色期待过高而导致冲突和矛盾。结婚后，人们往往按照自己的理想模式来要求爱人，追求美满幸福的夫妻生活和家庭生活。但是，理想毕竟不是现实。在现实生活中，十全十美、与理想模式吻合的人几乎是不存在的。许多夫妻自觉或不自觉地拒绝承认这一事实。他们固守着这种不切实际的观念，企图用海市蜃楼式的夫妻角色来要求自己的配偶。如果夫妻对婚姻抱着一种要求完美的心态，在婚姻生活中总是不断地苛求对方，就会不断地挑剔对方，吹毛求疵，看不到对方的长处，夸大对方的缺点，久而久之，对配偶就会产生一种厌恶之情，甚至导致夫妻分道扬镳。因此，夫妻双方一定要正视现实，抛弃不切实际的过高期望，学会接纳和欣赏，这样夫妻即使有冲突，也很快会平息。

其次，夫妻双方在个性、爱好、价值观、生活习惯等方面应求同存异，相互包容。夫妻作为两个独立的个体，婚前在两个完全不同的环境中成长，生活习惯、个性特征必然各不相同，婚后要有一个相互磨合调适的过程。但调适并不是要抹杀双方的个性，而是强调夫妻在感情、生活和价值观等方面相互适应、同化，不断创造共同点，即存大同；同时也要学会"异质互补"，用接纳和包容代替雕刻和改造，多一些宽容、多一分和谐。事实上，不同的兴趣爱好、不同的个性、不同的生活习惯，并不意味着就是坏事，只要相互宽宏大量，互相配合，扬长避短，自觉进行调适，同样会使夫妻生活充满乐趣。英国伊丽莎白女王夫妇是世人羡慕的伴侣。据一位皇家观察家说：他们两人互相倾慕。虽然兴趣并不完全相同，女王喜欢马球赛，亲王则爱驾车及扬帆出海，但他们能相互包容，相互尊重，保持夫妻恩爱。这正是英国女王夫妇堪称世人楷模的可贵之处。

最后，夫妻要适应家庭生活周期的变化，扮演好不同角色。刚结婚时，男女双方扮演夫妻角色，夫妻间需要事业上互相鼓励，情感上温存体贴与性的充分满足。而当家庭有了小孩之后，夫妻一方面享受做父母的喜悦，另一方面，面临如何解决处理家务、抚养小孩与学习工作的矛盾。夫妻双方一定要同心协力共同度过人生这一负重期。孩子长大成家后，夫妻又有了新角色。这时夫妻已近老年，面临退休，身体日趋虚弱，心理失落感日益增强，这时最需要的是夫妻间的相互陪伴，精神上的相互安慰，生活上的相互照顾和关怀。在家庭生活的不同阶段，夫妻角色都有不同的内涵和要求，在相互调适的过程中，夫妻能在不同的生活阶段寻找到生活的各种情趣，感觉到生活的充实和美好。

2. 平等相待，相互尊重

夫妻在家庭生活中平等相待、相互尊重是建立美满婚姻关系的前提。家庭生活中的夫妻平等既表现为夫妻在人格地位上的平等、权利和义务上的平等，又表现为在生育和抚养子女及赡养老人中的平等。它要求夫妻相互尊重对方的人格尊严和独立，尊重对方的工作、劳动和学习以及兴趣、爱好和习惯，不能因家庭出身、文化程度、职业声望、经济收入方面的差距而轻视、贬低、侮辱对方，绝不能把夫妻关系当作从属关系，把妻子或丈夫视为附庸，限制对方的自由，要求对方一切听命于自己，一切服从自己，一切为了自己。既不能搞男尊女卑的大男子主义，也不能纵容蛮横霸道的大女子主义。同时，夫妻双方被法律赋予了平等的权利和义务，双方应相互尊重对方的权利，正确行使自己的权利，切实履行自己的义务，同心协力，平等互助，相互支撑。男女建立夫妻关系，彼此有表达爱情、享受幸福生活的权利，同时也就必须承担对对方、对爱情所造成社会后果的责任。夫妻双方的爱具有自我牺牲的特点，夫妻双方感情越深厚，履行职责的义务感越强烈，越会自觉承担关爱照顾对方，做好家务劳动，承担抚育子女和赡养老人的责任。

3. 真诚忠实，相互信任

爱情本身就是发自肺腑的真挚诚实的感情。现代夫妻关系既然以爱情为基础，那么彼此的交往必须要真诚，不能勉强和做假。正确认识自己，把自己的优、缺点都暴露在爱人面前，坦率地交换建设性的意见，这三点是保证夫妻之间真诚地交流感情的基础。如果为了在配偶面前维护或保持自己的"面子"，夫妻彼此讲假话、掩饰自己的毛病和内心的真实思想感情，只能导致夫妻感情的隔阂、误解和不信任，一旦矛盾无法掩饰了，发生的冲突将无法收拾。

相互忠实是夫妻婚姻关系的法律底线和道德要求。因为爱情是绝对独占的，是不能与他人分享的亲密的男女关系。它表现为对意中人的专一挚爱、忠贞不渝的心理特点，不允许第三者介入。婚姻是保证爱情排他性的重要形式。婚姻关系确定之后，任何一方都必须忠实、专一，不能再同时建立其他情爱和性爱关系或轻率离婚，坚决杜绝婚外情、非法同居、重婚等不忠情感和行为。夫妻间的性忠诚，是夫妻相互忠诚的重要内容之一，它是夫妻间性爱的表达和延伸，也是夫妻相互的义务和责任。当然，忠实不代表不和异性正常交往，而要注意慎交异性朋友，交往时要留有分寸，让彼此关系只控制在社交或亲友关系之内。明显对自己有好感甚或对自己不怀好心的异性朋友，要主动疏远，以理智来处理感情纠葛。

相互信任是美满婚姻的基本条件之一。信任首先保证夫妻间的亲密关系，使夫妻产生一种安全和舒服感，更加重要的是夫妻之间的信任可以保证夫妻双方有各自的自由和权利，有各自的发展范围。如果夫妻之间互不信任，不给对方留有余地，对对方管束过严，甚至干涉其正常的工作和生活，会引起对方的反感，甚至背叛，这样的婚姻关系很难和谐和维持。一位男士在离婚时这样陈述："她老猜忌我，怀疑我。跟她上街，我无意间对迎面过来的姑娘看两眼，她就醋意大发，骂个不停。我有时心情不好，她就认为是在想别人，甚至还跟踪盯梢。她说这是爱我，可这种爱谁受得了？跟她离婚，我一点也不后悔。"婚姻并不是一条束缚人的绳索，相互的尊重和信任是必要的。每个人除了妻子（丈夫）和家庭之外，还需要有可以倾心交谈的朋友和适度的自由空间，应给予对方和自己这种自由和空间，使双方结成一个开放性的共同体。常溺于家庭生活的人往往会失去自我，限制双方各自的发展。当然保持适度的空间，并不是相互放任，而是基于建立在对对方尊重、理解和爱的基础上的坦诚的沟通和交流。恋爱期间恋人的沟通非常主动。一旦进入婚姻，人们往往忽略了这种保持了解的方式。许多人以工作繁忙或家务繁重，没有时间去相互交流为借口忽略交流，结果夫妻之间的隔阂越来越深，以致发生误会。因此，夫妻间必须以诚相待，胸怀坦荡，相互忠实，相互信任，一旦有了误会、猜疑，也应该冷静分析，及时沟通，消除误会。只有这样，才能巩固和深化爱情，和谐夫妻生活。

4. 心性和谐，相亲相爱

　　爱情是情爱和性爱的统一。爱情的奥秘在于男女之间精神上、心理上和生理上的彼此吸引。现实的爱情在人类理性超越的基础上真正体现着饱含人性意义的性爱体验和更为高尚至善的精神情感追求。因此，夫妻双方要不断充实拓宽自己的精神世界，接近对方的思想精神，增进夫妻情爱，协调性爱生活，彼此心心相印、相亲相爱，这样就会使夫妻关系更加稳定、和谐。

　　首先，夫妻双方在婚后要有自己的精神文化和事业追求并支持对方的相应追求，相互勉励，相互促进，共建精神乐园，互成精神支柱，丰富充实家庭生活。夫妻有共同的理想、一致的人生价值观，是夫妻爱情发展的巨大精神力量，也是夫妻顺利沟通感情、协调生活的基础。夫妻有各自的事业或共同的事业，是夫妻精神和物质生活的支撑与保障。婚后如果沉溺于夫妻缠绵和家庭生活中，满足现状，不思进取，导致与对方精神疏远或差距悬殊，夫妻就容易因没有共同的精神支撑、一定的物质基础及夫妻间不平等的关系而出现感情淡化和矛盾冲突。

　　其次，夫妻双方在婚后要继续谈情说爱，使夫妻爱情之花永葆新鲜。夫妻之间的爱情不会因婚姻的缔结而自然递增，它需要夫妻之间共同培植和发展。不可否认，婚后的生活大多是平淡和琐碎的。柴米油盐酱醋茶、繁重的家务、抚育孩子的义务、紧张的工作等，这都会耗去人们很大一部分精力，使人们对婚姻生活产生倦怠。因而婚后双方要不断充实生活内容，巧于安排，挤出一些时间和精力，留给两人共同生活，共浴爱河，有时也可创造点意外惊喜、安排再度"蜜月"、补偿往昔"情债"、庆祝纪念节日、来点"小别胜新婚"等，这些都能使夫妻感情的火花闪烁不息。而在平日的生活上也要努力去营造温馨浪漫的氛围，有时一句感人的话语、一个含情的眼神、一个甜蜜的微笑、一份惊喜的礼物、一次温暖的拥抱，都可使爱情之花在平淡的生活中开得灿烂无比。但是，夫妻之间不要把爱变成一条绳索，因为一个人不可能时时刻刻表现出对别人的爱，要百分之百地时时刻刻地表示爱是一种幻想。夫妻在一起生活久了，所拥有和感受到的不但是两性之爱情，而且有家人之亲情。因此，在努力增进夫妻爱情的同时，对夫妻爱情生活不要抱过高的期望，要以平和的心境对待平淡的生活，以温暖的亲情丰富夫妻的感情。

　　最后，夫妻双方要注意性关系协调。和谐的性关系在夫妻关系中也是至关重要的。性生活是联络夫妻感情的重要途径，良好的性生活是巩固和发展夫妻感情的必要保障。在夫妻生活中性关系不协调，彼此失去欲望可能导致夫妻情绪失调、情感冲突、夫妻生活名存实亡或婚姻破裂的消极后果。无可否认，性欲赋予夫妻之间爱的愿望以很大的内在力量，它起下意识的诱因作用。因此，一方面，夫妻双方要培养夫妻间深厚的感情，互相尊重，彼此体贴，经常学习和了解性生活知识和技巧，通过改变性生活的情绪、时间、地点、体位等办法，创造新鲜的性生活方式，自我协调性生活或寻求心理帮助和生理治疗，使夫妻感情和性生活都能达到和谐、满足状态。但是夫妻性生活及其协调一定要尊重对方人格，切忌强迫。另一方面，夫妻双方不要把和谐性关系绝对化和理想化。性和谐的绝对化和理想化会导致夫妻对性关系过分关注，其结果会对性关系感到平淡乏味，以致破坏了夫妻在性关系方面的协调，失去了亲密感和对彼此的要求。同时，要认识到性关系的协调远非幸福和睦夫妻的唯一条件。根据研究人员提供的资料，有相当多的夫妻在性生活上不协调或不能得到完全满足，不少妻子从未有过性高潮，然而他们仍然承认，他们的婚姻是十分幸福的。

（二）亲子关系调试的基本原则

1. 父母对子女要做到的基本原则

（1）区分溺爱与慈爱，做到慈而不溺

一些父母有了小孩，就爱之如掌上明珠，要星星不敢给月亮；头顶着怕吓着，口含着怕化了。父母对孩子往往是爱得有余，甚至变成了"溺爱"；而教得不足，使得不少孩子缺乏应有的伦理常识，并把自己当成了"小皇帝""小太阳"，以至于养成娇生惯养、自私孤僻等不良性格。爱孩子是人的天性，并不为错，错就错在爱得过分，把爱变成了溺爱。慈爱和溺爱，虽然仅仅是一字之差，但有根本的区别，可谓"失之毫厘，差之千里"。孔子说，"爱之，能勿劳乎"（《宪问》）。这就是强调，只有使其劳，才能使其懂得劳动的艰辛和劳动成果来之不易，才会使其养成热爱劳动的习惯，形成较强的生存能力，这才是真正的慈爱。这种慈爱是以培养孩子成为一个具有节俭、勤劳、律己、博爱的有用之才为目的的。

（2）区分养与教，进行养教结合

当今社会的父母对子女的慈爱普遍存在重养轻教、重智轻德的倾向。《论语》指出，养不教，父之过。孩子的养固然重要，尤其是孩子发育过程中注意其营养，关心孩子的吃、住、行等问题是很重要的。但是，不能因为养的重要，而在吃、穿等方面都尽量迎合小孩的心理，这样娇惯孩子，会使孩子养成好吃懒做的习惯，进而染上各种不好的嗜好。在当今中国，由于实行计划生育政策，形成了对孩子的"四二一"哺养方式，即爷爷奶奶、外婆外公、父亲母亲围着一个独子转，六个大人把所有的希望都寄托在这唯一的孩子身上，孩子的养被有意无意地置于教之上。

教是养育孩子的重要内容，要教会孩子生活上勤俭自立；作风上诚实谦虚，因为做人之本分是诚实，谦虚使人进步；待人时要孝友施助，即养亲敬老、友爱兄弟姐妹，善于发现别人的优点。教的最终目的是不仅使孩子懂得接人待物之理，更要教导孩子具有端正的人品，立身行道。

（3）区分教与管，实现以教为本

教与管不同，管是家长靠自己的脾气和家长的权威来制伏孩子，教是用道理来引导孩子走上正道。教的方法是通过夸奖孩子的长处，纠正孩子的短处，理性地教育孩子；而管是任着家长的性子，一味地寻找孩子的错误，不管孩子的脾气，横蛮地和孩子对着干。所以往往越管越管不好。因为用脾气管孩子，不但管不好，反把孩子的脾气刺激出来，甚至导致父子反目成仇。

父母在管教孩子的时候，要有平等之心，以理服人，尊重子女的权利和自由；要克服家长作风，特别是在关系子女自身发展等重大问题的处理上，父母要通过平等对话等沟通方式，了解子女的想法与意愿，对他们的选择提出建设性意见，引导他们做出正确的选择。父母绝不能把孩子看作自己的私有财产，越俎代庖。在实际的家庭教育中，父母还要避免两种极端：不管不教和过于严格。父母对孩子不管不教只会导致小孩凭着自己的天性行动，不懂礼数，不尊长辈，并成为习惯；而对于孩子的管教过于严格，对孩子期望值过高，恨不得自己孩子样样都比别人孩子强，这将容易使孩子产生悲观情绪、自我评价低，从而产生自卑情绪，继而疏远父母，不再听从父母的教导。因此，父母的管教要根据孩子的实际情况，客观地评价孩子，引导孩子成长，使孩子内心变得强大。

（4）避免体罚孩子，以理教育孩子

"打是亲、骂是爱"，"棒子下面出孝子"的观念是传统教育为父母体罚孩子寻找的借口，这并不能真正体现父母之爱，也不能够真正培养一个优秀的孩子。如果孩子有了过错，父母不可以把打骂作为教育的手段，而必须说明是非，使孩子知过必改。一方面，体罚最容易伤及孩子的自尊心，而骂的时候父母更会口不择言，使用伤及孩子感情的话语，从而伤害了父母与孩子之间的感情；另一方面，孩子一错即打的方式极容易伤害孩子的身体，同时也使孩子具有暴力倾向。

（5）父母以身作则，正身率下

父母以身作则、正身率下是父母之道的基本要求。司马光在《居家杂仪》指出："凡为家长，必谨守礼法，以御群子弟及家众。"身为父母，要通过自己的言行举止来引导孩子，这是深爱孩子的表现。对于孩童来说，他们的行为习惯主要是通过模仿形成的，而与他们接触最多的莫过于父母，孩子正是通过模仿父母的言行举止来规范自己的言行举止。所以，如果做父母的注意修身正己、时时处处注意为子女做出榜样，就有利于孩子从小形成良好的行为习惯和伦理道德；如果做父母的缺乏伦理道德、立身不正，就不可能施行正确的家庭教育，因为父母言行不一，所作所为与其说教相悖，孩子必不能信服。在这种意义上，"有其父必有其子"的说法虽然有些绝对，但并非完全没有道理，尤其从伦理道德修养的角度来说更是如此。

2. 子女对父母要做到的基本原则

（1）为父母提供养老的物质条件

父母年老时，做子女的要使父母衣食宽裕，卧宿安适，行动有人扶持，这是子女孝顺的前提。父母在辛苦劳动了一生以后，由于离开工作岗位或者丧失劳动能力，经济收入可能减少，或者经济收入来源缺失。在这种情况下，做子女的在经济上要负担老人晚年的生活费用。"养儿防老"在某种意义上反映了父母生育孩子的一个最直接的利益目的。当然，在社会经济发展水平不断提高的现实情况下，一般家庭都能满足老人对生活必需品的需求，使父母衣食无忧。但是，这还不能说子女就已经尽到孝道，因为这仅仅是最基本的孝道而已。

（2）尊重、体贴和关心父母

老年人不仅在经济上可能需要子女赡养，在生活上需要子女照顾，更重要的是需要子女在感情上给予慰藉。特别是随着生产发展和生活水平的提高，社会保障制度日益完善，城市老人多数享受退休养老金，农村老人赡养问题也逐步得到解决。在这样的条件下，从精神上、感情上尊敬、体贴和关心老人就显得更为重要。

金钱和物质并不等同于亲情和孝心，只有发自内心地对父母有真挚情感，才能算作孝，才能使父母感到满意和心情舒畅。孝养父母的关键应定位在精神愉悦和人格尊重上，并且按照父母的意愿做事，使父母心情舒畅，生活愉快，住有所居。在家庭子女数减少、独生子女家庭增加、家庭核心化趋势加快、人口流动性增强的当代中国，"空巢"老人越来越多，他们希望子女能在心里装着他们，能经常倾听他们的心声；他们更希望家庭中几代人在一起和睦地生活，享受天伦之乐。

（3）有源自内心的真孝而非假孝

对父母的尊敬，必须是发自内心的亲情，而不是迫于外在的压力。真假的分别，可拿父母爱子之心做对照。一个人赤裸裸地来到世间，任何东西都没有带来，而父母不嫌子女，对子女付出真诚之爱，日夜操劳，费尽无数心血，方把子女抚养成人。换言之，父母是时时处处都拿出真真实实的心来教养孩子。因此，为人子女若想尽孝，就要想想父母待我之慈爱真心，将心比心，这样，子女在父母年老之时，才不会嫌父母穷，不嫌父母丑，也不嫌父母脏，才能真心地爱父母，这才是孝道。

如果子女因为年老的父母能够帮助做些家务或照管孩子，或者因为老人有相当可观的存款而和老人住在一起，这不是真正的孝道。一旦老人年纪太大而丧失生活自理能力或者得了重病时，有的子女可能就会嫌弃老人，认为老人给自己增加了麻烦。这种对于父母"用得着时便抢，用不着时便推"的态度和做法是非常不道德的。那种虐待、遗弃甚至打骂丧失生活自理能力的父母或者前辈，不仅缺德，更是法律所不能容许的。

（三）婆媳、岳婿调适的基本原则

1. 婆媳、岳婿双方要克服见外心理

俗话说："媳妇亲似女儿，女婿就是半个儿。"因此，公婆和岳父母对媳妇、女婿应视同子女。在当代后喻文化时代[1]，媳妇、女婿的认识水平、思想觉悟、见识经验和办事能力并不比父母辈差。因此，婆媳、岳婿之间的关系不再是控制与被控制的关系，而应该采取民主和平等的态度，集思广益，调动家庭中所有成员的主动性来处理家庭事务。这样，婆媳、岳婿可以彼此帮助，建立融洽的关系。

当媳妇与公公或姑叔、女婿与岳母或姨舅发生意见与分歧时，做婆婆、岳父的要做到公正合理，不偏不倚，不能偏袒自己的老伴、女儿、儿子，克服"向着自己人"的心理，公正地对待冲突中的每一个人，公平地指出冲突中每个人的缺点或错误。有时为了消除矛盾，制止争吵，不妨多指责一下自己的老伴、儿子、女儿，以显示自己的宽宏大量，这样至少可能消去媳妇、女婿的一半火气，化争吵为欢笑。在分配财物、安排家务上要公平合理。在对待祖孙和外祖孙、媳妇、女婿家人上必须做到远近一样，没有差别，切不可区分贫富、亲疏关系，否则会导致婆媳、岳婿关系的冲突。长辈在对待孙辈的男女性别上，要清除"重男轻女""传宗接代"的封建思想，切不可毫无理由地苛求晚辈，强人所难。

2. 公婆和岳父母要以慈爱和教导来关爱媳妇和女婿

无论对当媳妇的，还是当女婿的，正是由于婚姻关系才使自己承担了一份新的

---

[1]　美国社会学家玛格丽特·米德在《文化与承诺》一书中，将时代划分为"前喻文化时代""并喻文化时代""后喻文化时代"。所谓的后喻文化，就是年轻人因为对新观念、新科技良好的接受能力而在许多方面都要胜过他们的前辈，年长者反而要向他们的晚辈学习。

赡养老人的责任和义务。作为晚辈，他们理应享有长辈的教导，尤其是做人处世的道理。当然，他们也希望自己能作为新人得到公婆、岳父母的关爱。

做公婆和做岳父母的要注意媳妇、女婿在大节上的作为，不必在细枝末梢上苛求晚辈。公婆、岳父母对媳妇、女婿有所管束是应该的，如督促他们学习，要求他们认真工作，劝导他们晚上勿在外逗留过久等，这样的管教能让晚辈感受到父母的慈爱。公婆、岳父母切忌在小事上挑剔，如指责媳妇、女婿的穿戴，时尚的生活方式，等等。因为一代人有一代人的时尚与追求，一代人有一代人的兴趣和爱好，做公婆、岳父母的要采取与时俱进的眼光看待晚辈的生活。

公婆、岳父母见了亲戚朋友，要常常说儿媳、女婿的长处，要感谢他们父母的教育德行；如果儿媳或女婿禀性不好，公婆、岳父母要先做到宽容，再施以教导。因为媳妇和女婿毕竟都不是自己生的，因此要先施恩，勿揭短处，从而营造良好的婆媳和岳婿关系。

3. 媳妇、女婿要怀着敬爱之心孝敬公婆、岳父母

媳妇、女婿要有晚辈的孝心。做长辈的在儿女结婚以后，担心晚辈因有配偶而削弱对自己的感情，这种心理是可以理解的。尤其对于婆媳关系而言，婆婆和媳妇的矛盾源自她们对同一个人的爱。作为母亲，深深地爱着她的儿子，这属于血缘亲情关系，人的天性使然，反映出母亲的伟大；媳妇也深深地爱着她的丈夫（同时也是婆婆的儿子），这属于姻缘关系，人的社会性使然，反映出爱情的本质。虽然由于对同一个人的爱引发了婆媳矛盾，但并不是爱的错误，而在于爱的狭隘或爱的竞争，缺乏"泛爱"的意识和宽容的心态。只要在爱同一个人的同时，多一点理解，多一点沟通，就能实现动机与结果的一致。因此，做媳妇、女婿的首先要把公婆、岳父母不当作外人，交谈时做到话出真心，声调和平，语气热诚；做事时注意事前同公婆、岳父母商量，听取意见；日常家务上要体贴公婆、岳父母，多说些关心感激的话，空闲的时候要多参与日常家务；公婆、岳父母身体欠好的时候，更要嘘寒问暖，体贴关心；经济上要扶助赡养公婆、岳父母，给足老人适当的零花钱，把赡养老人视作自己应尽的义务。

4. 婆媳和岳婿都要爱屋及乌地关爱对方的所爱

无论是婆媳还是岳婿，在日常生活中要注意在对方最关心的问题和事情上保持一致，并努力做得比对方想得更周全。这样，婆媳和岳婿都会秉着他/她所爱之物，我当爱之；所爱之人，我当敬之。对于公婆、岳父母来说，自己的孩子都是最珍贵的，因此，做媳妇的要关爱自己的小姑和小叔及其孩子；做女婿的要关爱自己的小

姨和小舅及其孩子。节日及生日等重要日子，一家人要聚在一起，享受天伦之乐。只有这样，婆媳、岳婿才能性子相和，从而为营造和谐的婆媳关系和岳婿关系奠定良好的基础。

（四）兄弟姊妹调适的基本原则

1. 兄弟姊妹之间要相互和睦相待

兄姊要爱护和关心弟妹，平等相待，不要摆老大的架子，随便训斥打骂；而且兄姊应在弟妹中起到榜样的作用。弟妹要尊敬兄姊，一般不要直呼兄姊名字；不要任意撒娇和无理取闹，不要动不动就到父母跟前告状；弟妹要以兄姊为学习榜样，如果兄姊行为有违正道，要通过对兄姊的关心来使兄姊认识和改正错误。总之，兄弟姊妹要互相体贴，坦诚相见，遵行忠恕之道，和睦相待，这样，兄弟姊妹的关系才能越处越亲切，感情才能越处越深。

2. 遇到矛盾时兄弟姊妹要谦让谅解

结婚之前，兄弟姊妹天天生活在一起，接触频繁，在对父母亲友的态度、做家务的多寡、经济利益的分配以及性格爱好的差异等方面，都有可能引发矛盾和冲突。无论遇到什么矛盾和分歧，兄弟姊妹应以手足之情为重，做到宽容谦让，特别是涉及各自利益的时候，更要互相体谅、互相谦让。

结婚之后，兄弟姊妹可能会因各自小家庭的利益，情谊渐渐疏远；为了配偶，有的人会置兄弟姊妹情分于不顾，偏听一方言辞，淡化兄弟姊妹感情，甚至成为冤家对头。更有兄弟姊妹为争贪父母财物，被物欲所迷，兄弟姊妹之间各不相让，打骂斗殴，闹得兄弟姊妹成仇，骨肉相离，连累父母伤心不已。因此，做兄弟姊妹的要有大局意识，从孝道出发，以友爱和谦让为原则，照顾兄弟姊妹之情谊，构建和谐的兄弟姊妹关系。

3. 碰到困难时，兄弟姊妹要相互帮扶

每个人在生活道路上都会遇到困难和挫折，总是希望得到人们的同情和帮助。如果这种同情和帮助来自兄弟姊妹之间，兄弟姊妹按社会伦理道德规范为人行事，往往成效更为显著。比如：父母不在或者没能力抚养弟妹时，成年兄姊应对年幼的弟妹尽抚养的义务和责任；当弟妹行为有违社会道德规范的时候，兄姊要矫正弟妹行为；兄弟姊妹中如果有人在经济上发生困难，其他人就无私地伸出援助之手；工作上出了差错，就去帮助总结经验教训；生活上犯了错误，就批评指正，耐心劝导。这样，兄弟姊妹之间就会团结友爱地相处。

总之，兄弟姊妹关系作为一种重要的家庭关系，既有血缘关系，又有友情关系。兄弟姊妹之间要和睦相处、相互礼让、相互支持、相互帮助，遇事共同商量，同甘苦，共患难，这是保持家庭和谐的关键因素。

（五）妯娌关系调适的基本原则

1. 以大局为重，勿以小家庭的利益为重

家中妯娌失和，多半是由于顾惜自己的小家庭利益。尤其是在关乎父母的财物方面，你多我少，你争我夺，一不满意，便怀恨在心。为此便展开枕头风，调唆丈夫，对妯娌说长道短。时间一长，兄弟之间便有了隔阂，渐渐导致兄弟失和。如果兄弟分家时，妯娌在分配家产、供养父母及其他各种关系的处理上，能够以大家庭的团结和利益为重，发扬风格，自强不息，乐于吃亏，遇到爱逞强的妯娌，不计较，主动热情相帮，长此下去，妯娌关系肯定会融洽和睦。

2. 相互尊重，谦让体贴

妯娌之间要相互尊重，将心比心，互相体谅谦让，要与人为善，多为对方着想。妯娌之间在处事上不要过分地纠结而放不下自尊，如果都想讨便宜占上风，那就会出现针尖对麦芒的局面，必然会把关系搞僵。妯娌和睦，兄弟自然无矛盾，老人更是欢喜。如果妯娌之间真的发生了矛盾冲突，兄弟们要做好各自妻子的工作，劝导她们要有谅解之心、谦让之意，切不可加油添醋，推波助澜，使妯娌之间的不和扩大为兄弟之间的矛盾。要以兄弟的手足之情为重，化解妯娌之间的纠纷，使家庭关系和谐。

（六）姑（叔）嫂关系调适的基本原则

姑（叔）嫂关系是因夫妻关系和兄妹关系的同时存在才得以产生的，也是家庭关系中间接的姻缘关系，姑（叔）嫂虽然没有天然的血缘联系，但共同的家庭利益把他们联系在一起。处理好姑（叔）嫂关系，有利于搞好夫妻、婆媳以及妯娌关系。

在嫂子方面，要由爱丈夫、尽孝道而延伸到关心小姑（叔）子。这样，一方面顺遂了公婆的心意，另一方面帮助丈夫尽了做兄长的道义。嫂子要以"嫂长一辈"来要求自己，尊老爱幼，在家务劳动上主动挑重担，处处给小姑做出榜样；对于需要抚养的未成年的小姑小叔，嫂子要尽到抚养他们的责任，关心他们的吃穿，经济上要拿出一部分钱给他们上学，绝不能把这些视为额外负担；对小姑的某些任性行为，要谅解，不要苛责；对于小姑的心思、苦闷、愁绪要主动关心；发现他们有缺点错误，要热心帮助，耐心讲道理；当母子、兄妹发生矛盾时，要严于责夫，宽以待人，切不可以丈夫的卫士的面目出现，而要劝丈夫以兄长的姿态谅解小姑。如果嫂子不明白做嫂子的道理，倚着丈夫的势力，慢待小姑（叔）子，就会惹得公婆不满意，心中生气，从而导致家庭关系不和睦。

作为小姑（叔）子，要尊敬嫂子，切不可在母亲和兄长面前讲嫂子的坏话，挑拨是非，要在促进兄嫂尤其是婆媳的关系中，发挥积极作用。嫂子孝敬父母，恭敬兄长，友爱弟弟妹妹，小姑（叔）子要知道感恩并尊重嫂子。在父母面前，小姑（叔）子要常常提嫂子的好处。嫂子偶有过错，要替嫂子用好话解说。如果小姑（叔）子在父母面前对嫂子说长道短，两头传闲话，就可能导致婆媳失和及母子、父子不和，使家庭关系不断恶化。做小姑（叔）子的不但要尊敬哥嫂，而且要爱护侄男侄女，积极帮助处理家庭事务，这样一来，一家男女老幼，和和乐乐，一派小姑敬嫂、嫂爱小姑、全家和睦的祥和之气。

总之，对于有兄弟或兄妹的家庭来说，兄弟关系、妯娌关系、姑（叔）嫂关系依然是一个非常重要的家庭关系。在我国当代家庭中，家庭成员之间的关系的处理始终要遵循民主和平等的伦理原则，以亲情关怀为基点来处理兄弟关系、妯娌关系、姑（叔）嫂关系。

三、家庭人际关系调适的基本方法

家庭是一种以婚姻和血缘或收养关系为基础的社会生活组织，是以面对面的互动方式结合的基本群体，是人类社会最基本的组织单位和经济单位，是构成社会的细胞。掌握调试家庭人际关系的基本方法是树立科学的家庭观念，正确处理家庭关系，建设美好家庭的前提和思想基础。

（一）切实做好家庭教育

家庭教育与学校教育、社会教育是教育的三种基本形式，是人在社会化过程中，必须接受的三种各具特点的教育，而家庭教育则是最基础性的教育，它对人的德、智、体、美、劳全面发展起着奠基性的作用，对人的思想品德、个性特征、健全人格的形成与发展起着决定性的作用。

1. 养成教育

养成教育是人的社会化过程中最基本的教育。美国心理学家威廉·詹姆士说："播下一种行为，收获一种习惯；播下一种习惯，收获一种性格；播下一种性格，收获一种命运。"詹姆士把人的习惯养成同人的性格和命运联系在一起，可见习惯的养成对人生的命运起着多么重要的作用了。

（1）养成教育的内容

养成教育的内容包括：尊老爱幼、为人诚信、礼貌待人、勤俭节约、热爱劳动、讲究卫生、遵纪守法、热爱集体、乐于交际。

（2）养成教育的方法

1）尚严，就是严格要求。严格要求是做人、成才的基本条件。当然，尚严不是不爱，而是严爱结合，爱而有度，爱得合理。

2）示范。父母与长辈是一种行为习惯的信息载体。父母的一言一行，一举一动，都是晚辈的模范对象。所以，作为长辈应重视"身教"，在各个方面都要做出榜样，以供晚辈效仿。

3）实践。就是让晚辈主动地做，而且要反复地做，实践多了习惯也就成自然了。

2. 品德教育

品德教育是指运用优秀的传统文化、社会主义核心价值观等内容进行教育，以提升受教育者的思想道德素质水平。它是培养人们形成正确的人生观、价值观的基础。

（1）品德教育的内容

品德教育的内容包括：科学的人生观和价值观、孝敬父母、勤俭节约、诚实守信、有责任心义务感。

（2）品德教育的方法

1）听，就是听故事，经常地、有计划地讲一些人格教育的的故事让人明其义，履其行。

2）看，就是看书、看电影、看电视。

3）做，就是实践、操作。

（二）树立现代家庭文化建设新观念

现代家庭文化建设新观念就是指以建设现代文明家庭为目标，以建设家庭美德、职业道德和社会公德为内容，强化家庭成员的思想修养、文化修养、道德修养和技能修养，做现代社会文明公民。

1. 家庭主体文化建设

家庭主体文化建设包括：购买一定的数量图书、杂志阅读学习；建立读书学习制度；拟定家规、家训，从而树立良好的家风。

2. 家庭休闲文化建设

家庭休闲文化包括文化欣赏，如欣赏电视、电影等；还包括琴棋书画的学习、操练，保健性的体育活动和家庭旅游。

3. 家庭装饰文化普及

把家庭装饰当作一种文化，是现代家庭文化观念物化的结果。如家庭插花文化，它是一种美与家庭审美意识、价值观念的结合，形成了一种具有艺术倾向性的文化作品，对家庭成员的思想情感与品格都具有陶冶作用。

（三）倡导家庭礼仪及交际礼仪

家庭礼仪就是指家庭内部的礼仪，或者说指调节家庭内部关系、规范家人行为的礼仪。交际礼仪是指家庭成员与朋友、与公众之间的礼仪。

1. 家庭礼仪的内容

第一，亲子间的礼仪，包括子女对父母的礼仪，如孝敬等；父母关爱子女的礼仪，如呵护、关照等。第二，夫妻间的礼仪，包括互相道谢或道歉，拥抱、亲吻，祝贺与祝福，语言温和，仪容整洁。第三，兄弟姐妹之间的礼仪，包括"兄良、弟悌，长惠、幼顺"等古代礼仪所体现的关怀、照应、谦让、尊重、温顺等意思。

2. 交际礼仪的内容

第一，握手、鞠躬、拱手。第二，介绍礼。一是别人介绍，在重要场合，主人要对客人做介绍，要有长幼，轻重有序；二是自我介绍，在自我介绍时，要语言简洁明确，态度彬彬有礼。第三，交谈礼仪，要做到态度诚恳认真，语言真切文雅，行为举止庄重大方。第四，行为礼仪，如行走时，长前幼后，女士优先，主动给长辈及病残人让座等。

3. 家庭礼仪的功能

礼仪作为一种文化和规范，具有"定亲疏，决嫌疑，别同异，明是非"的作用。第一，规范行为，交流感情；第二，治人之情，顺人之序；第三，协调关系，凝聚感情；第四，维护秩序，陶冶情操。

现实生活中，家庭人际关系的调适方法不是机械的模式，也不是僵死的教条。为此，现代家庭人际关系的调适应该在坚持中国特色社会主义婚姻伦理的基本精神和道德规范的基础上，灵活运用"切实到位，相互宽容；平等相待，相互尊重；真诚忠实，相互信任；相亲相爱，和谐共处"的基本方法，以促进人际关系的和谐、婚姻的幸福、家庭的美满。

第六章

家庭成员照顾

　　家庭实际上是一个由不同成员构成的生活共同体，家庭成员之间存在着互动、相助、共荣的关系，每一个家庭成员不单单要打理好自己的个人生活，在其他家庭成员的帮助下满足个人的生活需要、实现个人的生活愿景，同时也要对其他家庭成员承担照顾的责任和使命，尤其是对老年人、婴幼儿、孕产妇以及患病的家庭成员，要给予悉心的照顾。

第一节　老年人赡养

　　中国是礼仪之邦，尊老、爱老、敬老是中华民族的传统美德。老年人过去为经济和社会发展做出了巨大的贡献，对子女也尽了应尽的抚养义务，当父母年老时，子女应赡养老人，社会应回馈老人，这既是法定的责任，又符合人类反哺的理性，有助于维护社会和谐。

一、老年人的特点

（一）老年人的生理特点

　　随着年龄的增长，老年人的身体各器官功能均呈下降的趋势，照护者要了解器官功能老化给老年人身体带来的影响。

　　1. 感觉器官功能衰退

　　感觉的老化使得老年人对外界事物的反应迟钝。视觉衰退不仅使老年人眼花，出现老花眼，而且也容易患眼病，如白内障、青光眼等。听觉的衰退则表现在对声音反应迟钝，与他人交流困难。由于听觉和视觉功能的减退，老年人判断事物的准确性降低，往往靠自己的想象力来判断问题，例如可能会把飞驶而来的摩托车看成自行车，并误以为在车子到来之前，自己有足够的时间穿过马路，结果造成交通事故。

　　此外，老年人的味觉、嗅觉、触觉等功能也在减退，容易发生烫伤、煤气泄漏等意外，照护者要注意预防。

　　2. 循环系统功能衰退

　　由于动脉硬化，血管弹性减弱及管腔变窄，老年人易患高血压、冠心病和脑血管意外等疾病。静脉血管弹性降低，血液回流困难，容易出现下肢肿胀不适。同时老年人毛细血管脆性增加，皮肤受到轻微碰撞就会发生皮下出血，而形成瘀血的青紫斑。因此，老年人在活动中要注意预防损伤。

3. 呼吸系统的功能衰退

呼吸器官功能减退，肺活量下降，使得老年人体力活动增加后常感气促和呼吸加快。老年人一次谈话时间不要过长，特别是不要高声讲话，照护者与老人交谈要有耐心。另外，由于呼吸道抵抗力降低，老年人易患感冒、气管炎和肺炎等疾病。

4. 消化系统功能衰退

消化器官功能的变化表现为牙齿松动、脱落，咀嚼困难，胃肠蠕动减慢，消化液分泌减少，胃肠对食物消化能力减弱，老年人易出现食欲减退，消化不良，从而导致营养缺乏，同时也易发生腹泻、便秘等症状。

5. 运动与神经系统功能衰退

由于脑组织逐渐萎缩，神经系统呈进行性衰退，老年人会出现对外界事物反应迟钝，适应能力减弱，记忆力下降等现象，尤其是近期记忆力下降明显，照护者对此应有所了解，以防因误解产生矛盾。

多数老年人因运动平衡能力下降，动作迟缓，反应迟钝，走路、站立姿势不稳，加之肌肉萎缩、骨质疏松，老年人易发生跌倒、脚踝部扭伤和骨折的情况。

6. 泌尿生殖系统功能衰退

由于膀胱肌肉萎缩，膀胱容量减少，老年人容易出现尿失禁、慢性尿潴留、尿频、夜尿增多等症状。男性老人常有前列腺增生，压迫尿道引起尿路梗阻，发生排尿不畅、排尿困难甚至尿潴留。

性激素的分泌自40岁以后逐渐降低，老年人会出现性功能减退。女性45—55岁可出现绝经，卵巢停止排卵。

（二）老年人的心理特点

老年人随着年龄的增加，大脑逐渐萎缩，脑细胞数量逐渐减少，记忆力、逻辑推理和抽象思维能力均有不同程度的下降。且随着年龄的增加，性格和情绪的改变日趋明显。

1. 老年人小心谨慎

老年人在做一件事情时，往往比较重视完成任务的准确性，即比较注意避免犯错误，而对完成任务所花时间的长短并不是很在意。生活中老年人常常嫌年轻人做事毛手毛脚，不够踏实认真。老年人表现在行动上的另一种小心谨慎就是做事稳扎稳打，轻易不冒风险。

2. 老年人"固执"

随着时间的推移和个人思想的逐渐成熟，老年人的世界观、人生观和价值观都已经成形，有了自己独特的为人处世模式。那些不了解老年人身心特点和个性特点的人就会感觉到老年人越来越固执己见。

3. 老年人爱唠叨

俗话说：树老根多，人老话多。老年人为了排除寂寞，也会借助重复和唠叨的语言为自己的生活增添一点热闹的气氛。老年人最津津乐道的就是自己的陈年往事，经常讲述自己以前取得的成绩，这都是为了能得到一点心灵上的慰藉，以解脱现时的空虚。

4. 老年人的"怀旧情绪"

对于过去的时光和以往美好时代的怀念之情，感染着全世界的老人们。这种现象也可以理解为多数老年人对不断变化的当今时代感觉到无法适应，从而企图逃避现实的一种方式。古语说得好：树高千尺，落叶归根。人到老年，思想就开始退步，不再像年轻时那样憧憬未来，而是开始对自己几十年走过的路进行回味和自我评价，说的话和做的事都带着浓厚的怀旧色彩。

5. 老年人的"返老还童"

有的老年人，虽然已年届花甲，从外表看来已经是一个典型的老年人形象了，然而他们的内心和言行举止表现得却像一个不谙世事的小孩，时常表现出与实际的生理年龄不相称的语言和行为。如在自己的亲戚、朋友面前显得不拘小节，蛮不讲理；情绪激动，得理不饶人；对生活中的事物表现出前所未有的兴趣和好奇心；常主动要求别人给予过多的照顾和关怀；总是要求老伴或子女陪在身边；挑剔饮食等。

二、老年人赡养的内涵和价值

传统文化中赡养为行"孝"的一部分，赡养既包括物质层面又包括精神层面，即不仅要在物质上和生活上照顾父母，还应让父母精神愉悦、受到尊重。现代意义的赡养主要指：成年子女或晚辈对父母或长辈在物质上和生活上的帮助。主要包含三个方面：一是物质赡养，二是精神赡养，三是生活帮助。随着现代社会的发展，社会物质保障机制日趋完善，人们对于物质供给方面的需求不再那么迫切，精神层面的赡养需求则在不断增加。赡养关系涉及两代人间的关系，而子女只有在内心对父母认同的情况下，才能在物质上特别是精神上最大限度地照顾父母，将赡养理念内化为个人意志。

赡养孝顺父母是中华民族的传统美德，中国有句古语："百善孝为先。"自古以来就不乏孝敬老人的佳话。如东汉的黄香，为了让父亲睡得舒服，他夏天用扇子为父亲扇凉席子，冬天用身体为父亲温暖被窝；汉文帝的母亲生病时，文帝每次都要亲口尝过汤药的冷热，才端给母亲；还有子路借米等。这些故事的背后都蕴含了一个浅显的道理：孝敬老人，从小事做起。而新时期更要弘扬孝道文化，要以孝敬为美，以孝敬为乐，以孝敬为荣，以孝敬为风尚。孝敬父母，不仅仅是公民个人的私事，而且是整个社会普遍的道德要求，是社会责任和义务。

三、赡养老年人的内容

《老年人权益保障法》规定：赡养人应当履行对老年人经济上的供养、生活上的照顾和精神上慰藉的义务。养老的主要内容就是赡养扶助。子女在经济上应为父母提供必要的生活用品和费用，在生活上、精神上、感情上对父母应尊敬、关心和照顾，满足老年人的各项需求。老年人的赡养主要包括经济供养、生活照料和精神慰藉三个方面。

（一）经济供养

老年人为家庭、为社会做出过巨大的贡献，当他们衰老之后，不能再像年轻时那样创造新的财富，子女应当保证父母的生存问题，提供经济上的供养和物质上的帮助。具体而言包括：生活中，子女应当给予父母必要的生活费用，能够保证父母吃饱穿暖，不为基本的生存问题发愁担忧，法律直接量化为赡养费；对患病的老年人应当提供医疗费用和护理，如果不能亲自照顾老年人的，也应当提供护工费用；在住房方面，应当妥善积极地安排老年人的房屋，不得强迫老年人迁居条件低劣的房屋；对于老年人提出来的物质需求，赡养人也应当在力所能及的范围内予以满足。

（二）生活照料

生活照料是指对父母的日常生活细节的照管。生活照料的需求随着老年人患病、身体健康状况下降、自理能力减退而在逐步加强。生活照料是非常烦琐而又复杂的，是保障老人基本生活的前提。

（三）精神慰藉

如果说经济供养是一种硬需求的话，那么精神上的保障则是一种软性的需求。试想，衣食无忧的老年人整日面对空空的房屋，因思念子孙而无可奈何地独自回忆往事，不可谓不是另外一种悲哀。随着社会的进步，物质上的赡养能够很好地实现，但是精神赡养不好评判，在法律中也仅仅是有原则性和抽象性的条款支持。当前社会发展过程中，逐步树立一些可行的措施是有必要的，如常带配偶、孩子回家看看，陪老人聊天解闷，尊重、体谅、谅解父母；如果因为工作等客观原因不能长期相见，也应当保持电话问候，时常给予关注，以免引起老人的失落感；尊重老人的感情，对于老人的感情不做过多的干预；为老人提供所喜爱的精神文化用品等。

四、赡养老年人的基本原则

赡养老人不仅是道德规范的要求，还是法律规定公民应当履行的义务。负有赡养义务的人称为赡养人，作为赡养人，在赡养老年人时应遵循以下原则。

（一）不分男女都有赡养老年人的义务

我国《老年人权益保障法》第14条第2款规定，"赡养人是指老年人的子女以及其他依法负有赡养义务的人"。这里的子女应当包括生子女、养子女以及有抚养关系的继子女。其他负有赡养义务的人还应当包括《婚姻法》第28条规定的孙子女和外孙子女，"有负担能力的孙子女、外孙子女，对于子女已经死亡或子女无力赡养的祖父母、外祖父母，有赡养的义务"。因此无论男女，有负担能力的都应该承担起赡养老人的义务。

（二）积极为老年人提供物质赡养、精神慰藉和生活照料

赡养人应积极为老年人提供经济上的供养，给予物质生活上的帮助和日常生活的照管。另外，精神慰藉关系到父母能否延年益寿，能否精神愉快地安度晚年，这同样是老年人晚年生活质量的影响因素。

（三）尊重老年人，不得忽视、冷落老年人

自尊心人皆有之，何况耗尽了半生心血才将子女养育成人的父母，更是理所当然希望得到子女的孝顺和尊重。讥笑、责难，甚至虐待老人等行为都是不道德的。

（四）子女的配偶应当协助赡养老人

《老年人权益保障法》也有规定：赡养人的配偶应当协助赡养人履行赡养义务。由于城市化进程与大量失地农民的出现，农村不少男性劳动力都选择进城务工，赡养人的配偶成为赡养老年人的主要力量。

（五）不应强行将有配偶的老年人分开赡养

我国有句俗话："少是夫妻老是伴。"应该让年老的父母生活在一起，不应分开赡养。子女们如果把父母分开来供养，不管主观愿望如何，客观上往往只会使老人增添老来相离的寂寞和痛苦。

（六）老年人的婚姻自由受法律保护，不应干涉老年人离婚、再婚及婚后的生活

子女应当尊重被赡养人的婚姻自由，老年人有权离婚、携带自有财产再婚，不应该以老年人的婚姻关系发生变化为由，强占、分割、隐匿、损毁属于老人的房屋及其他财产，或者限制老人对其所有财产的使用和处分。

（七）不应以赡养为名侵占老人财产

依照相应法律，赡养老人是子女应尽的法定义务，是没有任何附加条件的，子女更不能把赡养老人作为条件，向老人索要或侵占老人财物。

（八）不得以放弃继承权或者其他理由拒绝赡养老人

赡养父母是基于身份关系给子女规定的法律义务，并不是基于财产关系而定，财产分得的多寡不是决定子女应尽多少赡养义务的标准，即使父母没有分给子女一分一厘，在他们年老丧失劳动能力的时候子女同样要履行赡养义务，否则将受到法律的追究。

五、老人赡养的方式和方法

一切有利于老年人生活和满足老年人需求的方法、途径、形式和手段都称为"赡养方式"，主要分为三种：家庭养老、社区养老和机构养老，我国以家庭养老为主体。中国是一个"以家庭为本位"的社会，其间家庭以及从中派生出的家族系统在整个社会中占有非同寻常的地位。但近年来随着家庭功能的弱化，机构养老和社区养老的地位越来越重要。

（一）家庭养老

通常是指让老年人（60岁以上的人口）通过家庭（特别是子孙后代）的赡养安度晚年的一种方式。这样的赡养通常包括经济支持或给予物质生活资料、日常生活的照顾和精神慰藉三个方面，并且通常被认为是由老年人的配偶或子女所提供。家庭养老方式是我国历史上形成并延续下来的传统养老方式。

家庭养老在我国具有悠久的社会文化根源，孝顺这种意识形态作为一种生活规范深入人心，养老的伦理观念牢固地生根于家庭，风行于社会，尊老爱老是我国优秀的文化传统。家庭养老不但有利于养老事业的完善和发展，还有利于形成积极的社会风尚：最重要的是它能使老年人在心灵上得到慰藉和安全感。中国人推崇天伦之乐，家庭是老年人生活的主要场所。在生活中，老年人与子女家庭之间的相互依赖性较大。老年人进入老年期后，很长的一段时间内，都是与子女和孙子女在相互照料的状态下生活的，老年人可以经常看到子女和家人，并进行情感上的交流；同时，由于家庭成员了解老年人的生活习惯和兴趣爱好，在生活的照顾上更全面、周到，满足了老年人在自己熟悉的环境中享受晚年之乐的需求。据调查，在我国有95％的老年人愿意住家养老，即使是孤寡老人，也有80％愿意在家养老。在他们看来，在家里生活会比较舒服和称心，而且在经济上也最理想。因此，家庭养老是被我国老年人所普遍接受的养老方式。

（二）社区养老

社区养老是指在家庭养老的基础上（主要解决经济供养问题），以社区为依托，充分利用社区现有的各种资源，使老人住在家里或家庭附近，接受社区的养老或托老服务，以满足老年人生活照料、医疗保健、精神文化、权益保障等多种需求的一种养老服务方式。其收费具有一定的福利性质，根据老人的经济条件可适当收取或无偿服务。社区是老年人的聚居地，是老年人的主要活动场所和生活空间，随着年龄的增长和身体的衰老，老年人对社区服务的需求越来越多，对社区的依附性越来越强，依托社区发展社会化养老服务不仅具有区域性、针对性、互动性、人道性等特点，而且能给人们带来认同感和归宿感。这种服务是办在家门口的，能满足老年人亲缘、地缘的心态。老年人在长期居住的社区里，街坊、邻里都彼此熟知，社区环境熟悉，"家"的场所感强烈，有利于老年人保持良好的心态，与街坊、邻里交往，促进身心健康，从而使社区老人在一种积极、活跃的精神状态中安度晚年。

（三）机构养老

机构养老是指只要按月交纳规定的费用，就可获得专门为老年人提供护理、食宿、照料的各种福利院和敬老院的照顾。机构养老能减轻年轻人照顾老人的压力，缓解家务劳动所带来的各种矛盾，使老人得到较为集中的照顾和有秩序的生活，并能在院舍中有同辈群体的交流，从心理上建立了另一种社会支持网络。养老机构主要包括以下几种形式：

1. 老年公寓

老年公寓是指具有一定数量的老年人集中居住在一起，一般具备齐全的服务设施。

2. 社会福利院

社会福利院是由市、区级民政部门投资兴建管理，主要收养无依无靠且没有生活来源的孤寡老人。

3. 养老院、敬老院

养老院、敬老院是指由街道、居委会管理的城市养老机构，一般设施比较齐全，具有一定规模，以高龄体衰而缺乏或丧失生活自理能力的老年人为主要收住对象。

4. 老年护理院

老年护理院是指由国家和集体兴办的，主要收养在身体或精神上有明显缺陷，生活无法自理而需要给予长期性医疗护理的老年人，并为老人提供住宿、饮食和医疗护理服务。

5. 其他养老机构

其他养老机构指企业单位内部兴办的养老院等养老机构，接收对象也局限在该企事业单位的职工，也提供一定的医疗保健服务。

第二节　婴幼儿照看

婴幼儿是婴儿和幼儿的统称，一般是指 0—3 岁的小孩。婴儿与幼儿是两个不同的发育阶段，婴儿期是指出生后至 1 周岁的阶段，其中出生后脐带结扎起至生后足 28 天称新生儿期；幼儿期是指 1—3 周岁的阶段。

一、婴幼儿的特点

婴幼儿在每个年龄阶段都有相对稳定和独立的特点。如：新生儿期主要是适应外界生活的时期，每天都会有变化；婴儿期是需要成人照料生活较多的时期；幼儿期是学会走路、说话，开始独立生活的时期。

（一）生长发育特点

婴幼儿是不断生长发育的个体，其生长发育有以下特点：头尾规律，头部的发育先于四肢；由近及远，先抬肩后手指活动；由粗到细，先出现粗大动作，后出现细小动作；由低级到高级，先感知后分析判断；由简单到复杂，先会发单音，后会词组和句子。婴幼儿的成长发育有一定的规律可循，但因受到内、外环境的影响，个体之间有一定的差异。影响生长发育的常见因素有遗传、营养、疾病、药物、教育、环境等。

（二）睡眠特点

睡眠对婴幼儿来说特别重要，充足的睡眠能保证身体健康，增强对疾病的抵抗能力，年龄越小睡眠的时间就越长。新生儿出生后数日内每天睡眠时间可达 20 小时左右，即除了吃奶、哭、排便外，基本上处于睡眠状态；到 6 个月时逐渐减少至大约每日 15 小时，到 12 个月婴儿睡眠减少到约 13.5 小时。幼儿期一般每晚可睡 10～12 小时。

（三）大小便特点

母乳喂养儿的大便呈黄色或金黄色，稍有酸气味，不臭、黏糊状，每天排便

3～6次；人工喂养儿的大便颜色淡黄，略干燥，质较硬，有臭气味，每天大便1～2次。添加辅食后，婴幼儿的大便则逐渐与成人相似。

婴幼儿膀胱小，肾脏功能尚不成熟，每天排尿次数多，尿量小。正常新生儿每天排尿20次左右，有的甚至半小时或十几分钟就尿一次；1岁时每天排尿约12次；2—3岁约10次。正常情况下小儿尿色呈淡黄色。

（四）体温特点

婴幼儿时期中枢神经系统调节功能比较差，体表面积相对大，皮肤汗腺发育不全，体温容易受环境的影响而发生变化。婴儿手、脚的体温较低，不能很好地反映体温的变化；婴幼儿主要是靠头部来散热的，年龄越小，头部占的比例越大，由于散热多，所以头部通常会比其他地方要暖和一些。体温测量常用3个部位，即口腔、腋窝及肛门。正常婴幼儿肛温为36.5～37.5℃，口腔温度为36.2～37.3℃，腋窝温度为35.9～37.2℃。

（五）肢体运动智能发育特点

婴幼儿运动智能，指的是婴幼儿运用整个身体或身体的一部分解决问题及熟练地控制物体的能力。婴幼儿运动智能的典型特征是能运用身体协调做各种运动和表演。婴幼儿运动智能的发展分三个时期。

1. 运动关键期

从出生至1岁，婴儿学会翻身、独立坐、爬、行走，手眼协调能力逐步提高，可以拿到自己想要的物体；初步认识到大拇指的作用，并与其他四指分工，能够掌握"握"这个动作，可以捡起一些细小的物体。

2. 运动协调期

1—2岁，幼儿身体动作更加协调，逐渐掌握原地跳、兔跳、跑、爬楼梯；手的协调动作进一步发展，开始学习使用工具，经过自己探索，模仿成人，最后能够独立简单地使用工具。

3. 运动技能学习期

2—3岁，幼儿的身体各部分动作已比较协调，能维持身体平衡和动作的准确性，能掌握大部分大动作和精细动作，也是孩子学习运动技能的最好时期。

（六）智力发育特点

婴幼儿的智力发育呈现出以下特点：

1. 学会了许多新的随意动作，如独立行走、跑、跳等，手的动作变得更精细，2岁能拿小匙吃饭，3岁会用小手串珠子，还会用笔画圈圈。

2. 口语迅速发展，不但能理解成人的言语，也能够运用语言与成人进行最简单的交流。2岁时掌握的词汇有200个左右，3岁时就可达1 000个左右。

3. 由于动作和言语的发展，幼儿开始了最初的游戏活动，同时逐步开始进行最简单的模拟活动和自我服务性劳动（吃饭、洗手、穿简单衣服等）。

4. 自我意识萌芽，智力活动带上了一点随意性，儿童开始认识自己就是自我意识的萌芽，人称代词"我"的出现是儿童认识自己的一个转折点，3岁左右的幼儿才会开始用"我"这个人称代词来表示自己，也就是说开始有了自我意识。

5. 开始出现最简单的想象，记忆的时间较婴儿期加长，但仍为"无意性"，思维处于低级阶段，为直觉行动思维。感知觉也有明显发展，如能辨别几种基本颜色等。

二、婴幼儿照看的内涵和价值

婴幼儿期是孩子成长的黄金时期，这一时期是孩子身体和智力发育最快的时期，也是可塑性最强的时期。在这个阶段，良好的照看能让孩子身体健康、心智健全、个性良好，从而为一生打下坚实的基础。

（一）良好的生活照料以及安全防护，能促进身体健康发育

良好的照看要做好婴幼儿的生活照料以及安全防护。婴幼儿正处于生长发育的旺盛期，充足舒适的睡眠和均衡的饮食对他们非常重要。在照看过程中要注意根据不同阶段婴幼儿营养的需求，及时添加营养物质，满足其生长所需。给婴幼儿营造一个没有干扰的进食氛围，并用积极的语言和目光鼓励婴幼儿进食。足够的睡眠是保证婴幼儿健康的先决条件之一，高质量的充足睡眠是维系一切正常生理机能的保障，应根据不同年龄段的婴幼儿睡眠特点给予充足睡眠。掌握婴幼儿基本急救常识与技巧，用心营造一个安全的环境也是婴幼儿照看的重要方面。

（二）良好的照看能满足婴幼儿合理的心理需要，能促进心理的健康发展

良好的婴幼儿照看要创造条件，尽量满足婴幼儿合理的心理需要，以促进婴幼儿心理的健康发展。心理学研究表明，需要是人行为产生的动力源泉，需要是情绪情感产生的基础。当人的需要得到满足时，就会产生积极的情绪体验，如高兴、愉快、兴奋等，积极愉快的情绪有利于婴儿的智力开发，可促进婴幼儿潜能的发挥，有利于活泼、开朗、信任、自信等良好个性特征的形成。当人的需要得不到满足时，人就会产生消极的情绪体验，如痛苦、失望等，如果人的合理需要长期得不到满足时，人就会产生受挫感、忧郁感和压抑感，进而影响其心理的健康发展，有的甚至还会出现一些心理行为问题。因此，为了能够更好地促进婴幼儿心理的健康发展，要努力满足他们合理的心理需要。

（三）良好的照看能促进婴幼儿形成正确的道德观念

良好的照看是婴幼儿形成正确道德观念的保证。婴幼儿也有强烈的道德观，如同情心、责任感、互助感等。这个时期的儿童已能关心别人的情绪和处境，因他人高兴而高兴，因他人难受而难受，并想到要安慰和帮助别人。当自己和别人的言行符合道德规范受到表扬时，婴幼儿便产生高兴、满足和自豪的情感体验；当自己和别人的言行不符合道德规范受到批评时，婴幼儿便产生羞愧、难受和内疚的情绪体验。他们这些丰富的情绪、深刻的感受、强大的情感基础是他们成年后能够冷静、平和和成熟思考道德问题的基础。

（四）良好的照看能促进婴幼儿语言能力的发展

良好的婴幼儿照看需要遵循婴幼儿自身的规律，借助各种良性刺激，来激发婴幼儿的语言潜能。0—3岁是语言发展的关键期。语言既是思维和沟通的重要工具，也是智力发展的一个显著标志。孩子从出生起的3年内，大脑发育进步神速，其中语言能力的发展是孩子身心发展的重中之重。良好的照看能够帮助婴幼儿度过语言发展期，让其快乐地成长，感受语言的力量和生活的乐趣。激发婴幼儿说话的欲望，鼓励婴幼儿表达，对婴幼儿的思维发展和性格培养都是有利的。

三、婴幼儿照看的内容

婴幼儿照看包括日常照看和日常活动的照看两个部分。

(一) 日常照看

日常照看包括合理喂养、睡眠的照料、大小便的照料、沐浴、穿脱衣服和更换尿布。

1. 合理喂养

婴幼儿在生长发育过程中需要充足的营养供给，常见的喂养方式有母乳喂养、人工喂养、混合喂养和辅食的添加。家政护理人员应掌握婴幼儿喂养知识，保证婴幼儿的营养供给，促进婴幼儿健康成长。

(1) 母乳喂养

母乳喂养是指用母亲的乳汁喂养婴儿的方式。母乳是最为理想的食物，不仅纯天然，而且营养物质丰富，比例适合，更易于宝宝消化吸收。喂母乳时，可使母亲与婴儿同时享受身体的温暖，是一种身体与感情的结合，也利于培养日后家庭的亲情及安全感。

(2) 人工喂养

人工喂养是当母亲因各种原因不能哺乳婴儿时，可选用牛奶、羊奶，或其他代乳品喂养婴儿，这些统称为人工喂养。人工喂养需要适量而定，否则不利于婴儿发育。

(3) 混合喂养

母乳不足的时候需要添加牛奶、羊奶或者其他代乳品进行喂养，以维持婴儿正常的生长发育，称为混合喂养。混合喂养虽然不如母乳喂养好，但在一定程度上能保证母亲的乳房按时受到婴儿吸吮的刺激，从而维持乳汁的正常分泌，婴儿每天能吃到2~3次母乳，对婴儿的健康仍然有很多好处。混合喂养每次补充其他乳类的数量应根据母乳缺少的程度来定，原则是以婴儿吃饱为宜。

(4) 辅食的添加

在婴儿阶段，母乳是最理想的食物，但从大约4个月开始，光吃母乳或者婴儿配方奶已经无法满足其营养需求。因此从这个时间段开始还应补充一些固体食物，这就是辅食。辅食包括米粉、泥湖状食品以及其他的一些家制食品。添加辅食应遵循从一种到多种、从稀到稠、从细小到粗大、从少量到多量的原则。

2. 睡眠的照料

人在睡眠时生长激素分泌旺盛，这种生长激素正是使婴幼儿得以发育、功能得到完善的重要因素。婴幼儿时期多睡对生长发育有很大的好处。

（1）睡觉前

卧室要开窗通风，根据气温增减被褥。晚饭后进行安静的活动，不宜过分喧闹，严禁看或听恐怖图画故事；到睡觉时间以和蔼的语言提醒孩子收拾玩具、书等，洗温水澡或洗脸、手、臀部；刷牙漱口、换睡衣，排尿后上床，自动入睡。

（2）睡觉时

婴幼儿熟睡后，拉上窗帘，光线稍暗，保持室内通风。注意婴幼儿的睡姿、脸色，注意被子有否捂住口鼻造成窒息，避免意外的发生。1岁后夜间可不再喂奶或者水。

3. 大小便的照料

培养良好的大小便习惯，有利于帮助婴幼儿建立健康的行为和生活方式。尿布湿了要及时更换，大便后要及时清洗，预防尿布疹。训练婴幼儿大小便就是要建立有关的条件反射。一般从婴幼儿会坐起，在固定的时间训练婴幼儿坐便盆，每次时间不要超过5分钟，一般经过1～2个月婴幼儿会慢慢适应，逐步形成条件反射。3岁时可训练婴幼儿自己脱下裤子，坐盆大小便并训练自己擦屁股。

4. 沐浴

每次洗澡的时间宜在两次喂养之间，避免婴幼儿喂奶前过度饥饿及喂奶后洗澡发生溢奶。沐浴方法如下：

（1）洗净双手，准备好婴幼儿浴后要用的大浴巾、衣服及纸尿裤或尿布。

（2）为了避免婴幼儿烫伤，先往浴盆中放冷水，然后再放热水；适宜的水温为37～40℃，室温22℃左右。

（3）让婴幼儿仰卧在妈妈怀里，妈妈用左臂夹住婴幼儿的身体，并以左手掌托住婴幼儿的后脑勺，左手拇指和食指将婴幼儿的耳朵盖住，以防洗澡水进入耳道，帮助婴幼儿洗脸和洗头。

（4）把婴幼儿放入有防滑带的浴盆中，以左手和左手臂扶持，右手用浸湿的小毛巾清洗肌肤，清洗顺序为：颈部、腋下、上身、下身、会阴部、臀部；可先在肌肤上抹上婴儿浴液，擦洗后用清水冲掉。

（5）清洗婴幼儿背部时可把婴幼儿身体从左手臂翻向右手臂，用左手往背上淋水，再涂上浴液轻轻洗干净。

（6）从浴盆中抱出清洗完毕的婴幼儿，放在大浴巾上，擦干身体。

5. 穿脱衣服

婴幼儿的衣服以柔软、浅色、容易洗涤的全棉衣料为好。衣服不宜有大纽扣、拉链、扣环、别针之类的东西，以防损伤婴幼儿皮肤或吞到胃中。

婴幼儿穿脱衣服方法如下：

（1）穿衣服

先穿内衣后穿外衣，穿完上衣再穿下衣。如果是套头衣服，则要先将衣服卷成一个圈撑着领口，从头部套下来，然后再穿袖子。

（2）脱衣服

先脱下裤子或尿布，再脱上身的外衣及内衣等；如果是套头的衣服，要先脱下袖子，然后将衣服圈成一个圈，撑着领口从前面穿过婴儿的前额和鼻子再穿过头的后部脱下。

6. 更换尿布

给婴幼儿换纸尿裤前的准备工作：洗手并擦干，准备好所有物品，包括干净的纸尿裤、充足的湿纸巾或湿毛巾。更换尿布的方法：

（1）双手握住婴幼儿的双腿，将其高抬，使婴幼儿的臀部稍稍离开尿布，迅速撤换尿布。

（2）用柔软的棉签或护肤柔湿巾轻轻擦拭婴幼儿的会阴部和臀部。由于女孩特殊的生理特点，在为其擦洗会阴部的时候，正确的方法应是由前向后，以减少污物进入阴道。而男孩则确保所有皱折处都清洁到。同时为了避免在更换尿布过程中婴幼儿发生小便，可使用柔软的纸巾将婴幼儿的阴茎暂时包裹起来，更换后再将纸巾拿开。

（3）让婴幼儿的屁股自然晾干，或者用一块干净的布轻轻拍干。如果需要治疗或者预防尿布疹，可以给婴幼儿抹上尿布疹膏或者凡士林。

（二）日常活动

1. 室内活动安全

（1）防滑

地板砖要及时擦干水或油渍，以防滑倒，特别注意厨房、卫生间、浴缸和楼梯等处。

（2）防摔

登高拿东西需大人保护或帮助。在床、沙发周边等小孩经常爬高爬低的地面做简单的软化处理（如铺上地板胶或泡沫垫），防止小孩摔伤。小孩穿的鞋底一定要防滑。

（3）防磕碰

不要让婴幼儿在床上、地上翻跟头、蹦跳。因空间有限，居室狭窄，很容易碰伤、撞伤。也有必要对家具、墙的棱角进行软化处理。例如，用防撞角、防撞条对家具棱角、墙角进行包边、包角处理，以起到防护效果。

（4）防坠落

住楼房，特别是三层以上，不要让宝宝从窗户、阳台往下探身，以防不慎坠落。有条件的家庭可在阳台、飘窗等婴幼儿容易攀爬的地方安装安全防护网，建立一道安全屏障。

（5）防扎伤

不要让婴幼儿拿棍棒在屋内打逗；使用刀、剪、锥子等工具时，要注意安全，不要随便乱放，勿让婴幼儿触及。

（6）防夹手

婴幼儿身高不够，不是很习惯拉门的把手关门，而是拉门边，这样往往容易夹伤手指。房门、柜门、抽屉等开关时，都容易夹手。

（7）防烫伤和中毒

各种药品、爽身粉、洗涤剂、消毒剂、开水，各种引火器具，以及一些较为贵重物品等，一定要存放于婴幼儿绝对摸不到的地方。给婴幼儿洗澡时，要先放凉水，再放热水，以免疏忽导致孩子被烫伤。

（8）防电伤

婴幼儿够得着的插座，要用桌子、沙发或插座安全防护盖遮挡起来，电线要用专用固定钉或捆扎带、胶布固定起来，避免婴幼儿触电。

（9）防窒息

绝对禁止让婴幼儿独自一人进食花生、瓜子、带核果品、带刺（骨）食品、各种豆类等。此类小件食品要存放在婴幼儿触摸不到的地方。

2.室外活动安全

（1）公共场所安全防范

进入公共场所要随时在婴幼儿身边，并牵牢婴幼儿的手，保证婴幼儿时刻不离左右；过马路时，要等到绿灯亮时再带他通过或推婴儿车通过，且走人行横道、地下通道或过街天桥；领婴幼儿过马路时一定要牵住婴幼儿的手，绝对不能让他自己过马路，绝对禁止靠近马路边游戏；要培养婴幼儿不随便捡拾杂物的习惯，要远离污染区、危险区；在乘坐电梯、公共电汽车、火车、地铁等的时候，一定要牵住婴幼儿的手或抱着他；严禁将婴幼儿独自留在公共场所中游戏，更不能把婴幼儿托付给陌生人看管。

（2）室外游戏区安全防护

婴幼儿进入草坪与游戏区域玩耍时，一定要先检查是否安全、卫生，是否有锐利物突出、玻璃碎片或可入口小件物品，并确保这些场所无危险物品；检查游戏物品是否牢固，保证没有松脱的螺栓或钳夹物，秋千的绳子或铁链牢固；当婴幼儿游戏时，必须随时保持警惕，注意婴幼儿企图吃草、树叶、泥土、蠕虫等杂物的动作；不管在什么情况下，都不能让婴幼儿独自戏水。

3.玩具安全

（1）婴幼儿玩具不可以是尖锐，容易破碎、裂开或小得可以吞下的；不能带有长线或长绳，必须避免缠绕；儿童玩具应无毒，非以铅质为底的油漆类。

（2）婴幼儿玩具重量应轻，木制玩具必须光滑。

（3）不能让婴幼儿玩长发披肩的娃娃，或内有填塞物可能会被孩子掏出的玩具，内部有铁丝、长钉或灌有液体物质的玩具不能让婴幼儿玩。

（4）不可让婴幼儿玩能发出高噪声的玩具，以免惊吓了孩子，甚至造成孩子听力障碍。可以抛射的玩具，如标枪、飞盘等不能让婴幼儿玩，以免伤其眼睛。

（5）婴儿玩具应做到随玩随取，玩后随时收拾。

四、婴幼儿照看的基本原则

（一）婴儿期

婴儿期是生长发育最快的时期，所需要的热量和蛋白质比成人相对要高，自身免疫功能尚未发育成熟，抗感染能力较弱，易患各种感染性疾病和传染性疾病。因此，应提倡母乳喂养，指导及时合理地添加辅食，定期进行体格检查；同时要做好计划免疫和常见病、多发病、传染病的防治工作。

（二）幼儿期

幼儿期是语言、思维、动作和社会交往能力发育较快的时期，幼儿对危险的识别和自我保护能力尚不足，易发生各种意外伤害。要根据此期特点，有目的、有计划地进行早期教育，预防意外伤害的发生，培养幼儿良好的卫生习惯，加强断乳后的营养指导，注意幼儿口腔卫生，定期进行体格检查，继续做好计划免疫和常见病、多发病、传染病的防治工作。

第三节　孕、产妇照护

孕、产期包括孕期和产褥期，是女性一生中特殊的时期。孕期即妊娠期，是指胎儿在母体内发育成长的过程，从卵子受精开始至胎儿母体娩出为止，共 40 周。产期即产褥期，是指从胎盘娩出至产妇全身各器官除乳腺外，恢复或接近正常未孕状态的一段时期，一般为 6 周。

一、孕、产妇的特点

（一）孕妇的特点

孕期为了适应胎儿生长发育和分娩的需要，在胎盘产生的激素的作用下，孕妇体内各系统会发生一系列适应性的变化，具有一定的生理与心理特点。

1. 生理特点

（1）子宫增大

最早出现的症状为停经，接着阴道壁及子宫颈会充血、变软、呈紫蓝色，子宫体逐渐增大；阴道分泌物增多，呈糊状；外阴局部充血，皮肤增厚，大小阴唇有色素沉着。

（2）乳房增大

妊娠早期乳房开始增大，孕妇自觉乳房发胀。乳头增大、着色，乳晕周围着色，有散在的小结节。在妊娠晚期，可有稀薄黄色液体从乳头溢出。

（3）心率加快、血容量增加

妊娠后期心率每分钟约增加 10～15 次，血容量约增加 35％，易出现生理性贫血，可出现仰卧位低血压综合征（妊娠晚期孕妇取仰卧位时，出现头晕、恶心、呕吐、胸闷、面色苍白、出冷汗、心跳加快及不同程度血压下降，当转为侧卧位后，上述症状即减轻或消失）。

（4）肾脏负担加重，尿量增加

妊娠期肾脏略增大，肾血流量及肾小球滤过率较高，孕妇及胎儿代谢产物增加，肾脏负担加重，仰卧位尿量增加，夜尿量多于白天。在妊娠的早、晚期，增大的子宫在盆腔内压迫膀胱而引起尿频。

（5）呼吸方式改变，易发生感染

妊娠耗氧量增加，子宫增大，腹肌活动幅度减少，呼吸方式由腹式呼吸逐步转为胸腹式呼吸。呼吸道黏膜充血、水肿，且膈肌上抬，孕妇可感呼吸困难，容易发生感染。

（6）早孕反应

约半数孕妇在早期可出现早孕反应，即在停经 6 周左右，出现晨起恶心、呕吐、食欲缺乏、喜欢吃酸物或偏食的症状，一般于妊娠 12 周后症状会自动消失。

（7）其他

皮肤变化，孕期妇女面部会出现蝶形分布的褐色斑，称妊娠斑；随着子宫的增大，腹壁皮肤出现紫色或淡红色的裂纹，称为妊娠纹。体内矿物质变化，胎儿的生长发育需要大量的钙、磷、铁，母体钙磷的缺乏易导致下肢痉挛，表现为腿抽筋。

2. 心理特点

怀孕对于个人和家庭而言是重大事件，孕妇及家庭成员的心理会随着妊娠的进展而变化。受环境、文化背景、个人经历、家人等因素的影响，孕妇会有不同的心理反应，常见的心理反应有惊讶和震惊、矛盾、接受、情绪波动和内省。如在怀孕初期，几乎所有的孕妇都会产生惊讶和震惊的反应，可能会出现爱恨交加的矛盾心理，表现为易激动、易怒、易哭泣。照护者应及时了解孕妇的心理状态，给予适宜的指导，让孕妇适应妊娠期的变化。

（二）产妇的特点

"十月怀胎，一朝分娩"，十月怀胎的辛苦以及临产前的阵痛让每个妈妈终生难忘，随着孩子的诞生，除了当妈妈的喜悦，产妇也将面临产后生理和心理变化带来的一些问题。

1. 生理特点

（1）子宫逐步复旧

子宫复旧是指子宫体的复旧、子宫内膜的再生和子宫颈的复原，一般需要 6 周。而产后残存在子宫内的蜕膜会逐渐变性、坏死、脱落自阴道排出，这些排出物则为恶露，一般 3～4 周干净。产妇经阴道分娩后（顺产），阴道壁松弛，肌张力低下，至产褥期结束后不能完全恢复至未孕时的紧张度；外阴轻度水肿，在产后 2～3 天将自行消退。

（2）乳房分泌乳汁

一般而言，产妇都能分泌乳汁，分泌量与婴儿吸吮的频率、产妇的营养、睡眠、情绪及健康状况有关，其中，婴儿的吸吮频率最为重要。若未及时哺乳，产妇则会有胀痛感，如果乳房护理不良或哺乳方法不当，容易发生乳房皲裂。

（3）易发生便秘

由于产后肠蠕动减弱，加上卧床时间长，易发生便秘和肠胀气。

（4）尿量增加

妊娠期体内存留的大量水分在产后主要由肾脏排出，所以在产后 1 周，尿量会增多。在分娩过程中，由于膀胱受压，加上产后会阴伤口疼痛等原因，产妇容易发生尿潴留。

（5）排卵逐步恢复

排卵的恢复与月经的复潮受哺乳的影响。未哺乳的产妇在产后 6～10 周会恢复月经，哺乳期的产妇会延迟恢复，平均在产后 4～6 个月恢复排卵。因此，产后要注意避孕。

（6）其他

产后腹壁会明显松弛，紧张度约需 6～8 周恢复。腹部的妊娠纹逐渐消退，呈银白色（初产妇）。

2. 心理特点

新生命的到来，给产妇带来了希望、幸福及满足感，但由于其产后角色的改变，还需要抚育婴儿，心理压力较大，也会带来一些负面情绪，如失眠、失望、抑郁等表现。常见的一种心理障碍为产后抑郁症，一般在产后第 1 天至第 6 周之间发生，表现为注意力无法集中、健忘、心情不平静、时常哭泣或掉泪、依赖、焦虑、疲倦、伤心、易怒易躁、无法忍受挫折、负向思考方式等。根据鲁宾研究结果，产褥期妇女的心理调适过程一般经历 3 个时期：依赖期（产后前 3 日）、依赖—独立期（产后

3～14 日）和独立期（产后 2 周至 1 个月）。

二、孕、产妇照护的内涵和价值

（一）孕妇照护的内涵和价值

1. 良好的照护有利于胎儿的生长发育

胎儿的生长发育所需要的所有营养素均来自母体，同时母体还需要为分娩和分泌乳汁储备营养素，因此保证孕妇孕期的生理与心理健康对于胎儿的健康具有重要的意义。

2. 良好的照护有助于孕妇顺利度过妊娠期

由于孕期特殊的生理、心理变化，孕妇更需要来自家庭的理解与照顾，因此为孕妇提供科学、合理、全面的家庭护理，对保障孕妇及胎儿顺利度过妊娠期具有一定的现实意义。

（二）产妇护理的内涵和价值

1. 良好的照护有利于产妇身体的恢复

妇女经过怀孕、生产，生理和心理都发生巨大变化，分娩后，产妇身体各个方面都很虚弱，良好的照护有助于其快速、安全、健康的修复。

2. 良好的照护有益于新生婴儿的成长

产褥期对妇女及家庭而言，是一个重要的转折期。初为人母，她们会经历强烈的生理和情感体验，还需要照顾新生婴儿以适应新的角色。良好的产后照护有助于产妇的亲子行为和婴儿的健康。

3. 良好的照护有助于母乳喂养的成功

母乳喂养对新生儿的成长、母子感情的建立、母体自身的恢复及降低乳腺疾病的发生率均有重要的意义。而成功的母乳喂养，除了正确的喂养技巧，还依赖于良好的家庭照护。

因此，提供科学、合理的家庭照护显得尤为重要，对产妇的恢复及家庭的适应具有重要的意义，也有助于家庭功能的建立、产妇的心理调适、亲子行为的建立、婴儿的健康和母乳喂养的成功。

三、孕、产妇照护的内容和基本原则

（一）孕妇照护的主要内容

孕妇的健康不仅关系到其自身的身体健康与生活质量，还关系到胎儿的正常发育与生长，照护者应从孕妇生活起居等多个方面提供照护，主要包括健康生活方式的指导、用药的指导、常见症状及并发症的应对与识别、家庭自我监护、乳房的护理、胎教的指导、心理的指导及分娩准备的指导。

（二）产妇照护的主要内容

与孕期相比，产妇照护的内容有所不同。根据产妇的特点，照护的重点在于"月子"期的起居、产后的恢复、喂养的指导和心理的护理，以帮助其尽快地适应角色，减少产后并发症的发生。

（三）孕、产妇照护的基本原则

孕、产期对妇女、家庭而言，是一个重要的转折时期，在这一特殊时期，她们需要适应新的角色和家庭模式的改变。家庭照护的内容不外乎衣、食、住、行，照护的基本原则如下：

1. 合理营养

每天应该摄入丰富均衡的营养，多吃含铁丰富、高蛋白、高维生素的食物，注意荤素兼备、粗细搭配、品种多样化。

2. 适当运动与规律作息

孕、产妇需要适当运动，运动时间不宜过长，运动方式不宜剧烈，以不引起疲劳为度，运动期间应注意安全。其次，作息要规律，保证充足的睡眠，夜间应有8～9小时的睡眠，午间也应有1～2小时的休息。

3. 保持情绪稳定

由于孕、产期特殊的生理和心理特点及角色的改变，大部分孕、产妇都存在着活动无耐力、焦虑、睡眠形态紊乱、知识缺乏等问题，所以照护者要及时了解她们的心理状况，帮助其排除心理压力。

4. 规律的检查

根据国家孕、产妇保健管理的要求，孕、产期的妇女要定期去医疗机构进行健康检查。检查的具体时间为：从确诊早孕开始，孕 28 周以前，每月一次产检；孕 28 周后，每半个月一次产检；孕 36 周后，每周一次产检；产后 42～56 天一次进行一次产检。

5. 有效的自我监测

除了指导对孕、产妇定期进行检查外，照护者还要协助孕、产妇及家属进行自我检查。孕期自我监测的内容包括胎动计数、测量体重、测量宫底高度及腹围、听胎心、测量血压、常见并发症及临产的识别；产期主要指导孕妇识别异常恶露，监测外阴伤口或腹部切口的愈合情况。

6. 适宜的指导

（1）胎教指导

研究表明，适宜的胎教可以促进胎儿宫内的良好发育，增进母子的感情。这就要求照护者了解胎教的方法，根据胎儿不同时期的发育特点采用适宜胎教方式。

（2）母乳喂养指导

母乳是婴儿理想的天然食物，它不仅能提供给宝宝所需要的各种营养物质，而且可以增强宝宝对疾病的抵抗力，也有利于母亲产后康复。世界卫生组织也提倡 6 个月以内的宝宝母乳喂养率要超过 80%。鉴于此，照护者在孕期就要宣传母乳喂养的优点和增强母乳喂养的信心，做好乳房护理的指导，如乳房按摩、纠正乳头扁平或凹陷等。产褥期则主要进行母乳喂养技巧的指导，如正确的哺乳方法、哺乳的时间、挤奶的技术等等。

7. 鼓励家属参与

在照护过程当中应以孕妇和家属为单位，强调孕妇和家属的参与，帮助孕妇及家属做好分娩前的生理、心理和物品准备，共同迎接新生命的到来。

第四节　病人护理

病人指患有疾病的人。疾病是机体在一定病因的损害性作用下，因自稳调节紊乱而发生的异常生命活动过程。应对疾病，医学讲究"三分治疗，七分护理"。在医疗资源相对缺乏而人们对健康需求又不断增加的当今社会，"七分护理"不再局限于医院护士提供的专业护理，居住在家的病人也应得到简单易行、安全有效的护理，从而提高病人的治疗效果和生活质量。

一、病人的种类和特点

医学上根据疾病的特点对病人有不同的分类方法，比如根据病情的轻重可以分为轻症病人和危重病人，根据发病的缓急可以分为慢性病病人和急症病人，根据疾病的治疗方法可以分为内科病人和外科病人等。根据以上分类方法，结合需在家庭环境中疗养的病人的特点，一般可以将居家病人分为五类（见表6—1）。

表6—1   居家病人分类及特点

居家病人种类	主要特点
1. 慢性病病人	指不构成传染、病情持续时间长、发展缓慢的疾病，常见的慢性病有高血压、冠心病、脑卒中、糖尿病、恶性肿瘤等。慢性病起病隐匿、病因复杂、病程长且治疗效果不显著，并发症发病率高，易造成伤残，严重影响病人的劳动能力和生活质量。慢性病通常也是终身性疾病，需要长期管理，如定期体检、戒除不良习惯、改善饮食结构、选择合理的生活方式等
2. 长期卧床病人	指由于脑血管意外、脊椎病变、下肢骨折或严重的心肺疾病等导致需长时间卧床的一类特殊病人。这类病人由于长期卧床、活动减少，导致免疫力降低，极易出现关节僵硬、失用性肌肉萎缩、压疮、尿路感染、静脉血栓、坠积性肺炎等并发症，需采取有效的护理措施，预防或延缓并发症的发生
3. 手术后病人	指已经在医院接受专业的手术治疗，出院后病情已稳定但还需继续治疗或康复的病人。护理的要点是执行医院医生和护士交代的出院指导
4. 传染病病人	指由病毒、细菌、寄生虫等感染人体后产生的具有传染性，在一定条件下可流行的疾病。家庭中常见的传染病病人有流行性感冒、病毒性肝炎（甲肝、乙肝、丙肝）、肺结核、手足口病等患者。对于该类病人，除了根据病种提供护理外，还应做好居住环境的清洁消毒和自我及家庭其他成员的防护工作
5. 临终患者	临终者主要是各类疾病的晚期患者，疾病治愈无望，患者希望住在家里与家人度过最后的时光。临终阶段是生命的最后阶段，各种迹象显示生命活动即将终结的状态。护理的目的是最大限度地减轻临终者临终前的生理和心理反应，维护其尊严，提高生命质量，使临终患者能够少痛苦、安详、有尊严地走完人生的最后旅程

二、病人护理的内涵和价值

对居家病人的护理不再是单纯地生活照顾，而是为病人提供连续的、系统的、专业的护理服务，使个人、家庭、社会都能从中受益。

（一）病人方面

从病人方面讲，在家庭中良好地照顾病人，第一，可以使病人享受系统性、连续性、专业性护理，控制并发症，降低疾病复发率及再住院率；第二，病人能享有正常的家庭生活，从家庭中获得归属感与安全感；第三，可缩短住院时间，方便日常起居，提高个人生活质量。

（二）家庭方面

从家庭方面讲，护理居家病人，第一，能减少家属在医院与家庭间的来回奔波；第二，节省住院费用，减轻家庭经济负担；第三，向家庭成员传输防病知识，影响家庭健康观念，有助于控制疾病的发生、发展及传播；第四，促进家庭成员间的情感支持，有利于家庭的和睦稳定。

（三）社会方面

护理居家病人可以节约医疗资源，可加快医院病床的周转率，降低社会的医疗负担。

三、病人护理的内容

（一）慢性病病人的护理

1. 健康指导

做好健康指导，促使病人形成健康的生活方式：起居规律，戒烟酒，科学的饮食和运动，控制体重，保持心情愉悦。

2. 监测身体状况

根据情况监测血压、脉搏、血糖等，学会识别异常情况。

3. 康复训练

进行康复训练，促进其功能的恢复。

4. 合理用药

合理用药，观察并应对不良反应。

5. 创造安全环境

提供安全的生活环境和设施，防止意外。

6. 给予心理支持

掌握病人的心理特征，给予病人心理情感支持，帮助病人树立战胜疾病的信心。

(二) 长期卧床病人的护理

1. 协助病人的日常生活，如在床上刷牙、漱口、洗脸、梳发，为其进行床上洗头、床上擦浴、会阴部护理等。

2. 掌握协助病人翻身的技巧，熟练使用轮椅护送病人。

3. 防止各种并发症的出现，例如采取预防压疮和促进病人咳痰的措施，进行肢体的功能锻炼等。

4. 教会并鼓励病人做力所能及的事，增强日常生活的自我照顾能力。

5. 安慰、鼓励病人，减轻病人的自卑心理和消极情绪。

(三) 手术后病人的护理

严格按照医生和护士交代的出院指导和注意事项护理手术后病人，例如提供营养丰富、易消化的饮食，合理安排休息、活动与功能锻炼，按照医嘱协助病人服药和如期复查，做好伤口的观察与护理等。

(四) 传染病病人的护理

1. 根据病种进行相关疾病的护理，例如肺结核病人体质较虚弱，应加强营养，戒烟酒，避免被动吸烟；流感病人高热时给予物理降温，多饮水；病毒性肝炎病人应遵医嘱服用保肝类药物，不滥用药物。

2. 采用消毒和隔离的方法切断传染病的传播途径，保障家庭其他成员的健康。常用的消毒方法有开窗通风法、食醋熏蒸法、煮沸消毒法、浸泡消毒法等，隔离的方法是将传染源安置在指定地点，暂时避免与周围人群接触。

（五）临终患者的护理

1. 为临终患者提供全方位的生活照顾，减轻疼痛及其他不适，让患者感觉舒适，有足够的时间精力处理未尽心愿。

2. 注重患者的心理反应，及时给予心理疏导和鼓励支持，帮助患者从死亡恐惧与不安中解脱出来。

3. 关心、安抚家属，帮助家属度过悲伤期。

四、病人护理的基本原则

（一）尊重原则

尊重是指维护人的尊严，礼貌待人，不损害他人人格以及维护和尊重每个人的权利。在护理病人的过程中，只有尊重病人的人格和权利，才能赢得他们的信赖和尊重，才能建立起融洽的、相互配合的关系。

1. 尊重病人的人格

每个人都有自身的价值、人格尊严及权利，它们不会因为个体患病而被否定。护理病人的人员应具有爱心、耐心及同情心，尊重病人的人格和尊严，这是与病人建立良好关系的基础，也能更好地促进病人的身心健康。

2. 尊重病人的自主权

自主权即个体做自我决定的权利。在护理病人的过程中，应尊重病人对有关自己护理问题的自由决定和行动，这是取得病人配合的基础。

3. 保守病人的秘密和隐私

病人的秘密和隐私指在护理过程中所获得有关其家庭生活、生理特征、不良诊断和预后等与他人和社会公共利益无关的信息。不经病人本人同意，不能随便将信息透露给其他无关人员。在实施护理的过程中，应尽量减少病人身体的暴露。

（二）有利原则

有利原则强调在护理病人的实践中，一切从维护病人的利益角度出发，努力使病人多受益。例如：有的慢性病病人因体质虚弱不愿下床活动，但适当的活动有利于促进全身血液循环，预防血栓形成；可以促进胃肠蠕动，增进食欲。因此适当下床活动对病人的康复有利，照护者应当鼓励、协助病人下床活动。

（三）实效原则

实效指的是护理方法具有可行性和可操作性，不能"纸上谈兵"。在家庭环境中护理病人，由于受到场地、设备、医学知识等因素的制约，有时不能像医院那样提供专业的护理措施。但照护者可以结合有利原则，在有限的资源下尽可能为病人提供有实效价值的护理措施。例如：长期卧床的病人需要经常变换体位，家庭中没有可以摇高床头的病床，也没有专业的体位垫，照护者可以发挥聪明才智自制适合病人半卧位和侧卧位的床上设施。

（四）参与原则

参与是指鼓励病人及家庭成员共同参与家庭护理、保健计划的制订与实施。参与原则能促进病人及家庭成员与照护者的合作，能使他们正确认识疾病，增强保健意识，形成健康的行为方式，获得幸福的家庭生活。

五、病人护理的方式和方法

（一）日常生活护理

1. 创建适宜疗养的居住环境

适宜的室内温度为 $18\sim22℃$、湿度为 $50\%\sim60\%$，室内最好配有温、湿度计，以便观察和调节。居室要经常通风以保证室内空气新鲜，经常开启门窗使日光直接射入室内，或协助病人到户外接受适当的日光直接照射。为病人创造安静的休息环境，照护者做到说话轻、走路轻、开关门窗轻、取放物品轻。室内陈设应尽量简洁，日常生活用品应定位放置，以免发生磕碰、绊倒。为长期卧床病人进行各项护理活动时，较高的床较为合适，床的两边应有活动的护栏；对于能离床活动的病人来说，床的高度以离地面50厘米为宜。

2. 保持清洁，增进舒适

清洁是人类最基本的生理需要之一，使人拥有自信和自尊，感觉舒适，心情轻松愉快。

（1）对于有自理能力的一般病人，应鼓励或协助其早晚刷牙、梳理头发，经常沐浴或擦洗身体。沐浴应选择在饭后 2 小时左右进行，饱食或空腹均不宜沐浴。水温以 40℃左右为宜，沐浴时间以 10～15 分钟为宜，以免时间过长发生胸闷、晕厥等意外。体质较弱的病人沐浴最好有家人陪伴，单独沐浴时，不要锁浴室门，出现紧急情况时家人可及时提供帮助。

（2）对于长期卧床病人，可协助其在床上刷牙、漱口、洗脸、梳发，为其进行床上洗头、床上擦浴、会阴部护理等。会阴护理主要是针对长期卧床、生活不能自理的病人，通过会阴擦洗、冲洗会阴达到预防和减少生殖系统和泌尿系统感染的目的。擦洗过程，注意保护病人隐私，并注意保暖。①会阴擦洗时，臀部下面垫块毛巾或一次性中单，操作者戴一次性手套，最好用棉球擦拭，每个棉球限用一次。女性患者擦洗顺序：由上往下，由外向内，依次擦洗阴阜、大腿内上 1/3、大阴唇、小阴唇、尿道口、阴道口和肛门。男性患者擦洗顺序：阴阜、阴茎（尿道口、龟头、阴茎下部）、阴囊、肛门。②温水冲洗时，将便盆置于患者臀下，一只手持水壶冲洗，另一只手持长棉签按相同顺序擦拭会阴各部；冲洗后擦干会阴部，撤去便盆。

3. 衣着卫生

病人的服装选择，首先应考虑实用性，即是否有利于人体的健康及穿脱方便。例如支气管哮喘病人不宜穿化纤织品，因为化纤织物中有些成分可能成为过敏源，诱发哮喘发作。衣服的款式不仅要适合其个性以及社会活动，还要考虑安全舒适因素，例如避免裙子或裤子过长以防绊倒，避免衣裤过紧以防压迫胸腹部。对于生活不能自理或部分自理的病人，应协助病人更衣。

（1）脱衣

1）脱开襟上衣时，先协助患者脱下近侧或健侧的衣袖，然后协助患者略微侧卧，将脱下的衣袖塞入背下至另一侧，再协助患者脱下另一侧的衣袖。

2）脱套头上衣时，先协助患者脱下近侧或健侧的衣袖，再协助其脱下另一侧的衣袖，最后从头颈部将整件衣服脱下。

（2）穿衣

1）穿开襟衣服时，先协助患者穿上远侧或患侧衣袖，使患者侧身面向自己，将背部衣服整理后，再协助患者平卧，最后协助其穿上近侧或健侧的衣袖。

2）穿套头上衣时，先协助患者两手同时伸进衣袖，或先穿患侧再穿健侧衣袖，最后从头部套下衣服，将衣服向下拉平。

4. 饮食护理

饮食护理的基本原则：食物多样化，搭配合理，营养平衡；选择低脂肪、低胆固醇、低盐饮食，保证足够的优质蛋白，摄入足量的水果蔬菜，减少浓茶、咖啡、含糖量高的饮料的摄入；保持健康的体重，标准体重的计算公式：男性为（身高厘米数－100）×0.9，女性为（身高厘米数－100）×0.85；进食要有规律，定时定量，忌暴饮暴食，胃肠功能欠佳的病人宜少量多餐；合理烹调，保证食物易消化吸收，忌油炸、油煎食物；鼓励生活能自理的病人自行进食，对于特殊病人，应根据情况提供协助。

5. 排泄护理

排泄的主要方式是排尿和排便，病人常见的排泄问题有便秘、大便失禁、尿失禁等，具体护理方法如下：

（1）卧床病人便秘的护理

1）指导病人多食水果、蔬菜等含纤维素丰富的食物，增加每日饮水量，养成定时排便的好习惯。

2）发生便秘时采用简易通便术。病人取左侧卧位，暴露肛门。操作者戴手套，剪开开塞露顶端，剪开处尽量光滑、无锐角。先挤出少许药液润滑开口处，将开塞露细长的颈部轻轻地全部插入肛门，将药液全部挤入，嘱患者保留5～10分钟后排便。

（2）卧床病人大便失禁的护理

1）床上铺隔尿垫或使用纸尿裤，每次便后用温水洗净肛周和臀部皮肤，保持皮肤清洁干燥。

2）每隔数小时置便器促使患者按时自己排便。给便器法：帮助患者脱裤、屈膝，一只手托起患者腰骶部，同时嘱其抬高臀部，另一只手将便器置于臀下，便器较窄端朝下肢方向。如果患者不能配合，先帮助患者侧卧，放置便器后，一只手扶住便器，另一只手帮助患者恢复平卧位。

3）指导患者试做排便动作，先慢慢收缩肌肉，然后再慢慢放松，每次10秒左右，连续10次，每次20～30分钟，每天数次进行肛门括约肌及盆底部肌肉收缩锻炼。

（3）卧床病人小便护理

如无禁忌，患者每天饮水量不少于1 500毫升。有尿意即协助排尿，如有尿意解不出时，可让患者听流水声，下腹部热敷并予轻轻按摩，或更换体位，促进其排尿。使用便器接尿后给予擦净，必要时予以温水洗净擦干。尿失禁的病人，可使用尿不湿，男性病人可用密闭式接尿器，但要适时取下、更换，清洗会阴部，保持会阴部干爽。

（二）休息与活动

休息的形式多种多样，包括运动后的静止或从工作中暂时解脱片刻，充足的睡眠是最为重要的休息形式。为了保证睡眠的质量，不但要给病人提供舒适的睡眠环境，还应注重病人生理上的舒适和心理上的安宁。根据病人的年龄、体质、疾病特点，指导并帮助病人进行适当的活动，做好活动前准备，防止运动损伤，控制时间，避免疲劳；协助行动不便的病人进行适当的室外活动和集体活动，增加病人与他人的沟通，减少心理问题的产生。

（三）康复锻炼

慢性病病人在病程缓慢进展过程中易出现各种功能障碍，因此需要通过长期的康复训练促进其功能的恢复，防止并发症的发生。康复锻炼的原则是循序渐进、保证安全、长期坚持。

1. 呼吸功能锻炼

呼吸功能锻炼是通过进行有效的呼吸以减轻呼吸困难，通过增强呼吸肌的肌力以提高病人的活动耐力和生活质量。常见的呼吸功能锻炼方法有以下三种：

（1）缩唇呼吸

病人闭嘴经鼻吸气，然后吹口哨状缓慢呼气，同时收腹。吸气与呼气的时间比为1：2或1：3。

（2）腹式呼吸

病人平躺或站立，全身放松，用鼻缓缓吸气，尽量使腹部挺出，呼气时用口呼出，使腹部凹下。缩唇呼吸和腹式呼吸每天训练3～4次，每次做8～10遍。

（3）全身呼吸体操

将腹式呼吸、缩唇呼吸和扩胸、弯腰、下蹲等动作结合起来，但病人要量力而行，循序渐进。

2. 卧床病人的肢体功能锻炼

肢体的被动运动和主动运动可以避免患者因长期卧床而导致关节僵硬、肌肉萎缩、静脉血栓等并发症的产生。

（1）保持肢体功能位置

在瘫痪肢体的手中放一棉花团或海绵块，肘关节微屈，肩关节稍外展；瘫痪肢体的踝关节稍背屈或穿丁字鞋，防止足下垂，在下肢外侧部放枕头支撑，防止下肢外旋。

（2）肢体的被动运动

通过按摩、揉捏等方法帮助病人活动肢体，并让肩、肘、腕、髋、膝、踝等大关节及指、趾小关节进行关节全范围活动。

（3）肢体的主动运动

只要病人的情况允许，鼓励病人主动翻身训练、床上横向移动，尽可能让病人主动活动各关节。

（四）家庭用药护理

1. 合理服药

（1）按照医嘱协助病人服药，不擅自用药或停药，不随意增减药物剂量。

（2）按时将各时间段的药物分别协助和督促病人服下，有吞咽障碍或昏迷的病人，可以将口服药加工成粉末状溶解在水里，通过鼻饲管（病人已在医院留置胃管）给药。

（3）护理精神异常或不配合治疗的病人时，口服药应看服到口，并确定其是否将药物吞下。

（4）仔细阅读药物使用说明书，了解药物的不良反应，用药后细心观察，一旦出现不良反应要及时停药、就诊，保留剩药。

（5）密切观察药物副作用，及时应对。如对服用降压药的高血压病人，要注意提醒其站立、起床时动作要缓慢，避免直立性低血压；使用降糖药物的糖尿病病人应随身携带糖果，一旦发生头晕、饥饿、软弱、出冷汗等低血糖反应，立即口服糖类食物或糖水。

2. 药物的保管

（1）将每天需要服用的药物放置在固定位置，用较大字体的标签注明用药剂量和时间，防止混淆。

（2）外用药与口服药分开放置在阴凉处保管，将药物放置在儿童和精神异常者无法接触的地方，建议抗精神病药物由专人上锁保管。

（3）定期整理家庭药柜，丢弃过期变质的药物。

（五）病情观察

细致入微的病情观察可以及时发现病人的病情变化，准确进行护理干预或及时就医，防止病情恶化。病情观察的内容包括：第一，一般状况的观察，如营养状况、面容与表情、步态、皮肤、黏膜情况；第二，生命体征的观察，包括体温、脉搏、呼吸、血压；第三，意识与瞳孔的变化；第四，常见症状的观察，如疼痛、咳嗽咳痰、咯血、恶心呕吐、呕血等；第五，心理状态的观察，包括病人的思维能力、异常情绪、情感反应等；第六，其他方面的观察，如病人的食欲、睡眠状况、排泄物等。下面详细介绍生命体征的测量方法。

生命体征是生命活动最基本的表现，是生命的重要征象，包括体温、呼吸、脉搏及血压。测量生命体征前，若患者进食、洗澡或进行过运动，需休息 30 分钟再测量。

1. 体温

可在口腔、腋下和肛门三个部位测量体温，口温的正常范围是 36.3～37.2℃，肛温的正常范围是 36.5～37.7℃，腋温的正常范围是 36.0～37.0℃。测量方法：

（1）测量前先检查体温计是否完好，将水银柱甩至 35℃ 以下。

（2）口温不适合精神异常、婴幼儿、口鼻腔手术病人，将口温计汞端放入舌下窝处，闭口 3 分钟后取出。如不慎将水银咬破，要立即清洗口腔，并口服蛋清或牛奶延缓汞的吸收。

（3）腋温不适宜测量体虚瘦弱、上肢瘫痪的病人，可协助病人将体温表水银端夹紧在腋窝下，测量 10 分钟。

（4）肛温适合小儿，先在肛表前端涂润滑剂，将肛温计的水银端轻轻插入小儿肛门 1.5～2.5cm，成人 3～4cm，3 分钟后取出。

2. 脉搏

正常成人在安静状态下脉搏搏动的频率为 60～100 次/分，正常的脉搏搏动均匀规律、强弱相同，与心脏跳动是一致的。测量方法：病人手臂放于舒适位置，手掌朝上，桡动脉在手腕的大拇指侧。用食指、中指、无名指的指腹轻压在桡动脉上，感觉动脉跳动，测量 1 分钟。

3. 呼吸

正常成人在安静状态下呼吸为 16～20 次/分钟，节律规则，频率与深浅度均匀平衡，呼吸无声且不费力。测量方法：保持诊脉姿势，观察病人胸腹起伏（避免被患者察觉），一起一伏为一次呼吸，测量1分钟。

4. 血压

正常成人在安静状态下的血压范围为收缩压 12.0～18.7kPa，舒张压 8.0～12.0kPa，血压在一个较小的范围内波动，保持着相对的恒定。长期测量血压的病人，应做到"四定"，即定时间、定部位、定体位、定血压计。家庭中常用的血压计为电子血压计，应选择有质量保证的臂式电子血压计。初次测量需要分别测量左右上肢的血压值，然后选取血压值较高的那个手臂作为今后固定测量的手臂，偏瘫病人应在健侧上肢进行测量。测量方法：病人取坐位或仰卧位，将衣袖上卷至腋窝或脱掉一侧衣袖；将测量手臂放在与心脏同一水平的高度；操作者将电子血压计袖带内的气体排空，然后将袖带平整地缠于病人的上臂，袖带不可过松或过紧，注意将袖带的中部置于病人肘窝的肱动脉处（手臂内侧、肘窝上2厘米处）；操作者开启电子血压计进行测量，读取数据。在袖带打气时，操作者应注意观察袖带黏合口是否裂开。若黏合口裂开了，操作者应为病人重新缠紧袖带进行测量。在袖带内的空气排尽后，将袖带从病人的上臂取下，让病人休息片刻（至少1分钟），然后再次按照上述方法测量血压值1～2次。最后取几次测得血压的平均值，该数值即为真实血压值。

（六）心理护理

由于疾病的影响，病人的工作能力衰退和生活自理能力下降，几乎所有病人都有不同程度的消极情绪甚至心理问题，可以从以下几个方面对病人进行心理护理：第一，鼓励病人倾诉，了解心理问题根源，有针对性地疏导；第二，用和蔼亲切的态度和专业娴熟的技术取得病人的信任与配合；第三，以积极乐观的心态和饱满的生活热情去感染病人；第四，用成功的疾病康复案例帮助病人树立战胜疾病的信心；第五，鼓励病人做力所能及的事，发挥残存功能，体现自我价值；第六，协助病人参加各种社会公益活动和自助性病友团体，通过病友间的相互交流，满足社交需要，促进身心健康；第七，根据病人的兴趣爱好组织适当的家庭活动，满足病人的文化娱乐需要；第八，增进家庭成员对病人的关心和鼓励，让病人感受家庭与亲情的温暖，情感得到满足。

（七）家庭常用急救方法

1. 烫伤急救

迅速将被蒸汽或沸水烫伤的部位用冷水冲淋或浸泡冷水中，以减轻疼痛和肿胀。浸泡时间最好在 20 分钟以上，如果是身体躯干烫伤，无法用冷水浸泡，可用冷毛巾冷敷患侧。如烫伤部位被污染，可用肥皂水冲洗，但不能用力擦洗。患处冷却后，用灭菌纱布或干净的布简单覆盖包扎后，送往医院就诊。

2. 煤气中毒

迅速打开门窗，关闭煤气灶开关；将病人搬到空气新鲜、流通的地方。检查病人的呼吸道是否通畅，发现鼻、口中有呕吐物、分泌物应立即清除，使病人自主呼吸。对呼吸浅表者，要立即进行口对口人工呼吸。如呼吸及心跳都已停止，应现场进行不间断的心肺复苏。对昏迷不醒者，可用手指尖用力掐人中（鼻唇沟上 1/3 与下 2/3 交界处），并紧急送医院。

3. 误食毒物

若误食东西，可用手刺激病人会厌引起呕吐反射，使食物呕吐出来。误服强酸、强碱，可立即食用蛋清、牛奶、稠米汤等，以保护食道和胃黏膜，经初步处理后送医院抢救。

4. 噎呛急救

噎呛是指进餐时食物噎在食管的某一狭窄处，或呛到咽喉部、气管，而引起呼吸困难甚至窒息。清醒病人可取立位或坐位，急救者站在病人背后，双臂环抱病人腰部，一手握拳，使拇指掌关节突出点顶住病人腹部正中线脐上部位。另一只手的手掌压在拳头上，肘部张开，用快速向内上方的冲击力挤压病人腹部，反复重复此动作，直至异物吐出。若病人意识不清，可置病人侧卧位，急救者跪于病人背侧，以同样手法操作。

5. 咯血、呕血的紧急处理

卧床休息，将病人头偏向一侧，及时清除口腔内积血。告知病人要尽量将血液吐出，不要下咽或憋气忍住不吐，防止窒息。安慰病人，让其保持镇静，避免因紧张、恐惧加重出血。病人若出现气促、发绀、喉头作响，说明血块堵住气管导致窒息，应立即将病人置于俯卧、头低脚高位，撬开口腔，清除口腔内血块，并轻拍背部以利血液排出。记住病人咯血或呕血的次数、量、颜色，为医务人员提供诊治参考，及时到医院就诊。

6. 外伤的紧急处理

在家庭中因意外导致受伤时，应首先进行简单有效的紧急处理，再送往医院就诊。

（1）关节扭伤

切忌搓揉按摩，应立即用冷敷减轻肿胀和疼痛，48小时内禁止热敷，严重扭伤时用绷带包扎压迫扭伤部位。

（2）骨折

若四肢骨折，首先制动，再将伤处的上下两个关节一起固定在木棍上，在木棍和肢体之间垫上棉花或毛巾等松软物品，绑扎的松紧要适度。对疑有脊椎骨折的伤者，使伤者的头颈与躯干保持直线位置，由多人动作一致、缓慢搬运伤者，始终让整条脊柱保持一条直线。

（3）伤口处理

如果外伤的伤口较深，应用生理盐水或冷开水冲洗伤口，并用酒精或络合碘消毒，24小时内注射破伤风抗毒素。对伤口的紧急止血法是指压法，即压住出血伤口或肢体近心端的主要血管，并及时用加厚敷料包扎伤口。当四肢伤口出血时，要抬起受伤的肢体，使伤口高于其心脏，如图6—1a所示。如果指头受伤出血，可用两个指头捏住伤指的指根止血，如图6—1b所示。当四肢大出血用以上方法无法止血时，可用橡皮条或布条绑扎在伤口近心端，尽量靠近伤口处，并就近送往医院急救。记录绑扎止血带的时间，每1小时放松止血带1~2分钟。

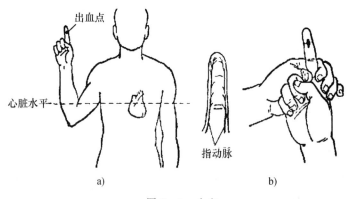

图6—1 止血

7. 心脏按压与人工呼吸法

适用于因电击、中毒、心脏病突发等导致心跳呼吸骤停的病人，在呼吸及心跳停止后4~6分钟内进行紧急抢救，病人尚有回生的希望。

（1）胸外心脏按压

就地抢救，使病人去枕平卧于硬板床或地面上。急救者跪于病人一侧，找到肋骨与胸骨连接处，两手掌根部重叠放在此连接处上方约两横指处（见图6—2），两手手指翘起，相互交叉，手臂伸直，利用身体的重量垂直向下按压（见图6—3），按压深度使胸骨下陷（成人大于5 cm，儿童约5 cm、婴儿约4 cm）。按压频率大于100次/分，按压与放松时间比为1∶1，连续按压30次。

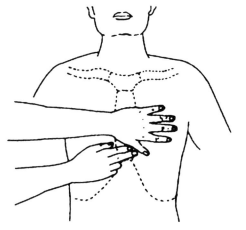
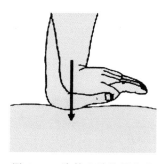

图6—2　胸外心脏按压位置　　　　　　　图6—3　胸外心脏按压方法

（2）口对口人工呼吸

清除病人口中异物和呕吐物，有活动假牙要取下；有颈椎损伤者，急救者采用双手托病人下颌法，无颈椎损伤者，急救者以一手置于病人额部使头部后仰，另一手托病人下巴向上抬起，用置于额部手的拇指、食指捏紧患者鼻翼，双唇包绕封住病人的嘴外缘，向病人口内缓慢吹气，每次吹气应持续至少1秒（见图6—4）。看到病人胸廓起伏时，松开病人鼻孔。同法吹气2次，吹气频率为8～10次/分。按压与吹气之比为30∶2，每5个循环为一个周期，若呼吸心跳未恢复，继续进行以上循环。

8. 触电急救

及时切断电源，利用现场一切绝缘物如扁担、竹竿、木棒等，迅速将电器、电线挑开，以消除电流对人体的继续危害。切断电源后，争分夺秒原地实施抢救，按前述方法行心脏按压与人工呼吸，并高声呼救，求助他人拨打120急救电话。

图 6—4　口对口人工呼吸

（八）家庭消毒隔离方法

1. 消毒方法

（1）每天开窗通风半小时，平时打扫卫生采用湿式扫除。常用家庭空气消毒方法有食醋熏蒸法，醋适量加等量的水，加热煮沸蒸发，关闭门窗 2 小时后开窗通风。

（2）不适合水洗的棉被衣物在阳光下暴晒 4～6 小时，翻动一两次。

（3）消毒煮沸法适用于耐高温的棉织品、餐具，水面要浸过所要消毒物品，煮沸后继续煮 15～20 分钟。

（4）不耐高温的化纤织物和餐具可用含氯消毒剂（如 84 液）按说明书稀释浸泡消毒，浸泡 30 分钟后用清水冲洗干净。

（5）一般物体表面可用 75％酒精擦拭消毒。

（6）将装有粉状含氯消毒剂的布袋挂在抽水马桶冲洗缘，消毒剂随每次冲洗释放部分进行马桶消毒。

2. 隔离方法

传染病病人的饮食起居尽量安排在一个房间，生活用品与他人分开。急性传染期尽量不去公共场所，通过呼吸道传染的疾病需戴口罩。如果照护者手上有伤口，接触病人时应戴手套。

（九）轮椅护送方法

1. 协助病人坐轮椅

将轮椅推至床边，使椅背与床尾平齐，面向床头呈 45°，翻起踏脚板，拉起扶手两侧的车闸。将双臂伸入病人肩下，协助其慢慢下床，并一起转向轮椅，使病人坐入轮椅。放下踏脚板，让病人双脚置于其上，两手臂放于扶手上。嘱病人尽量向后坐，勿向前倾斜或自行下车。

2. 协助病人下轮椅

推轮椅至床边，使椅背与床尾平行或呈 45°，拉车闸固定。翻起踏脚板，站在病人面前，两腿前后放置，并屈膝，让病人双手放于操作者肩上，双手扶住患者腰部站立，慢慢转向，坐于床沿。

（十）翻身技巧

将病人双手放在腹部，先将病人双下肢移向靠近操作者的床沿，再将病人肩、腰、臀部向操作者移动。一手托肩，另一手托膝，轻推病人，协助病人侧卧位，使病人下肢上腿弯曲，下腿伸直，保持舒适体位。必要时可在床的另一侧放靠背椅或加床栏，防止坠床。

（十一）促进有效排痰的方法

1. 咳嗽技巧

尽量选择坐位，先进行 5~6 次深而慢的呼吸，再深吸气、屏气 3~5 秒后张嘴呼气，同时猛咳一声将痰液咳出。经常更换体位有利于痰液咳出。胸腹部手术切口仍未愈合的病人，嘱病人连续小声咳嗽，同时将双手置于病人手术切口缝线的两侧，向切口中心部适当用力按压。

2. 扣背排痰

病人侧卧位或坐位，叩击者手指弯曲并拢，手掌呈杯状，用手腕的力量自下往上、由两侧到中间迅速而有节律地叩击背部，边叩击边鼓励患者咳嗽。若叩击发出空而深的拍击声表明手法正确。叩击时避开乳房、心脏、骨突位置等，叩击时以病人不感觉疼痛为宜。每天叩击数次，每次 30~60 秒，饭后 2 小时或饭前半小时完成。

(十二）预防压疮的措施

压疮又称为压力性溃疡，系皮肤及皮下组织由于压力、剪切力、摩擦力作用引起的局部损伤，常发生在骨隆突处，如骶尾骨、髋骨、髂脊、足跟、坐骨结节、内外踝处。预防压疮的措施有：

1. 保护皮肤

避免局部长期受压，鼓励和协助病人每 2 小时翻身一次；可以使用水垫、海绵垫等保护骨隆突处，如有条件可睡电动气垫床；避免病人翻身、搬运时拖、拉、推、防止皮肤损伤；正确使用便器，不要强塞硬拉；对长期卧床病人，床头抬高＜30°，以减少剪切力的发生，对使用石膏、夹板、牵引的病人，衬垫应平整、松软。

2. 保持患者皮肤清洁

避免局部刺激，及时清除病人尿液、粪便、汗液等，避免使用肥皂和含酒精用品清洁皮肤，保持床单整洁、干燥、平整。

3. 促进皮肤血液循环

可采用温水浴和适当按摩，但避免对骨骼隆起处皮肤和已发红皮肤按摩，以免加重皮肤损伤。

4. 改善机体营养状况

对病情允许的病人，鼓励其摄入高蛋白、高维生素、含锌饮食。

(十三）家庭氧疗的护理

哮喘、肺气肿、心功能不全等病人常有呼吸困难、气促、头晕、头痛等缺氧症状，长期家庭氧疗可改善其缺氧症状、降低并发症的发生。护理方法：吸氧时，先调节好氧流量，再将吸氧管塞入鼻孔；停氧时，先取下吸氧管，再关闭开关。每分钟 1～2 升为家庭安全氧疗流量。使用一次性吸氧管，每天更换。经常检查氧气装置有无漏气，吸氧管是否通畅。供氧装置应防震、防火、防热、防油，供氧装置周围严禁烟火和易燃品，至少距明火 5 米，距暖气 1 米。

第七章

家庭休闲与艺术

人的一生由发展层面的工作时间、生理层面的生活必须时间（吃喝拉撒睡）以及家庭层面的自由时间组成，家庭在人的一生中占有重要地位。如何科学合理地安排家庭休闲时间，将决定家庭的生活质量，也决定个人的生活乐趣。正如爱因斯坦所说，"人的差异在于业余时间"。本章将介绍如何科学合理地安排家庭休闲，把家庭休闲与家庭艺术有机结合起来，实现休闲、素质提升与幸福程度的同步提高。

第一节　家庭休闲与艺术概述

只有自然和谐，才会风和日丽；只有社会和谐，才会政通人和；只有家庭和谐，才有幸福安康。家庭和谐的关键，在于家庭成员在家庭共同时间的和睦和谐共处，让家庭每个成员都处于幸福的感觉之中，增进家庭的凝聚力和向心力，实现个体和家庭自由而全面的发展。在家庭共同生活中，休闲是生活品质的重要指标之一，适当的休闲能维持个人生活功能的运作，带来个人的成长、家庭幸福与社会进步。艺术则能提升休闲的质量，成为促进家庭和谐的润滑剂和黏合剂。

一、家庭休闲的内涵

机器经过长时间运转后，需要维修、保养与润滑，以维持其功能正常不至于提早报废。人在长期的工作或读书后，需要舒解压力，那就是休闲。东汉许慎《说文解字》里说，休，从人从木；闲，从木从门。顾名思义的话，"休"是人倚木的一种状态，"闲"是院中有树的一种场景，合起来"休闲"即为：院中有树，有人穿门而入，倚木而思。由此引申，休闲有三重境界，一是休闲第一境——环境，二是休闲第二境——心境，三是休闲第三境——意境。综言之，所谓休闲是指人们在闲暇时所从事的活动，这些活动的选择是在人的自由与自主权利中，是依个人喜好主动参与并自由运用支配时间的情况下所进行的活动。

尽管休闲是个体的感受，但个人闲暇以及个人的收入并不是个人休闲活动的最终决定者，家庭往往才具有最终的决定性意义，因为家庭是个人成长中最早与他人互动的基本单位，在家庭中这些主要互动的对象包括父母、兄弟姐妹等，这些人不仅承传个人社会化的因素，相对重要的是家庭本身就是一种最主要的休闲环境，提供个人生长与休闲的空间，对于个人日后的休闲参与有很大的影响，家庭休闲活动本身固有的功能会对家庭起到积极的和消极的影响。家庭在休闲时间里进行夫妻与子女之间以及所有成员之间的交流和沟通，可以巩固家庭的纽带作用和凝聚力，维持和加强家庭传统的生活方式和行为方式。反之，如果只选择男人之间或女人之间度过休闲时间，或者家庭每个成员单独度过休闲时间，就会降低家庭凝聚力。因此，所谓家庭休闲，就是家庭成员在家庭共同时间中所采取的以家庭为主要环境的集中共同意志所采取的放松、娱乐和舒缓身心的活动，具有场地的特定性——家庭范围、参与的共同性——家庭成员、志趣的一致性——家庭喜好以及目标的趋同性——促进和谐。

二、家庭艺术的内涵

艺术是人类文化的结晶，更是生活的重心之一和完整教育的根本。艺术以专门的术语，传达无可言喻的信息，提供非语文的沟通形式，进而提升人们的直觉推理联想与想象的创意思考能力，使人们分享源自生活的思想与情感，并从中获得知识，建立价值观。所有的人都需要学习艺术语言的机会，以领会经验和了解世界。李政道先生有句名言，科学和艺术是一枚硬币的两面。艺术教育要为人们提供精神家园。人可以有一个职业，那是谋生的手段，但是人总应有一个兴趣爱好，而且最好在艺术领域有自己最喜爱的一项，这样人生才会有意义。

艺术源于生活，也融入生活。从群体的发展层级来看，分为个体的艺术、家庭的艺术、群体的艺术、社会的艺术乃至发展为国家的艺术和人类的艺术。个体层面的艺术，从家庭中培育和成长，并在走向社会的过程中不断受家庭影响。所谓家庭艺术，可以理解为家庭范围内的艺术实践，既具有艺术的一般特性，也具有家庭的基本特征。艺术教育不单单是学校美育，还有家庭美育与社会美育，特别是在人的青少年时期，艺术和艺术意识的培育深受家庭影响，其重要作用体现在三个方面：一是可以提高青少年的审美和艺术修养，二是传承中华民族优秀的传统文化且吸收和借鉴外国优秀文化，三是更切实地落实素质教育，可以激发他们的创新意识，调动他们的潜能。

三、家庭休闲与艺术的关系

休闲与艺术是一枚硬币的正反两面。人们通常以休闲的意识去指导和参与艺教育，使个体在对艺术理解的过程中，充分体现自我的创造，从而在生活中获得更多的自主权，对实现人的本质具有充分而现实的意义。在这个意义上，休闲有三部曲，也即放松、娱乐，自我发展，激发创造力，在有益身心的放松状态下和休闲的情境中，自然舒解压力，并激发艺术创造力和潜能。反过来，艺术也有三重功能，即提升自我，融合家庭，贡献社会。

现代休闲观不认为休闲只是休息和消遣，整天沉醉在物欲享受和感官刺激之中，为摆脱单调而消磨时间，或"闲而不休"，以满足"逐物"的欲望，或无所事事，逍遥嬉戏都不算是真正意义上的休闲，而真正意义上的休闲应该体现出如下意蕴的局部或全部："解除生理心理上的疲劳与紧张，促进身心健康"，"自主自由地选择某种活动并全身心投入其中，以欣然之态做心爱之事，思想不再受外在力量的强制或束缚，赢得精神上的自由"，"营造心灵的别种空间"，"通过娱乐而提高文化水平、发展智力（相当于马克思所说的'必要劳动之余的自我发展'）"，"创造性地运用智力和体力"，"开发审美情趣"，"活动不背离自我教育和家庭教育的价值，对他人社会无妨碍无危害"，"平衡个体需求，建立完整人格，端正人生态度，培养道德情操"。因此，休闲和艺术在一定程度上是等同的。

休闲与艺术有益于身心的健康发展。能否合理安排和利用自己的休闲时间对人类发展具有非常重要的作用。能合理安排和利用休闲时间则可以成为另一种状态的发展，有利于身心健康成长，更重要的是它对性情的陶冶有长期正面的作用。人体内储存的能量是有限的，现代人生活任务相当繁重，情绪高度紧张，若不借适当的休闲松弛身心，让劳累的身体得到休息，紧张的情绪得到释放，身心终将枯竭。

休闲与艺术能开发潜能、启发创造力。人类发展历程中所有的学习、工作、劳动，几乎都是集体活动，统一进行。休闲时间由个人自由支配，可以按自己的兴趣、专长选择自己的活动内容和方式。在这当中，自己的特质、潜能较易得到充分的发展。如果说学校学习在于通识教育发展共通性，那么休闲时刻则可弥补其不足，以发展个人的特长与潜能。

休闲与艺术可建立良好的人际关系、增进社交能力。平时忙碌的制式生活，无论是学校或职场上、人与人之间的交往，在质与量上都受到一定的限制。而当今是个多元且开放的社会，人际关系是进入社会的必备素质。上班、上学期间大家早出晚归，与家人沟通、交往的时间和机会相对减少，善用休闲时间，让家庭成员共同参与休闲和艺术活动，则更能促进家人彼此之间的感情。营造和乐的家庭气氛并有助于导正社会不良风气，促进社会和谐。

休闲与艺术能丰富人生、扩展生活经验，开阔视野。充实的休闲生活能维持生活功能运作，过去的人说休闲主要是在追求休息、放松；随着时代的变迁、交通发达、世界经济繁荣等让现代人更便利于休闲中得到生理、心理、社会、智能与精神方面等全方位的健康。休闲生活让人不只在工作或学习领域游刃有余、更超越单调的生活范畴、赞赏美好的人生、丰富生活内涵，启发自我审美创作的能力。

四、家庭休闲与艺术在家庭生活中的地位

一天有 24 小时，这是一个常数。除去 8 小时工作、生产或读书，8 小时睡觉或休息，还剩下 8 小时的业余时间，也就是家庭的闲暇时间，占一天时间的 1/3，累计起来就占一个人生命的 1/3。人的一生中这个 1/3，看起来零碎分散，计算起来却十分惊人。假如你今年 25 岁，到 60 岁退休的 35 年间，如果每天平均只拿出闲暇时间的一半（每天 4 小时）读书学习，就有 50 400 小时，相当于 6 300 个工作日，整整 17.5 年。

马克思指出，人的需要包括生存、享受（即狭义的休闲）和发展三个层次。生存是基础，发展是趋向，享受则是人生自在生命的自由体验。没有享受的生存不是理想的生存。当代著名未来学家雷厄姆·莫利托甚至在《全球经济将出现五大浪潮》一文中宣称，到 2015 年，人类将走过信息时代的高峰期进入休闲时代。毫无疑问，休闲与艺术作为人类生存方式的一个主要形态，越来越受到社会的关注和人们的重视，那么，如何正确把握休闲和艺术的本质意义，如何聪明地休闲，健康地休闲，高品位地休闲，把发展蕴含于休闲，把艺术融于休闲，都会成为每个家庭面对的实际问题。在休闲中能否使自己的心灵不受或少受政治、经济、科技、物质力量的左右，能否摆脱异化的扭曲抵达"自然、自在、自由、自得"的境界，将成为衡量其生存质量的一个重要标志。

第二节 家庭休闲及其安排

俗话说，"休息是为了走更长远的路"。休闲是家庭生活的一部分，它能提供家人彼此接纳、彼此相爱、互相了解的机会。透过家人的休闲活动达成互动关系，巩固家庭的稳定性及家人的凝聚力。同时透过家庭休闲活动也可弥补孩子许多学校教

育所无法满足的需求，让孩子更乐于学习，拥有开阔的心胸接受新事物和新观念。

一、家庭休闲的功能和类型

文武之道一张一弛，一个真正有远大理想和抱负的人，必定十分珍惜分分秒秒，因为每一瞬间的奋斗都关系着远大目标的实现。但是发条拧得太紧就会扯断。有的人也能勤奋于一时，但难以坚持到底。原因之一，就是不能正确处理工作、学习和生活的关系，在思想上松懈下来。只有休息好了，才能更好地工作。古今中外有不少名人都很重视闲暇时间的利用。宋代词人李清照自述其日常生活时说，她每天饭后泡完茶，便与其夫进行一场智力竞赛。他们指着一堆史书，言说某事在某书某卷第几页第几行，说对为胜，说错为负，胜负定饮茶先后。托尔斯泰在写长篇小说《安娜·卡列尼娜》时，每天抽出 3 小时弹钢琴。列宁在工作之余，用做数学习题的方法休息。然而，也有些人的业余生活由于各种原因过得单调乏味。据有人调查 50人晚上的闲暇生活，30 人坐在电视机旁，14 人织毛衣，6 人打扑克、下象棋。这无论如何也会使人感到单调无趣。如何在有限的休闲时间内过得有意义，得到充分的休息是值得思考的。

社会学工作者曾调查青少年犯罪问题，得出令人吃惊的结果。将近九成的犯人作奸犯科是在闲暇时间、生活无聊没有意思就惹是生非、寻求刺激；更有八成的犯人是因为在闲暇时间结交了思想落后、品质恶劣的损友而走上歧途，许多的坏习惯是在闲暇时间养成的。

（一）休闲与家庭和睦

有研究表明：拥有共同休闲时间的夫妇比没有共同休闲时间的夫妇对婚姻生活更满意（志同道合）。帕里斯研究表明：夫妻共同参加休闲活动能显著促进幸福和和睦的夫妻关系。奥斯纳认为：平行休闲活动对于夫妇关系既没有正面的影响也没有负面的影响。

（二）休闲与家庭成员的相互关系

奥斯纳发现：共享的家庭休闲活动与夫妻沟通之间存在很强的正比关系，反之亦然。普雷斯布鲁研究发现：共同休闲活动的频率和夫妇沟通的关系呈正比关系，对关照等非语言性的沟通尤其有积极的影响。劳森布拉特发现：电视的收视率高的家庭的紧张度比较高，但是这些家庭中的纠纷却很少。平行休闲活动导致紧张增加，但减少家庭纠纷。凯莉认为，休闲对于家庭具有五大功能：休闲是家庭的共同兴趣，是互动与沟通的中心；休闲是双亲教导的社会空间；休闲是一种尝试以及发展家庭关系新局面的机会；休闲亦可能是一种自治与独立的机会；休闲具有移除权威典范以及维持家庭的功能。通俗点说，家庭休闲具有以下功能。

一是陶冶功能。人们常说，家庭是一个染缸和熔炉，主要是指家庭文化对家庭成员的熏陶而言，而作为家庭文化重要构成的休闲文化，也在很大程度上陶冶了人的情操，铸造了人的品格，塑造了人的灵魂。一个家庭有了好的休闲方式，特别是选择了益智健体、怡情养性的休闲方式，会使家庭成员具有良好的思想品格、精神风貌和道德规范。相反，就会出现家风败落。

二是凝聚功能。家庭休闲的凝聚功能主要表现在家庭成员通过共同的休闲方式，达到感情上的交流和沟通，以此形成精神上的愉悦，而闲暇时的休闲使家庭所有成员之间的关系就像一根无形的线连在一起，感受生活的快乐，大家想在一起，做在一起，团结在一起。如此一来，家庭成员之间会更加和睦相处，共同经历风雨，同舟共济。

三是提升功能。一个家庭选择恰当的休闲方式，会使家庭的文化品位得到提升。例如，外出旅游可以开阔视野、增长知识；欣赏健康的电影、电视、戏剧、音乐、舞蹈、美术等，可以塑造美的心灵；琴、棋、书、画可以陶冶情操；保健性的体育活动，如打球、跑步、散步、旅游、登山等可以强身健体。这些良好的休闲方式会使家庭的文化氛围往健康、积极的方向发展，不但进一步影响家庭成员的思想行为，使之趋向高尚，而且还像产品的品牌一样，向公众和社会展示和睦家庭形象。

有人将当下的家庭休闲归纳为以下几种类型。一是纠纷型家庭休闲。个人休闲活动使家庭成员之间产生某种纷争。比如，家长过分热衷于休闲而不顾家庭，或者家庭某个成员因休闲而给整个家庭带来损失，或者妨碍、影响、破坏家庭的良好氛围等情形。二是服务型家庭休闲。夫妻或家长为了整个家庭而减少甚至牺牲自我的个人活动，例如，带领子女逛动物园、参加运动会，让孩子尽情玩耍和充实其休闲时间等情形。三是协作型家庭休闲。家庭成员为了满足其他成员的休闲需求，例如，看电视时抑制自己的愿望，不去争抢电视频道等情形。四是贡献型家庭休闲。大家一起干家庭内琐事，比如修理东西、打扫卫生、做木工或者趣味活动，以及一起看电视、玩游戏、旅游、购物、外食等健康的活动或者沟通等情形。五是一致型家庭休闲。夫妻之间或者子女之间具有相同的爱好和休闲需要而形成协调一致等情形。

例如，所有家庭成员都喜欢同样类型的电影，或者喜欢旅游，因此，一起共同享受。

二、家庭休闲活动的种类

不同的生活方式塑造不同的人生，健康的生活方式能塑造健全的心智、积极的人生，改造、改进休闲内容，就是选择更健康的生活方式。一项调查表明，超过半数的家庭不懂休闲，不会休闲。正如孩子们所描述，他们的父母亲们闲暇时"最喜欢做的"主要是"看电视""抽烟""与人喝酒""打麻将打扑克""串门""聊天""逛大街逛商店""搞交际""睡懒觉"等。

现代家庭休闲活动多种多样，很难做出一个具体的类型划分，但为了方便学习的需要，这里将现代家庭休闲方式划分为四种类型，即体育型休闲、旅游型休闲、艺术型休闲以及娱乐型休闲。这四种休闲方式是现代家庭休闲的主流，它们共同构成了现代家庭多姿多彩的休闲生活。

（一）收听广播、放音乐、收看电视

这是最常见的一种业余活动，早晨、晚上、饭前饭后都可以进行，一边听一边干家务，还节省时间。这种业余文化生活既是娱乐，又是学习。通过广播和电视，了解国内外新闻动向，得知近日天气预报，学习文化科学知识，欣赏文艺节目，掌握市场经济动态，导航商海信息等。但在收听和收看时，要注意调整适当的音量，以免影响邻居和他人休息、工作。

（二）观看电影、戏剧、音乐、曲艺、舞蹈等文艺节目

这也是调适家庭文化生活的一种方法和手段。根据具体情况每周或每月观赏一次，这种家庭休闲活动会受环境、距离、经济等条件制约。

（三）参加舞会或举办家庭舞会

在工作、学习之余，伴着活泼明快的舞曲，跳一跳情调健康、明朗欢快的交谊舞，会使人心情轻松愉快，既能活跃业余文化生活，又能促进彼此之间的友谊。有条件的还可以举办家庭舞会，以达到友好交际和娱乐的目的。

(四）阅读图书报刊

在劳动和工作时间无暇阅读书刊，所以个人订几份喜爱的报纸、杂志，借几本偏爱的书籍，利用闲暇时间阅读，不仅增添乐趣，还可以增长很多知识，了解国际国内大事，甚至对自己的工作生活带来启示。高尔基说过："要热爱书，它会使你生活轻松；它会友爱地帮助你了解纷繁复杂的思想、情感和事件；它会教导你尊重别人和你自己；它以热爱世界、热爱人类的情感来鼓舞智慧的心灵。"如果你能再备一个书架，把看过或刚刚买来的书籍放在架上，几年后将是一笔精神财富，随时取下一看，可使家庭闲暇生活丰富而高雅。

（五）旅游、逛公园和摄影、摄像

旅游、逛公园能使人消除精神疲劳，增加知识，陶冶情操，加深对祖国大好河山的热爱，使生活充满生机，是十分有益的。摄影、摄像不但是一种艺术，也可以反映生活，记录生活，提高审美水平。

（六）集邮、收藏

集邮的主要目的是增长知识、陶冶情操。比如，从邮票上了解我国古代文物、发明，可激发我们的民族自尊心和自豪感；从邮票上了解埃及、希腊、罗马等文明古国的古迹、艺术品，可以了解世界历史。集邮活动还能使人热爱书籍、热爱生活。精美的邮票能给人以美的享受。随着邮票数量的增加和集邮知识的丰富，集邮者的品格和精神风貌必定会发生深刻的变化。收藏可以开阔眼界、增长知识，丰富文化生活，培养钻研精神。闲暇时欣赏藏品，趣味无穷。有些小型藏品不仅是美化装饰居室的装饰品、观赏品，还是馈赠亲朋好友的令人赏心悦目的礼品。

（七）琴、棋、书、画

这是我国古代文化的四大瑰宝，利用余暇时间学一学、练一练，可以增长才智，修身养性，培养高尚的情操，使自己日趋成熟起来。琴，实际是音乐。音乐是生活中的一股清泉，是陶冶性情的熔炉。琴既有古代的扬琴、二胡，又有现代的电子琴、吉他等。大家坐在一起，共同演奏一首健康、内容向上、富有美感的乐曲，能启迪人的灵魂、陶冶人的情操，愉悦人的精神，引起人们对美好生活的向往和追求。同时，也能通过音乐的纽带结下更多的朋友。棋，则是人们普遍喜爱的一种竞技活动。

它不仅能丰富人们业余生活，而且能开发人们的智力。下棋，可以使弈者在激烈的智斗中，逐步提高细致观察问题、辩证分析问题、正确推理和判断事物结果的逻辑思维能力。经常下棋，可以促进智能的开发和思维的完善，提高身体的素质，享受到充满智慧的情趣，养成冷静处理各种事物的稳重性格。书法，是我国特有的汉字书写艺术形式。正如沈尹默所说："世人公认中国书法是最高艺术，就是因为它述示惊人奇迹，无色而具画图的灿烂，无声而有声音的和谐，引人欣赏，心畅神怡。"因此，书法是陶情养性的艺术良伴。画是高雅的情趣，不仅可以丰富家庭的休闲生活，而且可以陶冶情操。

（八）种花、养鸟、养鱼

这些活动可以美化环境，陶冶情操，也可以增长知识。把家庭美化成鸟语花香的环境，其乐无穷，颇具迷人的魅力。

（九）垂钓

钓鱼在我国已有几千年的历史。过去，人们从事钓鱼活动，多是出于生计的目的。而现代社会中，钓鱼成为群众闲暇生活中一种养生涵情、健身防病的文化活动。

（十）交际

交际是通过交往结下友谊，既是一种感情沟通和信息传递的途径，也是文化娱乐的形式之一。在生活节奏不断加快的今天，交际也是人们闲暇生活不可缺少的一种活动。

目前，人们将聊天作为交际的首要形式。聊天可以使人们的情感得到交流、心灵得到沟通，友谊得以加深，孤独者寻到知音，苦闷者得以解脱，个人欢乐得到分享。

家庭休闲活动除了以上列举的之外，还有一些其他的活动，如有的喜欢听音乐、看电影，有的喜欢做手工，有的喜欢制作甜点，还有的喜欢参加一些体育运动，个别的喜欢利用假期逛商店。

三、家庭休闲的安排

(一) 家庭休闲活动选择的影响因素

家庭休闲活动也受家庭成员的职业、收入和受教育程度的影响。

1. 职业与休闲活动

生产人员和管理人员对劳动和休闲均持肯定的态度，但对于劳动意义的认识，如解除紧张、开发才能、社会关系等存在显著差别。关于休闲意义的认识，如消磨时间、地位、自我意识、社会关系等方面，也存在显著差别。

2. 教育水平与休闲活动

教育水平对个人休闲需求有很大的影响。随着受教育水平的提高，人们参加的休闲活动越来越多。教育是决定休闲时间分配的最主要因素。教育能增进人们对休闲活动的关心并扩大活动的范围。

3. 收入水平与休闲活动

收入水平对休闲活动有重要影响，并在预测休闲活动方面具有重要的意义。有研究表明：人们收入越高，越积极向往休闲。

(二) 家庭休闲活动的安排技巧

1. 用计划、预算来挖掘时间资源

我们要做时间的主人，必须把时间看作宝贵的资源，发掘提高其效能。如做家务事比干工作要灵活些，有时可一心二用，归纳起来有三条：一是所谓的嵌入式，如购物排队、坐车时对空白时间的利用；二是并列式，如洗衣服切菜时听听音乐广播；三是套裁式，即在计划安排时间上更合理、更巧妙些。有人说："计划就是挑选时间，规定节律，使一切都各得其所。"要对时间进行统筹安排，科学地组织与协调，这样就能节省时间，发掘时间的潜力。我们对 8 小时以外的时间，要有个总体计划，这一年全家及每个人要达到的目标是什么？根据这一目标安排近期计划。如有升学的子女，在时间管理上把学习时间作为重点，文娱活动、体育锻炼、睡眠、休息的时间都应掌握好，服从于升学准备的任务；但也不可因学习任务冲掉体育锻炼，也不能过多减少睡眠时间。

2. 善于休息，养精蓄锐

列宁曾经说过："不善于休息的人，也就不善于工作。"我们反复强调充分利用时间，但绝不能忽视休息和文娱活动。人们在紧张的工作学习后，又有烦琐的家务缠身，特别是中年知识分子缺乏轻松愉快的休息娱乐和充足的睡眠，年长日久，必然有损健康。在工作学习任务很重、精力体力已经满载甚至超负荷的情况下，家庭时间安排应当有张有弛，人是需要休养生息、蓄精养锐的。昼夜奔忙虽是良好的精神状态，但不能作为时间利用的原则。一定要劳逸结合，休息后可以换得更充沛的精力，更有成效的工作。

3. 根据生命周期来进行家庭休闲的安排（见表7—1）

表7—1 生命周期与休闲（G. Bannel，1982）

周期	体育	社交	文化
10—19岁	活动型休闲：室内外各种剧烈的娱乐活动	跳舞和年轻人的集会场所：生活的中心是社会化和高度参与	电影、音乐、录像等文化活动
20—29岁	积极参加各种野外活动：荒野背包旅行、划艇	社会化在最重要的同事同伴之间进行：外食、酒吧、夜总会	大众娱乐：结婚以后看电视是主要的娱乐活动
30—39岁	减少参与野外娱乐活动的频率，野营活动替代背包旅行	在家里吃饭，与家人的聚会，探亲访友的旅行	剧场、艺术、博物馆、各种书籍
40—49岁	参加剧烈程度更低的活动，以观赏性活动为主：车或房车野营替代帐篷或睡袋	家庭导向型	旅行：由于子女离开家庭，该年龄段的人到各国的主要文化圣地旅行可能性增加
50—59岁	大多数人更注重观赏，少数人从事挑战身体的活动，如打保龄球等	访问家族、子孙们、老朋友等	如果减少旅行次数的话，看电视是主要的文化活动
60—69岁	减少观赏和需要体力的活动，从事园艺等活动	家庭导向型：与子女们、孙辈们、老朋友们在一起	电视使人们参与市民活动的次数减少，隐退是更加明显的标志
70岁以上	在隐退期基本只参与散步活动	在退休者群体中结交新朋友，打扑克等	读书，参加大众文化活动：各种书籍和杂志具有新的重要性；教会活动也同样重要

（1）幼年期的休闲

在个人成长周期中，从出生到大约 3 岁是幼儿期，3—12 岁是少儿期。对于幼儿期、少儿期的孩子来说，玩耍是生活的全部内容。玩耍伴随着他们成长和认识自己、认识社会，并且不断地适应和提高。

（2）儿童期的休闲

幼儿期只停留在神经系统的感觉能力阶段，到了儿童期，主要发展任务是身体的发展、象征性玩耍和具有社会性形态的有规则的玩耍。儿童期前后的体验、玩耍、学习等经历过的事情都很难忘记，会成为一生的回忆和经验。对于孩子来说，学习不是目的。他们应该跑到原野上、山上，走农村小道和树林，应该去田野、河川和海边。他们应该在老师、父母的引导下感受愉快的体验，成长为身心健康的孩子。这样也是一个自然而然的完成学习的过程。

（3）青少年期的休闲

青少年时期是 12—20 岁，是人格发育的关键时期。青少年休闲在很多方面受家庭的影响。自由自发的休闲和娱乐有利于自我价值观的形成，能培养健康的体魄、丰富的情感、有创意的自我形象。青少年是实践、活动、意识方面发展的黄金时期。他们应该多旅行、多接触大自然、接触不同的文化，对于解答各种疑问，培养想象力和创意都是十分重要的。因此，应从应试教育中解放出来，从家庭、朋友、邻居、社会的压力中解放出来，去实践自己的愿望，树立自我完整性。

（4）成年期的休闲

成年初期（20—30 岁）的休闲追求积极的活动，喜欢自我发现，追求成年人的娱乐，懂得愉快地度过余暇时间的方法和金钱的支出方法。中壮年（40—50 岁）这个时期有收入、有时间，并认识到休闲对人生幸福的重要作用。中年人一般都有那种希望从单调的日常工作和无聊的生活环境中逃脱出来的冲动，选择旅游、趣味活动、修养等内容的休闲活动，并且关心解除压力、烦恼、痛苦、纠纷和有利于健康的休闲方式。

（5）老年期的休闲

从强制性的和义务性的工作中解脱之后的老年期，几乎所有的时间都属于闲暇时间，因此，老年期的休闲活动显得尤其重要。健康和行动能力是决定老年期休闲的数量和质量的重要因素。既是休闲的好机会，也可能面临消磨无所事事的时间而苦恼。老年期的休闲活动主要有读书、散步、趣味活动、健康管理等。积极的休闲，有利于防止或延缓老化。在精神上、心理上产生积极的欲望，保证生活中的一贯行为，带来健康、乐趣和满足。

第三节　家庭艺术及其设计

家庭文化是一个家庭长期积累的物质和精神的精髓，引导广大家庭成员树立健康文明的家庭文化生活观，建立科学文明健康的生活方式，离不开艺术的熏陶。

一、家庭艺术的功能

科学和艺术是人类认识和感受世界的重要手段，二者是相辅相成不可或缺的。学习艺术与学习科学同样重要。我们说，艺术诞生于人，艺术的目的也在人。

（一）家庭艺术有助于个人的全面发展

从生理上，艺术能够开发人的智力，艺术不仅是技能技法的教育，而且是一个开发智力的复杂工程，因为直觉、想象是创造的前提。从心理上，艺术能通过听觉、视觉直接作用于大脑，激起一系列的心理反射，有助于培养良好的心理素质。从文化上，艺术能拓宽人的视野，提高人的文化品位，充分理解人生和认识世界。从生存方式上，艺术是人生存发展的一种技能，可以使人更加努力地创造生活。从意志品质上，艺术能增强人的毅力耐力，发现自身不足，完善人格修养，使孩子养成良好的学习、生活习惯。

（二）家庭艺术有助于社会进步

艺术作品作用于人的精神而对社会生活和人的思想感情发生的影响，也称"艺术的价值"或"艺术的社会作用"。艺术的社会功能主要表现在以下几个方面。

1. 审美功能

艺术作品本身所具有的美的特质，构成了艺术审美功能的客观前提。优秀的艺术作品可以打动人的情感，愉悦人的精神，净化和陶冶人的心灵，升华人的审美理想，培养人的审美能力，使人从中获得特殊的审美享受。审美功能是艺术的首要功能，艺术的其他社会功能都是建立在审美功能之上的。

2. 认识功能

艺术是对社会生活形象的反映。它通过具体、生动的艺术形象，真实地再现社会生活的图景，反映一定历史时期的政治风云、经济生活和社会风尚，表现各个阶级、阶层人们的生活和精神面貌。因此，人们欣赏优秀的艺术作品，可以获得丰富的社会历史知识，了解人生，提高观察生活和认识生活的能力。

3. 教育功能

进步的艺术作品是生活的教科书，可以影响人们的思想倾向、思想观念、道德意识、哲学观点，改变人们的人生态度，激励人们为实现人类进步的社会理想而斗争，起到潜移默化的思想教育作用。

4. 娱乐功能

艺术形象的艺术感染力，引发人们的审美愉悦和乐趣，人们从中获得精神的享受和满足。艺术的娱乐功能是人们接触艺术作品的直接动因，是对欣赏者要求获得娱乐、休息和精神调剂的满足，其核心是在审美享受中的精神快感。

此外，艺术还有宣传功能、交际功能、疏导（宣泄）功能、个性塑造功能和促进身心健康的功能等。

当然，艺术的发展对于家庭和谐的功能是不言而喻的。

二、家庭艺术的种类

艺术体现和物化着人的一定审美观念、审美趣味与审美理想。无论艺术的审美创造抑或审美接受，都需要通过主体一定的感官去感受和传达并引发相应的审美经验。对艺术的审美分类，主要应根据主体的审美感受、知觉方式来进行。依据这个原则，艺术可以分为视觉艺术、表演艺术、综合艺术和语言艺术四大类。

（一）视觉艺术

所谓视觉艺术是指通过人的视觉感官（眼睛）及与之相适应的审美手段去传达和接受审美经验的艺术。在人的各种感觉器官中，视觉最为复杂、精细和灵敏，同时也是人获取信息的主要来源，外在世界的丰富性和多样性，常常通过视觉活动而被人感知。因而，视觉艺术的种类和样式也最为丰富，甚至其他艺术也往往需要以视觉感受为基础来构造艺术形象。人类从远古时代就开始了视觉造型的探索，留下了最早的绘画和雕塑。随着人类文明的进步，以视觉为审美途径的艺术种类和手段也日渐增多，绘画、雕塑、建筑、工艺美术、书法、摄影等是最为典型的视觉艺术种类。直观性是视觉艺术最基本的审美特征。视觉所直接感知的，是直观的形状、色彩（或色调）和质感（质地或体量）及其构成关系。因此，在视觉艺术中，无论是平面（绘画、书法与摄影）还是立体（雕塑、建筑）的造型，都十分重视形式美规律的运用，多样统一、对称、均衡、对比、和谐以及图与底的关系等，都是构成视觉艺术审美特性的重要因素。在视觉艺术中，形式和内容、形象与意味以各种方式表现出来，构成了视觉艺术无比丰富的审美魅力。例如，基于对生命运动变化和不同质感或量感的高度概括能力，线条可以产生直接的审美感染力，不同的线条则能给人不同的审美感受，因此，线条不仅成为绘画的主要语言要素，也是其他视觉艺术的重要语言。色彩具有影响人的情感的功能，也是视觉艺术的主要审美要素，不同的色彩配置或色调能使人产生不同的情感倾向，获得视觉快感并体悟其表现意义。

1. 绘画和雕塑

绘画和雕塑都主要运用形、色、质以及点、线、面、体等造型手段构成一定的艺术形象。前者是在二维平面上表现，后者则在三维空间中塑造，造型性是它们最重要的审美特征。由于表现手段不同，绘画种类非常丰富，而写实与表现是两种最主要的方式。写实性绘画直接模仿自然和现实事物形象，多用逼真的手段达到特定的具象效果；表现性绘画侧重强调主观精神，多采取夸张、变形、象征、抽象等手法直接表达主体情感体验与审美需要，实现艺术形象的创造。例如，中国画的特色不仅在于其工具材料（毛笔、宣纸、墨色）有着很大的特殊性，更重要的是，它高度重视抒发主体的内在精神，强调"以形写神""神形兼备"，追求气韵、传神和意境，不是向着客观世界去研究形象的物质特性，而是为着心灵需要去触及绘画的形象性，含蓄、深沉地表现主体精神品质，由此形成中国画独特的审美意蕴。雕塑对于艺术形象的塑造具有高度的概括性和象征性。它以物质实体性的形体，在三维空间中塑造可视、可触及立体的艺术形象，其审美特性是在空间中获得的，与雕塑有关的周围环境也是雕塑作品的有机组成部分。一般来讲，雕塑主要通过两种方式表达：一是清晰地呈现，二是含蓄的暗示。例如，现代主义雕塑往往通过抽象与暗示来获得艺术效果。

2. 建筑

建筑是一种具有象征性的视觉艺术，它"一般只能用外在环境中的东西去暗示移植到它里面去的意义"，"创造出一种外在形状只能以象征方式去暗示意义的作品"。建筑充分体现了功用和审美、技术与艺术的有机结合。尽管各种建筑的形式、用途各不相同，但它们总体上都体现了古罗马建筑学家维特鲁威（Vitruvius）所强调的"实用、坚固、美观"的原则，总是力图展现各种基本自然力的形式、人类的精神与智慧。也就是说，建筑在具备实用功能（可以供人居住等）的同时，有其一定的审美功能特性。它通过形体结构、空间组合、装饰手法等，形成有节奏的抽象形式美来激发人在观照过程中的审美联想，从而造成种种特定的审美体验。如中国古代宫殿的方正严谨、中轴对称，使人感觉整齐肃穆；哥特式教堂一层高于一层的尖顶、昂然高耸的塔楼，则令人有向上飞腾之感。北京的天坛、埃及的金字塔、法国的巴黎圣母院、澳大利亚的悉尼歌剧院等等，都以风格特异的抽象造型，给人以独特的审美感受和启迪。随着当代人类对生态环境的自觉意识的日益提高，建筑与环境的和谐也越来越成为人类的迫切需求，蓝天、绿地、水面、林荫使人们对建筑的视觉审美扩展到了一个更大的范围。

建筑也是时代文化精神的一面镜子，犹如用石头写成的历史。雨果在《巴黎圣母院》里谈到大教堂时，就曾经指出："这是一种时间体系。每一个时间的波浪都增加它的沙层，每一代人都堆积这些沉淀在这个建筑物上。"面对各式各样的建筑，人们不仅能够欣赏它的造型之美，而且可以从中认识和感受历史的风貌、时代的变迁、民族的精神和文化的创造。古希腊建筑的庄严与优美，哥特式建筑的挺拔高耸，洛可可建筑的华丽风格，现代建筑光滑平薄的立面，后现代建筑充满隐喻的变形、分裂、夸张的装饰，都相当准确地反映了各个历史阶段的时代文化精神面貌，反映出不同历史时期人们的审美趣味。

3. 书法

书法作为一门独特的中国艺术，是从实用升华而来的。它利用毛笔和宣纸的特殊性，通过汉字的点画线条，在字体造型的组合运动与人的情感之间建立起一种同构对应的审美关系，使一个个汉字仿佛具有了生命，体现出书法家的精神气质与审美追求。"中国的书法，是节奏化了的自然，表达着深一层的对生命形象的构思，成为反映生命的艺术。"具体而言，书法的审美特征主要体现在：

第一，姿态。草书和行书或轻盈、或敏捷、或矫健，隶书、楷书在安定稳重里透露着飞动流美，篆书分行布白圆润齐整、用笔流畅飞扬，它们个个具有造型姿态的美。在书法作品中，笔法墨法相兼相润，字型笔画自由多样，线条曲直回环运动，传达出各种姿态和气势，形成了一种变化无穷的艺术效果。而书法家自身人格的蕴藉，更使点画笔墨形成一种用笔之力、运笔之势，反映出生命的运动美。

第二，表情。书法是一种心灵的写照。南齐书法家王僧虔认为："书之妙道，神采为上。"张怀瓘《书断》也说："文则数言乃成其意，书则一字已见其心。"书法创造中，线条变化与空间构造表现出某种宽泛的情感境界，自由灵活地将书法家的内在气质和个人生命情调带入笔墨，使之成为一种人格与精神的映照。"喜怒哀乐，各有分数。喜则气和而字舒，怒则气粗而字险，哀则气郁而字敛，乐则气平而字丽。情有轻重，则字之敛舒险丽亦有深浅，变化无穷。"这种情感化的线条笔墨与鉴赏者之间产生情感对应效应，唤起相近的审美体验，使之得到美的陶冶、审美的享受。

第三，意境。意境创构是书法的最高境界。"中国古代的书法家要想使'字'也表现生命，成为反映生命的艺术，就须用他所具有的方法和工具在字里表现出一个生命体的骨、筋、肉、血的感觉来。"在笔画形式中，书法艺术无色而具绘画的灿烂，无声而有音乐的和谐。而意境深远的书法作品，必定体现出书法家特定的审美理想。唐代颜真卿在精神上追求"肃然巍然"的磅礴之境，他的书法端庄宽舒、刚健雄强，令人感觉酣畅淋漓、正气凛然。清人郑板桥天性自然，其"六分半书"也是那样真率与活泼。有形的字迹飞动中创造了一种形而上的神韵，使书法艺术超越有限形质而进入无限境界。"一点一画，意态纵横，偃亚中间，绰有余裕。"这种意境之美，是一切中国书法艺术的总体审美意向，也是书法艺术的灵魂。

4. 摄影

摄影是一种现代感很强的视觉艺术。自从法国人达盖尔（Daguerre）在 1839 年发明摄影术以来，无论在技术还是审美方面，摄影都取得了全面迅速的发展。尤其是，随着摄影技术的发展，人类的审美视野扩展到了从太空到海底、从微观到宏观的广阔世界。摄影已成为今天人的视觉审美的主要表现工具之一，成为人类的"第三只眼睛"。

摄影艺术独特的审美特征，是从其运用照相机和感光材料在现场拍摄实有物体景象这一基本特性派生出来的，主要表现为纪实性与艺术性的统一。一方面，摄影直接面对被拍摄的实际对象，从纷纭复杂、瞬息变化的对象运动中撷取生动感人的瞬间，以作品高度的生活真实感来创造具有审美价值的艺术形象，唤起人对生活现象特有的审美视觉感受。这是摄影艺术不同于其他艺术的根本审美特性。另一方面，由于摄影艺术形象的诞生总是通过照相机快门开启的短暂瞬间来完成的，它不仅需要艺术家有意识的审美选择，而且经过了艺术家摄影造型手段（包括构图和光影控制等）的处理，是在线条、光影、色彩有机结合基础上形成的，因此，摄影艺术的审美表现力、概括力和感染力有其自身特殊性。比如，与同样以造型审美为特征的绘画相比，虽然都是对视觉形象的选择和表现，但摄影，尤其是现代摄影艺术独具的客观、真实、快速、简便的长处，却是绘画所无法比拟的。

（二）表演艺术

1. 音乐

音乐是通过听觉感官（耳朵）及与之相适应的审美手段，传达和接受审美经验的艺术。音乐通过有组织的乐音来表现主体情感境界，其基本构成要素有节奏、旋律、音色、和声、音调和力度等，它们构成了无比丰富的音乐形态。贝多芬（Beethoven）曾经推崇"音乐是比一切智慧及哲学还崇高的一种启示"，而海涅（Heine）则强调"音乐也许是最后的艺术语言"。音乐的审美特征主要体现在：

第一，音乐是声音的艺术。声音（包括人的发声和各种乐器声等）是音乐赖以存在的物质材料，不仅能够直接表达主体个人的自身感受，也能唤起他人内心里的强烈感受。音乐正是利用声音来塑造形象、表达思想情感。在音乐中，或高亢或低沉、或急促或悠长、或强烈或轻柔的声音，都具有激发相应感受和情绪的审美感染力。

第二，音乐是时间的艺术。随着时间的呈现和流逝，音乐表现了延续、变化和流淌着的生命情感或事物，在一定的时间过程中召唤主体的审美体验。而人的心理世界、精神活动和情感体验正是在动态的时间流程中进行的，因而在时间的流程中，动态性、程序性的音乐能够充分表现出主体复杂的心理活动过程。这样，对音乐的欣赏便要求接受主体的感知、领悟具有一定的敏捷性，反应迟钝者是很难在时间流程中捕捉音乐形象的。

第三，音乐是表情的艺术。俄国著名作曲家斯特拉文斯基（Stravinsky）曾经说过："音乐就是感情，没有感情就没有音乐。"音乐本身就是情感物化的形式和传递媒介，具有"以情动人"的审美魅力。音乐不需要像其他艺术那样借助某种中介环节，而可以通过听觉直接作用于主体心灵，直接将艺术家的内在思想情感传达出来，在表现和抒发人类丰富、细腻、复杂的情感方面，有着其他艺术所难以媲美的效果，因而适于表达主体情感的起伏变化，使人产生某种感情和情绪的体验，甚至引起人体生理上的变化和反应。

第四，音乐还具有不确定的特点。音乐语言不是固定不变的单义性词汇，它对情感的表达不像文字语言那样明确和概念化，而是带有一定的模糊性与宽泛性。这一特点既给音乐创作主体和接受主体留下了广阔的想象与再创造空间，也对创作主体和接受主体提出了特定的要求，即要有良好的音乐感觉、一定的音乐审美经验及想象力。例如，音乐欣赏的效果不仅取决于音乐创作与演奏者的水平、素质以及音响设备等，而且同接受主体的个人经验与领悟能力以及心理状态相关。同样，由于音乐表达情感的这种不确定性，使它能够更广泛地为世界上不同民族所直接感受，成为各民族间进行精神文化、思想情感交流的特殊桥梁。

2. 舞蹈

舞蹈是人的身体按一定节奏进行连续性动作的艺术形式。它起源于远古人类的生产劳动，并和音乐、诗歌相结合，是人类历史上最早产生的艺术形式之一。作为一种表现人体美的艺术，舞蹈以经过提炼、组织和美化的人体动作姿态为表现手段，传达人类的审美情感，表现生活的审美属性。在舞蹈中，人的身体动作伴随着音乐在时间里不断延续和变化，不仅感染着欣赏（接受）者的情绪并给予审美的愉悦，同时还创造出一种直接宣泄情感的气氛，鼓舞了舞蹈者的情绪，使其从节奏和运动中获得娱乐性的精神满足。舞蹈的审美特征首先表现为抒情性和表现性。舞蹈语言是一种虚拟和象征的语言。由于舞蹈只能利用舞者的身体姿态来展示，所以它必须运用夸张并具有象征性的形体动作来塑造艺术形象，传达内在的思想情感。通过有节奏的动作过程和姿态、表情以及不断变化的身体造型，舞蹈构造出一种独特的艺术形象。而表现生命的运动，则是舞蹈艺术最为根本的审美特质。东汉傅毅《舞赋》曾描述了汉代《盘鼓舞》舞者"郑女"的精妙舞技及其精神气象："罗衣从风，长袖交横，络绎飞散，飒擖合并。鶣鹢燕居，拉揸鹄惊，绰约闲靡，机迅体轻。姿绝伦之妙态，怀悫素之洁清，修仪操以显志兮，独驰思乎杳冥。在山峨峨，在水汤汤。与志迁化，容不虚生。"在这段描述里，我们不难从舞者轻柔舒缓、飘忽娇媚的身体动作间，见出柔中见刚、婉而有力之态。其出似疾风、跃比惊鸿、静若处子、动如脱兔的矫健之气和迅疾之美，完美地表现了舞者"气若浮云，志若秋霜"的内在情思。

其次，由于舞蹈是以人的身体动作来抒情和表现的，所以它非常重视造型，但这种造型又是动态和静态、视觉和听觉相结合的，并且只存在于表演过程之中，转瞬即逝。比起雕塑，舞蹈主要是在运动中造型；比起音乐，舞蹈更能表现主体审美情感的外在形态。

再次，构成舞蹈形式的动作、姿态等，虽然源自对现实对象的模仿，但在舞蹈表演中，它们已被抽象、概括，不再是生活中自然形态的东西，而成为相对稳定且独立地表现人的思想情感的舞蹈语言，具有特定的审美价值。例如，中国传统戏曲中的兰花手姿，起初或许是来源于纺纱、绣花时的手势动作，但经过艺术家的改造，它们却具有了"含苞""垂丝""吐蕊"等意味。

一般来说，舞蹈分为生活舞蹈与艺术舞蹈两大类。前者是人们在生活中进行的舞蹈活动，其中最为流行的，是发源于欧洲、以后又在世界各国流行的交谊舞，包括优雅的华尔兹、节奏鲜明的探戈和伦巴、动感强烈的迪斯科等。艺术舞蹈是指由舞蹈者在舞台上表演、经过艺术构思创作的作品，它需要有较高的舞蹈技巧来完成，如芭蕾舞、现代舞、民族舞、舞剧等。

3. 曲艺

曲艺，是中华民族各种说唱艺术的统称。它是由民间口头文学和歌唱艺术经过长期发展演变形成，是以"口语说唱"来叙述故事、塑造人物、表达思想感情、反映社会生活的表演艺术门类。多数以叙事为主、代言为辅，具有"一人多角（即一个演员模拟多种角色）"的特点，或说或唱；少数以代言为主、叙事为辅，分角色拆唱，不同的曲艺品种与其各自产生的地区方言关系密切，曲艺音乐则是我国民族音乐的重要组成部分。演出时演员人数较少，通常仅 1～3 人，使用简单道具。表演形式有坐说、站说、坐唱、站唱、走唱、彩唱等。曲本体裁有兼用散文和韵文、全部散文和全部韵文三种。音乐体式有唱曲牌的"联曲体"、唱七字句或十字句的"主曲体"，或综合使用两者。

曲艺包括的具体艺术品种繁多，根据调查统计，除去历史上曾经出现但是业已消亡的曲种不算，仍然存在并活跃于中国民间的曲艺品种，约有 400 种，包括相声、评书、二人转、单弦、大鼓、双簧，还有新疆维吾尔族的热瓦普苛夏克、青海的平弦、内蒙古的乌力格尔与好来宝、西藏的《格萨尔王》说唱、云南白族的大本曲，以及北京琴书、天津时调、山东快书、河南坠子、苏州弹词、扬州评话、湖北大鼓、广东粤曲、四川清音、陕西快板、常德丝弦等。各地区、各民族，共有和相异的曲种，大至十多个省份、小到一两个县区，均有不同程度的普及和流布。这些曲种虽然各有各的发展历程，但它们都具有鲜明的民间性、群众性，具有共同的艺术特征。这就使得中国的曲艺不仅成为拥有曲种最多的艺术门类，而且是深深扎根民间具有最广泛群众基础的艺术门类。

作为中国最具民族特点和民间意味的表演艺术形式集成，曲艺具有这样几个主要的艺术特征。其一，曲艺表演是以"说"和"唱"为主要表现手段，所以要求它的语言必须适于说或唱，一定要生动活泼，简练精辟并易于上口。其二，曲艺不像戏剧那样由演员装扮成固定的角色进行表演，而是由演员装扮成不同角色，以"一人多角"的方式，通过说、唱，把各种人物、故事表演给听众。因而曲艺表演比之戏剧，具有简便易行的特点。其三，曲艺表演的简便易行，使它对生活的反映快捷，曲目、书目的内容多短小精悍，因而曲艺演员通常能够自己创作，自己表演。其四，曲艺以说、唱为艺术表现的主要手段，因而它是诉诸人们听觉的艺术，它通过说、唱刺激听众的听觉来驱动听众的形象思维，在听众的思维想象中与演员共同完成艺术创造。其五，曲艺演员必须具备坚实的说功、唱功、做功和高超的模仿力，演员只有具备了这些技巧，才能将人物形象刻画得惟妙惟肖，使事件的叙述引人入胜，从而博得听众的欣赏。以上是曲艺品种艺术特点的近似之处，是它们的共性。同时这些曲种又是各自独立存在，自有个性的。不仅如此，同一曲种由于表演者各有所长，又形成不同的艺术流派，即使是同一流派，也因为表演者的差别而各具特色，这就形成了曲坛上百花争艳的繁荣景象。

曲艺发展的历史源远流长。早在古代，中国民间的说故事、讲笑话，宫廷中"俳优"（专为供奉宫廷演出的民间艺术能手）的弹唱歌舞、滑稽表演等，就含有曲艺的艺术因素。到了唐代（618—904），讲说故事小说和宣讲佛经故事的"俗讲"的出现，民间曲调的流行，使得说话技艺、歌唱技艺逐渐兴盛，标志着曲艺作为一种独立的艺术形式开始形成。宋代（960—1278）由于社会的繁荣，市民阶层逐渐壮大，说唱表演有了专门的场所，出现了职业艺人，各种说唱形式也随之兴盛起来。明清两代至民国初年（14—20世纪），伴随资本主义经济萌芽和城市数量猛增，说唱艺术取得了巨大的发展，逐渐形成我们今天所见到的曲艺艺术体系。

（三）综合艺术

所谓综合艺术，是指同时通过视觉、听觉感官以及与之相适应的审美手段的共同活动来传达和感受审美经验的艺术，主要包括电影、电视、戏剧等。

1. 电影和电视

电影和电视都是视听并用、视听结合的艺术。自从1895年电影诞生以来，短短100多年的时间里，电影的艺术创造手段、审美表现能力等迅速得到发展和丰富，不仅极大地拓展了电影艺术的审美感染力，也形成了电影艺术自身的审美特性，使之成为20世纪最具表现力的艺术类型。而电视作为现代传播媒介，同时也是年轻的视听艺术种类，它渗透到人类现实生活的各个方面，对当代社会产生了巨大的影响。

电影、电视艺术能够拥有如此巨大的魅力，是与它们所具有的逼真性、运动性和综合性的审美特性分不开的。首先，以摄影、摄像为工具，决定了电影、电视艺术的形象逼真性。电影、电视的画面与声音互为依存，较易使艺术形象直接进入接受主体的视听心理活动空间，并以此展开审美体验，从而构成电影、电视艺术独特的审美方式和艺术魅力。例如，电影创作所运用的艺术语言，主要由画面、声音和蒙太奇构成。所谓"蒙太奇（motage）"，就是指在电影制作中把分散拍摄的镜头、场面和段落，按照一定的创作构思剪辑、组接起来，使之构成一定的情节和效果。由于蒙太奇重现了人在环境中随注意力转移而依次接触视像的内心过程，因此，通过蒙太奇的运用，可以在电影中形成画面之间以及画面与音响、画面与色彩之间的组合关系，造成影片快慢、紧张、舒缓等艺术节奏和氛围，同时也使影片中的时间与空间变换具有了令人信服的真实感。

其次，画面的运动性是电影、电视艺术独特的美学特征。电影、电视是在时间中展现情节的，镜头运动在其中有着突出的作用。例如，在惊险类型的影视剧中，经常可以看到骑马或开车追逐的场景，这类镜头既是影片情节的组成部分，又充分发挥了电影运动性的美学特长，带给观众以视觉上的特殊快感。

再次，电影、电视具有综合性的特点。电影、电视艺术从文学中吸取了叙事的方式和结构，从戏剧中吸取了演员的表演方法，从绘画中吸取了构图和色调，从音乐中吸取了节奏等，因而具有极大的审美表现力。影片《音乐之声》《茶花女》等主要综合了音乐的结构，被称为"音乐片"即"音乐电影"；《一夜风流》《哈姆雷特》等主要综合了戏剧的结构因素并主要受戏剧的影响，所以被称为"戏剧电影"；而在《黄土地》《一个和八个》等中国影片中，则明显可以看到雕塑造型的因素及其影响。恰如欧洲先锋电影运动的阿倍尔·甘斯（A. Gance）所说的，电影"应当是音乐，由许多互相冲击、彼此寻求着心灵的结晶体以及视觉上的和谐、静默本身的特质所形成的音乐；它在构图上应当是绘画和雕塑；它在结构上和剪裁上应当是建筑；它应当是诗，由扑向人和物体的灵魂的梦幻的旋风构成的诗；它应当是舞蹈，由那种与心灵交流的、使你的心灵出来和画中的演员融为一体的内在节奏所形成的舞蹈"。

2. 戏剧

戏剧是以文学、绘画、雕刻、音乐、舞蹈等多种艺术形式有机合成的综合艺术，是由演员扮演角色并当众表演生活的矛盾冲突、发展、演变的艺术形式。概括地说，戏剧艺术的审美特征主要体现在：第一，作为综合性的艺术，戏剧不是各种艺术成分的简单组合，而是各种艺术成分经过有机合成之后以整体舞台形象呈现在观众面前。戏剧所包含的视觉艺术因素如剧本、演员形象、舞台美术，以及听觉艺术因素如音乐、音响等，虽然都可以具有单方面的独特审美价值，但它们之间不仅不能相互替代，而且它们也不是戏剧本身的审美价值。各种艺术成分必须服从、统一于戏剧自身的美学原则，经过剧作家、导演、演员、舞台美术工作者、音乐家等的集体创作，才能形成戏剧所独有的审美价值。换句话说，戏剧"是一种集体的创造；因为剧作家、演员、舞美设计师、制作服装以及道具和灯光的技师全都做出了贡献，就是到剧场看戏的观众也有贡献"。第二，戏剧通过表现矛盾冲突来展开情节和塑造人物形象。没有冲突，就没有戏剧。而戏剧冲突的核心，则是具有典型性的人物之间所展开的具有社会意义的性格意志冲突。不同性格意志的人物在特定戏剧情节中构成了多样的矛盾冲突，它们沿着情节发展路向朝前推进，在剧情的波澜变化中使观众（接受主体）产生或震惊、或怜悯、或恐惧的情感，进而获得高度的审美享受和审美教育。第三，戏剧具有当众表演的直观性。它通过演员扮演他人或其他事物，在观众（接受主体）面前当场完成具有完整情节和矛盾冲突的事件的表演，创造人物形象，令观众获得"喜则欲歌欲舞，悲则欲泣欲诉，怒则欲杀欲割，生气凛凛，生趣勃勃"的审美体验。第四，由于戏剧在感性直观上较其他艺术形式更接近于现实生活，是人生活动的写照，而"人"在"生活"之中，是生活的创造者，所以，对戏剧的理解和把握总是植根于人自己的生活实践本身。如果说，对戏剧的理解是一种"视听之思"，那么，这种抽象的"思"就是从活生生的生活基础上发展而来的。

3. 戏曲

戏曲是中华民族的传统艺术，是传统文化中一朵经久不衰的奇葩。中国戏曲由音乐、舞蹈、文学、美术、武术、杂技以及表演艺术各种因素综合而成的。戏曲在中国源远流长，在漫长发展的过程中，经过 800 多年不断地丰富、革新与发展。讲究唱、做、念、打，富于舞蹈性，技术性很高，构成有别于其他戏剧而成为完整的戏曲艺术体系。

中国古代戏剧因以"戏"和"曲"为主要因素，所以称作"戏曲"。中国戏曲主要包括宋元南戏、元明杂剧、传奇和明清传奇，也包括近代的京戏和其他地方戏的传统剧目在内，它是中国民族戏剧文化的通称。

据不完全统计，我国各民族地区的戏曲剧种，约有 360 多种，传统剧目数以万计。中华人民共和国成立后又出现许多改编的传统剧目，新编历史剧和表现现代生活题材的现代戏，都受广大观众热烈欢迎。比较流行著名的剧种有：京剧、昆曲、越剧、豫剧、湘剧、粤剧、秦腔、川剧、评剧、晋剧、汉剧、潮剧、闽剧、河北梆子、黄梅戏、湖南花鼓戏等 50 多个剧种，尤以京剧流行最广，遍及全国，不受地区所限。但是近几年来，戏剧艺术在中国的发展日趋衰弱，受到了新生艺术的冲击。

（四）语言艺术

语言艺术主要指文学。文学以文字语言（词语）为媒介，不像其他艺术那样直接诉诸人的视听感官，无论文学的传达还是接受都要通过主体想象去感受、体验并构造审美意象。作为一个庞大的艺术种类，文学通常包括诗歌、散文、小说等不同体裁。其中，诗歌是最早出现的一种文学体裁。它以富有节奏韵律性的语言，直接触及人的情感，创造了一个超越现实而又只存在于人的心灵之中的情感世界。散文则是较为自由地通过描述某些事件来表达主体思想情感、揭示社会意义的文学体裁，具有题材内容广阔、语言不受拘束的特点，其审美特点在于艺术表现的自由、灵活和风格的多样化。而小说以叙述故事、塑造人物形象为主，通过完整的故事情节，多侧面地塑造人物形象。

简单地说，文学的审美特征主要表现在形象性、总体性、间接性和深刻性四个方面。

第一，文学是用文字语言（词语）来创造形象的艺术。没有文字语言作为表达手段，文学就不成其为文学，所以高尔基把语言称之为"文学的第一要素"。当然，仅仅是使用语言还不成其为文学，文学语言乃是形象、优美的艺术性语言，能够完美地表达特定的审美意象，把阅读者（文学接受主体）引入文学作品的审美天地。"枯藤老树昏鸦，小桥流水人家，古道西风瘦马，夕阳西下，断肠人在天涯"，这就是一种文学（诗）的艺术性语言，它情景交融而又优美动人，使人读之回味无穷、引发共鸣。

第二，文学可以全面而广泛地反映人的生活面貌和本质。一方面，文字语言（词语）与现实世界有着最广泛的联系，它实际上是民族文化传统的最主要载体，因而，以文字语言（词语）为表现手段的文学，能够表现无比广大的外在世界和复杂的内心世界，有着比其他艺术更全面、更广阔的认识和表现功能。另一方面，文学可以深入而全面地反映人的社会关系，它所揭示的乃是人同世界的一种总体关系。

第三，文学通过文字语言（词语）来塑造艺术形象，但文字语言所塑造的形象又必须通过主体想象活动来完成，而不是像绘画、音乐那样可以直接感受到，所以，文学又具有间接性的审美特征。这就是说，作家用文字语言描写的形象，只能是一个用语言符号的一定组合所代表的形象，而不是一个物质实体的形象，它必须通过阅读者的视觉感受能力，诱发再造性想象，并在阅读者一定心理经验的参与下，才能在头脑中转化为形象。文学中所谓"如临其境""如闻其声"，说的就是在阅读者头脑中的所见所闻。

第四，语言是思维的外壳，是思想的直接实现。文学对人类生活以及艺术家思想情感的反映、表达，有着一定的理性深度，是一种精神性的存在。同时，由于文学作品中的词义所提供的一切，要受到思维确定性的规范，因而它往往比其他艺术形式更易明确表达创造主体的思想，有着更为明显的理性力量，能够使阅读者由审美体验直接地趋向认识和思考活动，进而达到明确、深刻的理解深度。可以说，正是由于文学具有这种深刻、细致地表达主体思想的特点，使文学成为所有艺术中蕴含理性内容最为深厚的艺术形式。

三、家庭艺术的设计

自从我国实行双休制度以来，青年学生全年假期占 43％ 左右，休闲时间大大增加，孩子离开了学校，回到家庭，大部分的成人漫无目的地横躺昏睡，清醒之后依然没有目标地看电视，认为慵懒地混日子就是排除压力的最好方法，完全不懂得彻底地享受休闲生活。家庭中的儿童、青少年无法在休闲中享受家庭经营休闲活动——不是被父母控制形体于增强考试能力或才艺演练上，让他完全失去自我的性向发展，就是处于一种失控的状态，自己任意寻求舒压管道。在当今复杂的社会环境中永远有错误的思想去填充人们的真空状态，儿童青少年独立自主意识比较差，又缺乏分辨是非善恶和自我克制的能力，面对社会上许多"挡不住的诱惑"很容易从事不良的休闲活动，接受不良的影响而不可自拔。所以家庭父母能否合理安排利用家庭成员的休闲时间，对于一个人的发展具有非常重要的作用。于家人闲暇时安排适当的休闲活动，成了学校或其他团体无可替代的任务。用心经营者可令家庭所有成员无论老少代代都得以享受家庭人际关系之美好，促进联系与交流，增进情感，对家庭和谐及家人全方位的发展创造了机会与条件。

为了正确引导家庭成员科学地利用闲暇时间积极参加多种文化娱乐体育活动，使之丰富和充实闲暇生活，应当注意以下几个问题。

（一）培养广泛兴趣

确实，有的人天天打扑克或泡在电视机、游戏机前，或者天天集众聊天，这是既不科学又无益的，有时还会惹出无名的烦恼。我们应当培养自己多方面的兴趣，学会更多的娱乐形式，使生活丰富多彩，趣味无穷。比如，球类能使人敏捷，给人以热烈的享受；桥牌能使人缜密，给人以静思的享受；书法能使人沉稳，给人以安宁的享受；旅游能使人开朗，给人以怡神的享受；音乐能使人昂奋，给人以优雅的享受；文学能使人多思，给人以深邃的享受……经常从事这些活动，可以给身心发展带来好处。那么怎样去培养广泛兴趣？最好的办法是参加。在实际参与过程中发现自己的潜能，培养兴趣。

（二）积极参与

当今社会上的文化娱乐体育活动也空前活跃。利用业余时间参与社会上的文化娱乐活动，可以开阔眼界，广交朋友。这就不但起到参加文化活动的作用，还可以以向各界朋友学习，向擅长者学习。

（三）提高欣赏能力

有些文化娱乐活动不一定直接参与，进行艺术欣赏在我们日常业余文化活动中也占据重要地位。马克思说过："如果你想得到艺术享受，你本身就必须是一个有艺术修养的人。"同一支曲子，有人专注于情感，有人凝神于旋律，有人欣赏意境……从中获得的东西是无穷的。遗憾的是，有人什么也听不出来，当然也一无所获。所以，要使自己的业余生活更有成效，就要不断提高自己的欣赏能力。比如，学点艺术知识，把看文化评论作为敲门砖，哪里有艺术讲座，也不妨去听一听。最好的办法是多参加欣赏活动，久而久之，就会提高欣赏能力。

（四）发展创作能力

业余活动不仅仅是欣赏和玩，还要发展一种或多种能支配自己业余文化活动的实际本领。比如，会玩一种球类，会一种乐器，会唱歌，会跳舞，会绘画，会书法，会作诗，会摄影，会雕刻等。这样经常发表自己的作品或参加展览、竞赛，才能使业余活动持久或更有兴趣。发展一种能力，比起观赏来，是要花费劳动，甚至艰苦的劳动。但在发展这种能力的过程中，会感到开辟了一个全新世界。

第八章

家庭礼仪

中国自古就是礼仪之邦，家庭更应该成为展现礼仪的重要场所。家庭礼仪有其特定的内涵和要求。自觉地遵守礼仪、展现礼仪，有助于促进家庭生活的有序运转，提高家庭生活的品位和质量。

第一节　家庭礼仪概述

一、家庭礼仪的内涵

（一）家庭礼仪的定义

家庭礼仪是指建立在家庭内，为了建立和维护正常、和谐、良好的家庭关系而约定俗成的一系列行为规范要求的总和。家庭礼仪所规范的对象是家庭生活活动模式和家庭成员之间的交往行为方式。

一个具体的家庭是有其生命周期的。在家庭的形成、发展、解体和消亡的过程中，往往要进行一些特有的活动，如结婚、婴儿降生（及此后对这一降生的纪念）、家庭成员的离世、对已故家庭成员的纪念等。家庭礼仪包含对这些活动的内容与形式、程序的规定。家庭内部成员的关系各有不同，如夫妻关系、父子关系、母子关系、祖孙关系、其他旁系血亲关系。此外还有不同家庭之间的关系。处于不同家庭关系中的当事人应当如何进行交往活动，也需要对家庭礼仪加以规范。

由于对家庭礼仪概念的理解不尽相同，人们对于家庭礼仪包含了哪些具体内容还没有形成一致观点。一般认为可以包括以下几个方面：家庭成员关系礼仪、家人和亲属的称谓礼仪、邻里交往礼仪、家庭间互访礼仪、家庭日常生活礼仪（如用餐礼仪）、家庭仪式等。

（二）家庭礼仪的价值

家人之间也需要礼仪吗？有的人认为自己家里人之间没有必要讲客套、讲礼仪。其实正好相反。在中国古代的思想家们看来，讲不讲礼仪、礼节，是否遵守礼制，是一个人是否有资格在社会中生存的最重要标准。《诗经·相鼠》中说："人而无仪，不死何为……人而无礼，胡不遄死？"人作为社会性动物，其生存的根本要件是要维系好各种各样纷繁复杂的社会关系。哪种社会关系没能正确处理好，就会被哪种社会关系所排斥。家庭成员之间的关系也是社会关系的一种，而且是最重要的社会关系。"家和万事兴"，古代中国人把良好、和谐的家庭关系看作一切事业兴旺发达的前提。而家庭礼仪正是妥善处理和维系这一最重要的社会关系所不可或缺的。正因为如此，中国古代才会提出处理夫妻关系这一家庭里的核心关系也要"相敬如宾"的重要观念。古代也把是否遵守礼仪，尤其是遵守家庭礼仪，看作是一个人是否有"家教"、有"教养"的重要标志。在等级制社会里，社会等级越高的家庭就越注重家庭礼仪。不同的家庭礼仪成为区分社会等级的一种重要的外在标志。《红楼梦》里林黛玉到了外婆家荣国府，"处处留心时时在意"，正是出于要遵循"大户人家"的礼仪规范，以免遭到他人的负面评价和排斥。

（三）家庭礼仪与其他礼仪的关系

礼仪规范着各种各样的社会关系，可以划分出不同领域和类型的礼仪。家庭礼仪是礼仪的一种，是整个社会礼仪体系中不可缺少的组成部分。

家庭礼仪与其他礼仪所规定的内容不同。不同的礼仪界定的是不同的社会关系。家庭礼仪界定的是家庭关系。家庭关系是最为亲密的社会关系，是一种以血缘关系为基础的、包含感情的社会关系。因而家庭礼仪除了一般礼仪所含有的尊敬、尊重的因素之外，还包含了家庭成员之间的特殊感情：亲情和爱情。如果说很多其他礼仪所代表的社会关系是发生在陌生人之间，就算没有感情也可以行礼如仪的话，那么，没有感情的家庭礼仪是不可想象的。

通过家庭礼仪，家庭成员维系并增进彼此的感情，巩固家庭关系，加强家庭的内部沟通，强化家庭身份、角色认同和对家庭的归属感，形成人生中最重要的、也是终生的生活与命运的共同体。因此也可以说，家庭礼仪相比起其他的礼仪具有较强的排他性，只有在具有血缘或婚姻纽带的人们之间才有进行家庭礼仪的可能。

（四）家庭礼仪与家庭制度的关系

家庭制度是对家庭关系的一种明确的、强制性的约定。例如婚姻制度约定的是在一定社会范围内，何种形式的男女关系是为社会所承认和接受的。现代社会通行的婚姻制度是一夫一妻制。又如财产制度约定家庭成员之间对家庭财产的支配权。生产制度约定在家庭生产中的主从关系（这一关系也常常延伸到日常家庭生活中）等。而家庭礼仪则是这些家庭关系的强化和体现。如婚姻礼仪是在婚姻制度确定的前提之下，规定特定的男女双方如何从普通的社会关系转化为特殊的夫妻关系，这一过程要经历哪些环节，各个环节涉及哪些当事人，当事人之间应该进行哪些活动，以及这些活动的细节等等（现代社会的婚姻礼仪还应该包括男女双方如何解除夫妻关系，即由单纯的结婚礼仪扩展为离婚礼仪）。

就像结婚礼仪可以采用中式婚礼、西式婚礼、旅行婚礼一样，特定的家庭关系、家庭制度也往往对应不同的礼仪形式。而有的时候在某些家庭中，家庭关系的确立并没有经过一定的礼仪过程，但是这并不影响这一关系和制度的存在，只不过可能会影响到当事人或周边社会人群对这一关系的认定和评价。

（五）家庭礼仪与家庭伦理的关系

家庭伦理同样是对家庭内部关系的规范，但是这种规范和家庭礼仪在层次上、功能上都有所区别。家庭伦理和其他伦理道德一样，是人们对于人与人关系的一种较为抽象的观念，它所解决的问题是某一家庭关系应当"是什么"。而家庭礼仪则一般规定在某一场景或状况下，如何具体处理特定家庭成员之间的问题，它所解决的问题是为了处理某一家庭关系应当"怎么做"。例如夫妻关系，旧时的伦理观认为应该是"夫为妻纲"，妻子不仅要和丈夫相互尊敬，而且要绝对服从丈夫；相应的在具体的礼仪上，则从夫妻关系缔结的各个环节开始就已经处处体现着这种上下尊卑的关系，比如女方的姓名只有夫家通过特定的礼节才能获得而不能为外人所知、新郎向新娘"射箭"、新娘的盖头必须由新郎揭开，都是一再强调丈夫是妻子的主人。又如中国传统非常强调的亲子关系伦理——孝，也是通过很多具体的诸如生养死葬、晨省昏定等传统家庭礼仪的行为规则来体现的。只有相关的当事人在这些繁多的礼仪细节方面都达到了相应的规定之后，社会对家庭伦理的要求才在一个个具体的家庭中真正得到落实。所以，家庭伦理是通过家庭礼仪的履行体现的。家庭伦理与家庭礼仪之间的关系是抽象与具体、内在和外在、理念与行为、目的与实现方式的关系。某种家庭礼仪也只有体现了一定的家庭伦理价值才有真正的意义，否则就是毫无用处的摆设和作秀。

二、家庭礼仪的渊源

家庭礼仪是一种久远、广泛的社会现象。它之所以产生、存在，如何发展、演变，有其深厚的渊源。家庭礼仪的主要渊源有社会渊源、文化渊源、家庭渊源和礼仪渊源。

（一）社会渊源

人、家庭、礼仪都产生于一定社会基础上。古语云"仓廪实而知礼节"就说明了一定的社会经济条件是礼仪能够存在的前提。某一时代的社会结构、社会形态从根本上限定了人的生存状态，比如受教育水平、社会地位、富裕程度、职业状况等。生存状态则影响着人们的思维方式、生活方式、行为方式。这都会造成处于不同生存状态的家庭的礼仪形式以及对待礼仪的态度有所不同。

另外，政府政策的变化、社会状态的稳定与否也会对于家庭状况产生较大的影响。比如当今中国的计划生育政策引发了家庭结构自古未有的巨变；社会动荡会导致家庭的解体、家庭成员的死亡或离散、家庭关系的不稳定、社会劳动力的供给不足、男女性别比例严重失调等，这些都严重影响着家庭本身的存续以及附着于其上的家庭礼仪。历史上每逢饥荒战乱，都会发生妻离子散乃至易子而食的人伦惨剧，家庭分崩离析，往日家庭成员之间的脉脉温情到此时都荡然无存，甚至某些人完全退回到动物性的状态，此时家庭礼仪就成为一种奢侈。而当社会动荡告一段落的时候，历代统治者都要花大力气扶持家庭、家庭伦理、家庭礼仪的重建。

（二）文化渊源

这里的文化主要指影响家庭礼仪形成和变化的制度与精神层面的文化，比如伦理道德观念、主流意识形态（如宗教、儒家思想或马克思主义政治理论体系）、地方性民族性的风俗习惯、大众文化等。任何一个社会都有处于主导地位、支配地位的伦理道德观念和主流意识形态，这是影响家庭礼仪的主要文化因素。比如受儒家思想影响的中国、朝鲜、日本等国的家庭，其家庭礼仪就带有很强的等级色彩和家长制的色彩；而受马克思主义影响较大的国家，其家庭比较强调平等、解放，也比较强调阶级性，则对于传统的家庭伦理和家庭礼仪造成了相当大的冲击。长期地定居于某一地方的家庭，地方性的风俗习惯不可避免地要渗透到家庭生活中，使一些较为普遍的家庭礼仪在细节上会带有丰富多彩的地方特色或民族特色。比如在我国东部沿海某些地方，举家团圆的重要家庭仪式——中秋节，并不像在其他地方一样是农历八月十五，而是农历八月十六；举行婚礼的时候，男方向女方下聘，有的地方要求有猪头，而有些地方要求的则是海鱼等。工商业的发展把很多人卷入了大众文化之中，身处其中的人们往往很难抵御大众文化的强大冲击力，很多日常活动、行为就会受到或明或暗的影响。比如在现今中国，很多人会选择在麦当劳这一类的快餐店庆祝生日、亲友聚会；会有很多人过圣诞节和情人节、在教堂里举行外表上和西方基督徒一样的西式婚礼，而其中大部分人对于这些节日和礼节的内涵不甚了了，更谈不上信仰基督教。他们之所以选择用这种新的方式来进行自己的家庭礼仪活动，与其说是受西方宗教的影响，不如说是受到了当下大众文化的无所不在的浅层影响。

（三）家庭渊源

家庭是家庭礼仪发挥其功能的场所，家庭关系是家庭礼仪发挥其功能的对象。因此家庭本身的存在是家庭礼仪出现的直接前提。在人类社会的最初阶段，并没有形成稳固的家庭；只有在家庭相对定型之后，家庭礼仪才随之逐渐成形。

家庭并不是静态的，而是动态的。这种动态既包括宏观上的变迁，也包括每个具体家庭的形成、变化、解体过程。家庭的存续决定了家庭礼仪的存续。同一个家庭在不同的发展阶段，所涉及的家庭生活活动、仪式各不相同，因家庭成员发生变化导致的家庭关系的增减和调整也会影响到家庭成员关系礼仪发生一定的变化。比如在中国古代，亲子关系强调"孝"。但是在不同的人生阶段，子女成年、结婚生子、父母的老去都会影响亲子关系礼仪的履行。

在同等条件下，家庭规模和家庭结构的不同也会对家庭礼仪产生一定的影响。一般情况下，家庭规模较大、家庭结构较为复杂的家庭往往比家庭规模小、家庭结构相对单纯的家庭更注重礼仪的作用，其礼仪规范和要求更严格、更繁杂，因为这种家庭中的成员要处理非常复杂和微妙的家庭关系，需要更为完善的家庭礼仪等手段处理好这些家庭关系。比如最简单的"打招呼"，在一大群家庭成员同时在场的情况下，应当按怎样的顺序、给予怎样的称谓才能让在场的每个人都感受到自己对对方恰如其分的尊重；一大群家庭成员吃饭、出行，入座的排位、行走时候每个人的位置，都不容有差错。另外，在比较讲究等级的家庭里，如果权力和权威比较集中的话，家庭礼仪也会受到这种权力和权威的影响，而不仅仅是原有的较为自然的血缘关系的影响。

家庭生活内容和生活方式也在一定程度上影响着家庭关系，带动家庭礼仪的变化。如由于从事不同的生产，农业家庭、渔业家庭、商业家庭之间的礼仪表现就会各有不同。"商人重利轻别离"，说的就是商人家庭关系由于商人经常外出，影响了与家庭成员之间的感情和关系，在很多家庭礼仪场合也往往缺席。在现代社会中，由于家庭成员往往从事不同的职业，发生因生产劳动而引起的分离，使得现代家庭与古代家庭相比呈现迥然不同的面貌，在这一情况下，曾经一板一眼的古代家庭礼仪自然就很难适应现代家庭的这种变化了。

（四）礼仪渊源

礼仪不仅是具体的行为规范，还会在礼仪发展的基础上形成一定的礼仪观念、礼仪精神，比如对礼仪是否重视、礼仪应当发挥什么样的作用、礼仪应当遵循什么样的原则等。古今中外的礼仪观念、礼仪精神中，礼仪以体现尊重为宗旨，以实现社会关系的和谐为目标，这些是相通的。但是在很多方面仍然会有很多的不同和变化。比如在古代社会，人们的礼仪观念中平等、隐私的观念较为淡漠，往往为了强调对对方的尊重而损害了自身的尊严。中国人往往通过自我贬损来表明自己"懂礼节"，如过度的谦虚，听到对方的夸赞不管是否属实只能否认而不能接受，对自己和家人甚至要用"不才""犬子""贱内"相称。而在现代社会，长辈、父母如果想通过私自翻看子女的日记、书信、手机等来表达自己的"关心"，往往会引起子女的抵触，导致家庭冲突。

在每个社会的礼仪体系中，家庭礼仪和其他礼仪之间也通过相互影响、相互制约构成一个整体。由于家庭礼仪并不是最早产生的礼仪，所以当家庭礼仪形成的时候，就要吸取、借鉴其他礼仪的内容和形式，如宗教礼仪、政治礼仪等。对祖先的崇拜是我国古代家庭礼仪的一个显著特征，许多传统节日其实都是为了祭拜祖先，人们还建造祠堂供奉祖先牌位，修家谱、族谱以铭记祖先。这种崇拜就是原始社会祖先崇拜这一宗教礼仪的一种遗留。

三、家庭礼仪的形成与发展

顾名思义，家庭礼仪的出现是以家庭的形成为前提的，并随着家庭和社会的变迁而发展、变化。

由于缺乏充分的证据，人类家庭形成的时间目前还没有定论。我们只能从现存的、保留了较多原始色彩的一些原始部族中观察到其中的一些蛛丝马迹。一般认为最初的人类社会并没有固定的婚姻关系、家庭关系，而是杂乱无章的，也就不存在家庭礼仪。所谓"无亲戚兄弟夫妻男女之别，无上下长幼之道，进退揖让之礼"。只有到了母系氏族时代，慢慢形成以女性为核心的早期家庭关系，才有了家庭礼仪的萌芽。"伏羲制嫁娶，以俪皮为礼"。父系氏族取代母系氏族的时候，家庭关系已经较为发达、成熟了，有了"君臣上下之义，父子兄弟之礼，夫妇匹配之合"。

进入文明社会以后，氏族组织向宗族发展，而家庭仍然处于依附的地位，没有实现真正的独立。所以这一时期的家庭礼仪往往与宗族的宗法、早期国家的政治礼仪等混杂在一起，更为强调由于血缘的亲疏而形成的宗族内部等级上下之间的尊敬、服从。我国西周初年"分封诸侯""周公制礼"，形成了庞大的政治礼仪－宗族礼仪体系，"礼仪三百，威仪三千"，蔚为大观，为后世礼仪的发展留下了丰厚的遗产。

随着社会的发展，宗族的规模、活动范围日益扩大，宗族成员之间的血缘关系日益淡漠，渐渐地失去凝聚力，最终走向解体。而生产的发展使得个体小家庭的独立和发展成为可能。尤为显著的是秦国的商鞅变法确定了小家庭制度，强制子女成家后与父母分家，以保证农业生产的积极性。在这一时代潮流影响下，家庭礼仪也得到了真正的确立和发展。作为思想家、礼仪学家的孔子，有心固守传统的政治礼仪－宗族礼仪体系，但面对所谓"礼崩乐坏"的局面也无力回天，只能顺势进行变革，通过不断强调"孝"来维持家庭秩序，进而维护等级森严的社会秩序、政治秩序。因而其学说经过汉初的改造后得到统治者的接纳，并发展为"三纲五常"。后来虽然家庭形式有所变化，但这一家庭礼仪体系仍在不断发展，直至宋元以后出现了专门的家庭礼仪著作，如《朱子家礼》。在古代农业社会，没有哪个国家的家庭礼仪能像中国一样，有如此深厚的理论基础、丰富的专门论著、繁多的名目、细致的规则。

如果说在农业社会，古代中国的礼仪文化代表了全世界的最高水平的话，那么在工业社会时代，则是西欧得到了率先的发展。欧洲的现代家庭礼仪脱胎于中世纪的封建贵族家庭礼仪和基督教宗教礼仪，在文艺复兴、宗教改革、启蒙运动引发的人文主义、个人主义、理性主义、自由主义等现代社会思潮的影响之下，经历工业化、商业化大潮的席卷，以贵族家庭和中产阶级家庭引领风气之先，通过西欧各国现代教育体系和文化传播体系的大力推广和教育，得以逐渐形成。由于现代社会持续和剧烈的变化，所以现代家庭与现代家庭礼仪将继续发生迅速而巨大的变化。

而在中国，近代以来随着传统社会和传统家庭的没落和解体，传统文化受到质疑，尤其是在随之而来的新文化运动和革命文化的影响下，传统礼仪包括家庭礼仪被认为是"礼教杀人"而被抛弃。而西方文化和西方的现代家庭礼仪在很长时间之内又被视为是"资产阶级腐朽生活方式""小资情调"而遭否定。直至近二三十年，整个社会礼仪包括家庭礼仪的恢复、重建才逐步提上议事日程。而要形成真正适合现代中国社会和家庭的现代中国家庭礼仪，还为时尚早。

第二节　家庭礼仪的特点与功能

一、家庭礼仪的主要特点

家庭礼仪发生在家庭或与家庭相关的场合，协调和维系着家庭和家庭周边的关系。因此，家庭礼仪具有与其他方面的礼仪不同的一些特点。

(一) 普遍性

家庭礼仪的存在不管在时间上、空间上、领域上都具有其他礼仪难以比拟的普遍性。家庭礼仪产生的时间极为久远，从原始社会末期家庭产生以来就有了家庭礼仪。而其他的礼仪往往是在此后发生的社会分工、社会分化的过程中不断产生新的社会角色、社会关系的背景之下慢慢发展起来的。在空间上，世界上所有的国家、民族，只要存在家庭，就存在家庭礼仪。在领域上，很多礼仪类型的专业性较强。只要不处于这一特定行业之中，就可以不遵循这一行业的礼仪规范。比如教师礼仪用于规范教师行为，其他大部分社会上的非教师职业的人就可以不遵守这一规范。而家庭礼仪则不然。绝大部分人都拥有家庭，处在正常的家庭环境之中，作为家庭成员之一，每个人都应当遵守一定的家庭礼仪规范。

(二) 亲密性

家庭礼仪的一个重要特定是包含着家庭成员之间的感情，体现着家庭成员之间特有的亲密关系。很多其他领域的礼仪是与感情无关的，当事人之间并不存在感情，也可以发生礼仪行为。比如餐厅服务员对顾客脸带微笑、轻声细语，只是在遵守她所从事的行业普遍要求的"微笑服务"的规定，并不一定意味着她对顾客产生了感情。而不含感情、违背感情的家庭礼仪是无法想象、无法接受的。如果家庭成员中也存在"口不应心""口蜜腹剑"的"虚伪"礼仪行为，这将导致人们失去最重要、最根本的归宿感和安全感。因此，家庭礼仪是以家人之间的感情为基础，并增进家人感情的，而不能与感情相背离。

（三）持久性

家庭关系是持续性、稳定性最为强烈的一种现实社会关系。家庭成员之间的交往行为是持续一生的。就算家人去世，往往感情和关系还存续，也会发生相应的礼仪行为，比如悼念活动等。而其他方面的礼仪行为很多时候是暂时性的、一次性的。例如店主和买东西的顾客之间的礼仪行为仅仅存续于买卖行为过程中而不会发生扩展。如果顾客只来买过一次东西，那么他们之间的礼仪行为也就只发生一次。因为他们之间的关系存续非常短暂。家庭关系持久性意味着，特定的家庭成员的礼仪行为应该是相对固定、前后一贯的。除非出于无意或客观原因，如果其中一方有意改变了自己的礼仪行为模式，那么双方之间的关系或感情必定发生了某种变化。古语云"日久见人心"。一个人是否真正遵守了家庭礼仪，绝非一朝一夕所能体现，而是要通过日复一日、年复一年的行为，才能判定。而旁人也正是据此判断他对家庭成员的感情如何，与家庭成员的关系如何。

（四）复杂性

家庭礼仪的复杂性首先表现为内容的多样性。家庭关系是一种全方位的关系，家庭成员朝夕相处，其交往和生活内容涉及方方面面，因而其礼仪的内容也随着交往和生活的内容、场景的变换而提出不同的要求。从主体上看，家庭成员在家庭中所扮演的角色也不是单一的，而是复合的、多重的，同一个人在不同的家庭成员面前所要扮演的角色不同、从事的交往不同，对其提出的礼仪规范的要求就会有很大的区别。比如男性在分别扮演丈夫、儿子、父亲的角色时，他履行的职责和礼仪行为就绝不能混淆。随着家庭成员年龄的增长，所扮演的角色会产生新的变化，所应遵循的礼仪规范也要随之调整。在这些方面，家庭礼仪比起其他的礼仪要复杂得多。因为其他的礼仪往往只表示一种社会关系，包含单一的礼仪内容，对当事人的角色要求也是比较单纯的，相形之下就显得"简单"。而家庭礼仪和其他礼仪在复杂性方面表现得较为一致的一点是，它们都会随着地域、文化、时代背景和社会风气等外部因素的变迁而发生变化。当然，不同家庭内部因其客观条件和主观观念的不同，在内容和要求上也会呈现出一定的差别。

二、家庭礼仪的基本功能

家庭礼仪作为一种普遍的社会行为规范，之所以能够存在和延续，是因为家庭礼仪可以满足和实现社会个体、群体和全体的许多需求，发挥社会、道德、文化等多方面的功能。

(一) 社会整合功能

从社会的角度来看，家庭礼仪的基本功能是整合。家庭礼仪是维系和谐的家庭关系的必要手段。和其他许多的社会矛盾、社会冲突一样，家庭内部的矛盾和冲突除了利益的原因或观念的原因，很多时候仅仅是因为沟通的原因。在多数情况下，家庭成员之间是同舟共济的，完全不存在根本性的矛盾冲突。但是由于沟通方式的不当而引发的冲突往往会引起彼此间的心理不平衡，小事变大事。诸如：为什么对外人能心平气和、彬彬有礼，对家里人反而态度恶劣等。从沟通的角度来说，成功有效的沟通往往不取决于内容，而取决于态度和方式。如果家庭成员之间也能注重礼仪，以平和的心态、足够的尊重、适当的方式相互沟通，则大部分家庭的"鸡毛蒜皮"的小矛盾就可以消弭于无形中。在良好的家庭气氛中，家人的心态会越来越好，沟通会越来越有效。正所谓"家和万事兴"，注重礼仪的家庭化解了内部矛盾，营造了良好的家庭氛围，更利于家庭成员的身心健康和顺利发展。一个矛盾冲突较少的家庭，其家庭凝聚力更强，标志着其家庭生活品质和水平提高到一个更加文明的层次和状态。身心愉悦的家庭成员走出家门，也会以更好的状态与他人接触交往、投入自己的事业或学业，而不会把家庭冲突而积蓄的怨气发泄到社会上，所以讲求礼仪、营造家庭关系的和谐，也是推进整个社会走向稳定与和谐的重要基础。

(二) 道德教化功能

首先，家庭礼仪在儿童形成良好的道德意识和行为习惯方面是不可替代的教育内容。这与儿童的心理特征和认知特征有关。儿童的认知是从具体事物开始的，而不善于接受抽象事物，进行抽象思考。所以如果大人对孩子讲大道理、讲理由，对儿童收效甚微。家庭礼仪就是从具体的日常行为点点滴滴开始的，积小善而成大德，让孩子在接受和遵从一个个具体的家庭礼仪规范过程中成为一个有道德、守规则的人。从家庭礼仪入手进行儿童教育，有利于少年儿童的成长和将来的社会化。他们从家庭礼仪的履行过程中会认识到自己只是整个礼仪过程中的一分子，要恰如其分地完成属于自己的"规定动作"、注意自己的形象举止、尊重和照顾他人的感受和需要，才能顺利完成整个的礼仪过程。长大以后他们就会懂得融入社会、与符合社会要求的其他礼仪过程相连接，顺利地展开与他人的交往。有些人在青少年时候缺乏家庭礼仪教育，长大以后再"补课"，难度会非常大，甚至会引起他们的逆反心理："我一直就是这样的，我家里人都没教我这样那样，你凭什么指指点点……"最后造成个人严重的社会化障碍，连基本的与人相处、沟通意愿、技能都不具备，无法与他人良好沟通、和睦相处，在社会交往中稍遇挫折和冲突，就引起过激反应。近些年屡屡曝光的许多中小学学生之间、大学的室友之间，往往因为一些小小的摩擦而引发暴力冲突带来严重的后果。这些情况往往和我们在家庭教育、学校教育中过分注重形而上的道德观念的空洞教育，而忽视或不善于开展具体的良好礼仪行为规范的教育有很大的关联。

同时，注重礼仪的家庭的成年成员在教育孩子形成良好的礼仪习惯的过程中对自身的行为也会更为注意，从而提高了整个家庭的礼仪水准。俗话说，榜样的力量是无穷的。身边的榜样比起遥远的榜样更容易激发人们学习的动力。这样，一个有良好形象和声誉的家庭，也可以在一定程度上带动周边的礼仪素质的提高。目前，我国国民形象在世界上口碑不佳，大多与部分国民不注意礼仪举止，不在意自身的形象和影响，不考虑和尊重他人，而引起国际舆论诟病。要使整体的国民素质与社会文明程度得到较大的改观，重视家庭礼仪是很重要的基础和切入点。因为特殊的家庭关系使得在家庭成员之间进行礼仪行为的推动和监督会比其他场合更为有效。如果我们能改变对家庭礼仪的忽视，在一段时间之后，会有相应的成效。

（三）文化传承功能

民族复兴是每个中国人的梦想。而民族复兴在根本上应当是文化的复兴和国民生活的幸福。作为礼仪之邦的中国，礼仪文化本身就是中华传统文化的核心内容。在追求文化复兴的过程中，要传承我们优秀的传统文化，包括家庭礼仪在内的礼仪文化就是必不可少的组成部分。否则，即使我们的国力强大了，但是文化空虚、举止粗鲁，在世界上只会被看成是暴发户、散财童子，而难以得到一个真正的文明悠久的强大国家理应得到的尊重。要得到他人的尊重，首先要尊重他人，并以自身的表现赢得他人的尊重，这是最简单的道理。家庭礼仪本身就是一种包罗万象的文化，在它的背后还包含着许多道德、艺术、文化、风俗等方面的文化底蕴。继承了优秀的家庭礼仪文化，也就是无形之中传承了大量的传统文化价值与内涵。目前，社会上林林总总的"礼仪培训"层出不穷，对于礼仪文化的普及、礼仪素质的提高起了很大的作用。但其受众和内容都略嫌狭隘，且过于讲求功利和速效性，在文化传承方面往往只能是浮光掠影、浅尝辄止，很难做到扎实、深入。礼仪文化不是快餐，是天天要吃的家常便饭。千千万万家庭讲求家庭礼仪，形成普遍的文雅家风，改良一方的民风。这种无声的浸润和熏陶，才能更为全面和深入，从而更加有效。

第三节　家庭礼仪的内容与规范

本节主要介绍家庭生活中的各种礼节和仪式的内容与规范。由于篇幅所限，难以将诸多的家庭礼仪细节做详尽的描述，因此将主要集中于介绍相关的规则、原则和观念。在此基础上，根据每个家庭自身情况的不同，具体的礼仪内容和形式可以有所不同，但精神实质和原则是共通的。

一、家庭成员关系礼仪

（一）子女对父母的礼仪

俗话说"百善孝为先"，中国古代把孝顺父母看作最基本的道德规范和礼仪要求。在现代社会，尊敬、善待、赡养父母仍然是子女应尽的义务。在日常方面，起居答对以恭敬为先。要留意并记住有关父母的一些生活细节，如衣物的尺寸、生活习惯、兴趣爱好、生活经历等（这些往往为很多子女所忽视），这样才能更好地满足他们的需要。记住父母的生日，在他们生日和父亲节、母亲节的时候给予庆祝和祝福。关注父母的健康，体谅父母因为衰老而带来的病痛、不便乃至痛苦。维护父母的尊严，尊重他们的生活空间，不能强制父母服从自己的意志，尤其是不能干涉单身老人的婚恋自由。平时多陪伴父母，和他们谈心，缓解老人的寂寞孤独感。"空巢"老人是当今社会一个令人心酸的社会话题，如果身处外地，应该经常保持和父母的联系，并在节假日回家探望。要处理好整体家庭关系，尤其是教育好自己的孩子，带孩子经常看望、陪伴父母，因为这是他们内心最大的安慰。为了不让"子欲养而亲不待"的悲剧发生在我们自己的身上，请从点点滴滴、最细微处善待我们的父母。

（二）父母对子女的礼仪

在我们的传统观念中，父母与子女的关系往往表现为子女对父母单方面的"孝"，而不认为父母对子女方面有什么礼仪上的要求。或许有的父母会认为子女是自己生、自己养的，没必要在他们面前讲礼仪。绝大部分父母毫无疑问是爱子女的，而且是无尽无私的爱。但是爱要讲方式方法才能有好的结果。父母对子女不仅要有爱，也要讲礼仪。不管对成年子女还是未成年子女，父母对他们讲求适当的尊重对双方都有莫大的好处。对于成年子女，不能再把他们当成未长大的孩子，事事包办、事事干涉，甚至无理搅三分，这样会给子女带来很大的困扰。而对于未成年子女，虽然他们的能力和经验不足，需要父母的保护和扶持。但也正因如此，父母更要把握分寸，尊重子女，努力做到亲子关系的民主，尤其是对于子女的隐私、社会交往、发展方向、恋爱婚姻等方面不要强加干涉、强制子女服从。和子女有不同看法可以提供建议、协商，而不是采用强迫和压制，这样才能保持良性的亲子关系，不至于给子女的成长造成大的不良后果。

（三）夫妻之间的礼仪

夫妻关系是家庭关系中的核心，然而双方又没有血缘关系。很多夫妻感叹"相爱容易相处难"。所以夫妻关系既重要又脆弱，需要从多方面精心呵护。

夫妻间要互相包容。婚前男女双方处于热恋期，充满浪漫和幻想，看到的也多是对方的优点。而婚后要面临"骨感"的现实问题，对方的缺点也会慢慢暴露。很多人难以面对这样的落差。俗话说"水至清则无鱼"，百分百称心满意的伴侣和生活方式是很难找到的。这时候就要讲"退一步海阔天空"，保持平常心。只要不是根本的品质问题，其他生活习惯、观念等方面的问题，能改则改，改不了的尽可以磨合、适应。

夫妻之间要互相尊重和互相信任，共同承担家庭责任，遇事共同商量。"大男子主义"或"妻管严"都不是健康的夫妻关系。

在导致许多夫妻发生矛盾的家务问题上，可以合理分工，互相体谅。最好是夫妻二人能一起做家务。

夫妻间要"善于"吵架，勇于和好。夫妻之间吵架是正常现象。但要控制在一定限度内，应该是一场"有限战争"，而不能无限升级。有人说夫妻吵架是一门艺术。最重要的是就事论事，不能翻旧账、搞人身攻击，乃至于发展到家庭暴力或离家出走。吵架后也不能打"冷战"。"冷战"并不能冷却矛盾，只会冷却夫妻感情，而要及时沟通、和好。夫妻关门吵架，没有所谓的"面子"问题。不能因为根本不存在的"面子"伤及最重要的夫妻感情。

婚后，夫妻各自也应该有一定的发展、交往空间，要支持、帮助对方的发展。夫妻关系虽好，也不能取代其他社会关系。不能要求对方围着自己转，不能出现类似"你是要我还是要某某"的选择题，更不能动辄要求对方做出"牺牲"来成全自己。家庭和夫妻感情会随着双方在社会上的良好发展而进入良性循环。

尊重对方的家庭成员。夫妻双方在婚前与自己有血缘关系的其他家庭成员生活了20来年，这种感情和关系是无可取代的。尊重对方的家庭成员就是在尊重对方。如果一方表现出对对方家庭成员的不尊重，夫妻之间必然会心存芥蒂，甚至会发生冲突。

继续共同经营双方的感情，维持感情的热度。夫妻之间最大的悲剧是有朝一日蓦然发现双方原来热烈深厚的感情如今已经淡如水、冷如冰了。或许期间双方并没有大的冲突和隔阂，而是被时间和琐事消磨。因而，婚后维持对对方的关心和爱意，并不时表达出来，精心制造一点小浪漫、小惊喜，给两个人创造单独相处的时间和空间进行交流是非常重要的。

（四）婆媳之间的礼仪

婆媳之间的相处往往是家庭关系的难点和很多矛盾的爆发点。这是由于双方没有共同生活的感情基础，观念和生活习惯也难免有较大的差异；再加上婆婆总会担心媳妇不能像自己那样好好照顾自己的儿子，而媳妇认为自己应该主导和丈夫两个人的生活。而夹在其中的丈夫/儿子如果不能妥善处理这一矛盾，则会深受"两个女人的战争"之苦，家庭关系也会更加紧张。其实婆媳之间只要求同存异，相处就会容易得多。"同"就是双方都为了"那个男人"，双方好好相处，"那个男人"才能过好日子。有了这一共同点，其他的差异都可以包容，对生活的安排也可以互相商议。作为丈夫/儿子不能置身事外或束手无策，要充当婆媳间的桥梁，在两人之间多说彼此的好话。

家庭关系礼仪的内容还包括翁婿之间、兄弟姐妹之间、姑嫂之间、妯娌之间的礼仪等。由于当今的家庭基本上是小规模家庭，这些关系的家庭成员日常共处的时间并不多。更为常见的是年节之时的礼尚往来，因而在此不做展开。另外，现代的家庭形态比古代更加丰富多样，出现了单亲家庭、失子家庭、丁克家庭、收养家庭、重组家庭等情况（国外还有同性恋家庭）。这些类型的家庭关系礼仪问题还有待我们以后深入探讨，本书不做赘述。

二、家庭成员称谓礼仪

称谓，看成是人与人交往的"开口第一句"。中国古代对称谓极为看重。孔子云："必也正名。"称谓也是"名"的一种，应该符合双方的地位和彼此的关系，否则"名不正，言不顺"。所以儒家被称为"礼教"，也被称为"名教"。称谓是彼此交往的第一关，如果这第一关没过好，势必影响交往的气氛，甚至要影响到彼此的关系。而现代年轻人往往轻忽称谓问题，闹出"我的家父""我的令尊"之类的笑话。做好称谓礼仪，才能出面"见人"，顺利迈出社会交往的第一步。

不同民族和文化的称谓文化丰富繁多，或庄重，或文雅，或亲切，不一而足。从内容上说，家人亲友之间称谓的的内容包括：姓名（包括字、号）、关系称谓、代指等（职务称谓一般用于常人交往，不适用于家人亲友间的交往）。从态度上讲，有一般性称谓、敬称、雅称。从方式上讲，有书面称谓和口头称谓。

古代的关系称谓简单列举如下：自己父母称为家父、家母、家严、家慈；称呼对方的父母为令尊、令堂；称呼自己兄妹为家兄、家姐、小弟、舍妹；称呼别人兄妹为令兄、令妹等；称呼别人子女为令郎、令爱等。现在则往往简化为口头性称谓，如我（您）父亲（母亲、哥哥、弟弟、妹妹、儿子、女儿）等。代指：古代有吾、汝、尔、彼、在下、阁下、足下等。而现代则简化为你（您）、我、他（她）。

在称谓礼仪方面，还应注意以下事项：

1. 西方不分亲疏都可以一律用"Hi"或"Hello"来打招呼。而国内如果单纯用"喂"来打招呼，不管是在家人朋友之间还是在普通人之间，则会认为是失礼的，有古代以"嗟！咄！"呼人的粗鲁感觉。而不打招呼直接说话，在我国民间称为"说白话"，更是无礼的行为。

2. 使用代称的时候，对对方尤其是对长辈应该先做正式称呼，再使用代称"你"或"您"；尤其不应当直接称"你"。

3. 称谓应当准确，如弄错是对称谓对象的不尊重。所以要事先弄清对象的姓名、地位和相互关系。如果对对方家人、亲人的身份不清楚，应询问之后再相称。

4. 在关系特别亲密的家庭成员之间，可以使用昵称、小名、爱称，以体现双方之间特别亲近的关系，增进交往的愉悦感。但是在公众场合则应慎重使用。

5. 按照中国古代的称谓礼仪要求，亲人之间一般不直接称名。尤其对长辈，古代有避讳的规矩，不仅不可称名，就是平时遇到长辈姓名中所用的字，也避而不用、改作他字；实在要用的场合，在长辈名前加"讳"字以示失敬冒犯。现代家庭受西方影响，互相称名的情况越来越多。但是也不能泛滥，要区别对待：长辈对晚辈可直呼其名，同辈之间可称名；父母和子女之间如果为了表示亲热、民主、平等，在单独相处的时候可称名，在公开场合以及晚辈面对其他长辈时则不应称名。

6. 不应当对家人亲友以绰号或侮辱性的称呼相称。

7. 要以亲切、尊敬的态度和口气称呼对方。态度、口气应与称谓内容相称，如使用敬称就应当是尊敬的口气，使用昵称就应当是亲热的口气。

8. 遇到多人同时在场都要打招呼的情况下，应当按照社会上通行的一般顺序分先后打招呼，不可错乱，也不可顾此失彼。一般应该是按照先长后幼、先上后下、先近后远、先女后男、先疏后亲的原则。

三、邻里与社区礼仪

常言道"远亲不如近邻"。自己和家人所在的邻里关系相处得好，可以为整个家庭营造良好的外部小环境。在古代，邻里之间经常沾亲带故，低头不见抬头见，来往频繁而自然；传统的农村家族也会组织同宗的祭祖、社戏等活动，有的地方还会制定乡规、民约来规范家庭内部关系和邻里关系。而在现代城市社区里，绝大部分的邻里之间都是陌生人，邻里关系缺乏血缘、乡情维系，没有宗族力量出面维持、调和，邻里之间缺乏基本的交流和信任，甚至隔壁同住好几年，对面却不相识。不同家庭之间的社会地位、观念和生活习惯的差异也越来越大，给邻里之间的交流制造了很多的障碍。在这种环境下人们对所在的社区和城市经常会缺乏归宿感、认同感、亲近感。如果说古代的邻里关系比较天然的话，那么现代邻里关系是需要主动构建的一种社会关系。

在具体的邻里关系中，要互相信任、互谅互让、以礼相待。留意自己和家人的行为。比如注意卫生习惯，不要往窗外抛物、泼水，晾晒衣物不要滴水；自己和家人的生活起居要有规律，不要在太早或太晚的时候吵闹。遇到邻里矛盾时，要本着善意加强沟通，而不能一味地展现自己的强硬甚至蛮横，如果只是些小问题，提倡忍让，"让他三尺又何妨"。平时遇见邻里主动打招呼、问好，拉近彼此间的关系。

如果彼此间已经比较熟悉，就可以作为普通朋友进行交往、拜访。

城市的社区是一个小社会，是一个公共空间。所以一家人在社区里生活，也要讲究社会公德，否则会遭到其他邻居的排斥。要遵守社区住户的文明公约等规则，服从社区物业的管理，而不能因为自己是业主，就可以为所欲为。比如有些比较自私的住户常常擅自占用公用空间，比如停车位、楼道、阳台、小区绿地等地方停车、堆放杂物甚至垃圾、晾晒衣物、种菜等，甚至搭建违章建筑，这些都是很不文明的行为。另外，现在城里人养宠物的越来越多，但是很多人不注意宠物的卫生和疾病防治，带宠物外出时不清理留下的秽物，带比较凶猛的有危险性的宠物出门时也看管不好，最后导致伤人事件，这些都是不可取的。

很多人到异地工作生活，在城市里举目无亲，较有可能深入交往的就是同一社区里的邻居。所以我们要积极融入社区生活，参与社区活动，扩大深层次交往范围。美国是一个多元化、流动性特征极为显著的社会，但是同时他们也形成了良好的社区传统。早期欧洲人刚到北美的时候，就共同订立了《五月花号公约》，确立起了社区内交往和公共事务处理的基本规则。后来北美各州政府的建立和美国联邦政府的成立在某种程度上来说就是社区的延伸和扩大。他们在300多年的社区生活中积累的很多有益的经验值得我们吸取和借鉴。比如新邻居搬来后会主动地上门致意、问候、赠送小礼品；如果新邻居需要，还会主动帮助他们安顿下来；留意邻居家的近况，及时提供可能的帮助；注意自己的生活习惯，不影响邻居生活和公共环境等。在多数邻居互相不熟悉的情况下，可以自发组织体育活动、文化活动、旅游等休闲活动，给邻居们提供共同相处的机会，并在这些初步接触的基础上选择适合自己家庭进一步深入交往的对象。以后就算搬到了城里的别的社区，在现代交通的便利条件下，也仍然可以保持交往，这样朋友就越来越多。

四、亲友互访礼仪

古语云："礼尚往来。"亲戚朋友之间的家庭互访，是人之常情，但要注重礼节，这样才不至于发生不必要的不愉快。亲戚之间感情也会更亲密。亲戚间平时也要注意保持适当的联系。如果亲戚朋友家中有困难求助，要根据自身的条件尽量给予帮助；亲戚朋友家中有人生病时也要尽量抽时间探望或打电话问候等；遇有红白喜事等大事的时候要尽可能出席。

（一）接待礼仪

"有朋自远方来，不亦乐乎。"客人来家中拜访，要做到热情、周到、有礼节地招待对方，让客人感觉"宾至如归"，给双方留下愉快的回忆。客人来前，要做好充分的准备：要提前将屋里屋外收拾干净，保持整洁；家人要穿戴整齐，不能过于随意；备好茶水、水果等招待的应用之物。如果要留客人吃饭，要事先准备饭菜，如果可能最好先了解一下客人的口味爱好。客人到家时，要热情迎接，握手寒暄，介绍家人。把客人让进屋里后，让客人坐上座，端上准备好的茶水、水果、点心等，要注意倒茶水时不能太满，奉茶的动作要平稳。陪客人聊天时要热情、专注，不能表现出不耐烦，如果有事离开，要打招呼并安排其他家人陪客。客人要离开时要表示挽留；主人要招呼家人一同起身道别；送客应该送到门外或楼下，并目视客人走出自己的视线，切不可客人刚转身就离开、关门等。如果客人带了礼物，要谦辞、表示谢意，并在客人走时略备一些回礼。如果客人要留宿，也应该事先准备好床铺或帮客人订好房间。

（二）拜访礼仪

到别人家拜访做客时，要时刻提醒自己是在别人的"地盘"、是给主人添了麻烦，切不可随心所欲，要做一个受欢迎的客人。决定要到主人家中拜访时，要提前打招呼，约好上门的准确时间。要挑选主人方便的时间拜访，如主人家中还在吃饭或有事则不宜。在约定时间内要准时到达。如临时有事耽搁或不能前往，要及时和主人取得联系，说明情况，求得主人的谅解。上门前可以根据双方的关系和地位，准备合适的礼品，如果是在传统节日拜访要考虑当地的节庆风俗。到主人家门口时要轻轻敲门（或按门铃）并打招呼、说明身份。进屋后要摆放好自己的随身物品，如需要要换好拖鞋，和主人家中的其他人打招呼。主人让座后方可入座，不能大大咧咧一屁股自己坐下。主人招待自己的时候，要起身道谢，双手迎接。不能随便翻动主人家的东西。要把握好时间，不要在主人家中停留时间过长，如果是普通朋友以半小时至一小时之内为宜。在主人家吃饭要客随主便，不要对饭菜挑三拣四，要对准备饭菜的主人表示感谢。告辞前要向主人表示谢意，主人送出家门时要有礼貌地请主人留步。如果要在主人家里留宿，要留意主人家里的生活习惯，不打搅别人正常的生活作息。

五、日常生活礼仪

（一）日常礼节

一家人住在同一个屋檐下，日常居家生活中也要注意礼仪的细节，家庭生活才能其乐融融。

家庭成员之间要养成问好的习惯。这也是从古代就传下来的，"晨则省，昏则定"。得到家人的帮助要道谢。外出活动、回家、带朋友到家等都要及时打招呼。这样既表示礼貌，也让家人有心理准备。特别是出远门时，应及时向家里通报相关情况，以免家人担心挂念。有人认为，一家人之间不用"客套"。其实礼貌用语是人际关系的润滑剂，家庭成员之间的关系也需要润滑。

要尊重长辈，进门、出门、就座等应"长者先，幼者后"。如果座位分主次的话，应当让长辈坐主席。

用餐时最好要共同进餐，期间不喧哗、不过多谈论、不挑菜、爱惜粮食。吃完要提前离席应先打招呼。吃完要表示感谢，并帮助收拾餐桌、餐具。

现代社会生活节奏快，白天家人相聚的时间较少。晚上家人团聚时应多关心、交流一天的工作、学习情况。如果一起看电视，节目的选择也应当遵照从老至幼的顺序决定优先权。

家庭成员共同从事家务劳动，维持家里的干净、整洁。

（二）重建家庭共同生活

周期性的、相对固定的家庭共同生活从礼仪角度上说也是一种重要的家庭仪式。有共同的家庭生活才会有更多的共同语言、共同记忆，才能加深感情、加强关系。

在古代社会自然经济状态下，大部分的家庭就是一个完整的生活共同体。"日出而作，日落而息"的日常生活中，劳作、休息都在一起。家庭的活动包括了生产、生活、消费、教育、感情等多方面的内容。所以原本只是因为父母之命、媒妁之言而结合在一起、没有感情可言的男女，在数十年的共同生活后，由于朝夕相处，很多夫妻的感情会日渐深厚，整个家庭关系也变得更加亲密。家庭成员间的共同生活问题并不突出，虽然内容上极为贫乏。

而在现代社会，家庭的社会化程度越来越高，许多原有的家庭活动被剥离出去，成年家庭成员从事着不同领域的工作，孩子也被送到专门的教育机构接受教育，就连家庭成员之间共处的时间也无形之中被侵占。很多父母感慨，自己的孩子真正属于自己、陪伴自己的时间只有婴幼儿时期的三年；很多夫妻也往往难得一段彼此单独相处的时间，甚至难得一见。很多的家庭呈现空心化、空洞化、弱化，甚至变成了单纯的消费主体。这造成了家庭人际关系的疏离。即使是有限的一点时间，也被烦琐的家务填满。空余时间，很多人宁可沉迷于电视、手机、游戏乃至赌博等不健康的娱乐、消遣方式，也不愿意和家人交流。这一状况的恶化既不利于家庭，也不利于家庭成员个人。

在我们的生活中，家庭生活是别的生活无法替代的。现代家庭要重建共同生活才能缓解很多家庭的危机。这是现代中国家庭礼仪应当注重的重大课题。在这一方面，向来被我们认为家庭观念淡薄的西方人反而非常珍视与家人相处，就算分处各地，也要制造机会让家人有共处的时间。

现代社会是丰富多彩的，所以我们完全可以创造出比古代更加充实多样的家庭共同生活的形式与内容。我们可以协商分工，共同从事家务劳动，既解决了家务难题，又恢复了共同的家庭劳动生活，同时也让大家更加珍爱自己付出过劳动的家；可以共同参与观看演出或影片、读书等文化活动，增添生活的情趣；可以一起参加运动、郊游、游戏、聚餐等休闲活动以放松彼此；可以在对于家庭或家庭成员具有纪念意义的日子或发生值得庆祝的事件的时候，举行庆祝或纪念活动，给家庭生活增添亮色；可以集体外出投入社会，参与社区活动、慈善活动，参加志愿者活动、义卖等公益活动，提升整个家庭的社会价值。一个能满足各个家庭成员的多方面需求、用丰富的家庭共同生活让家人感到充实愉快的家庭，才会成为家人们共同向往、喜爱的家。

六、重要节日

中国古代流传下来众多的传统节日，至今仍较受重视的有元宵节、清明节、端午节、中秋节、重阳节、除夕和春节等。古代人在节日之际举家团圆、探亲访友、休养身心、聚众欢庆，留下了闹龙灯、踏青扫墓、赛龙舟、团圆饭等珍贵的文化遗产，在家庭内外发挥着重要的礼仪作用。在现代，传统节日的文化内涵渐渐流失，和官方确定的政治性节假日一样，仅仅成为一个休闲的机会。而西方的情人节、圣诞节大受追捧，已经成为恋爱男女和夫妻之间非常看重的节日和礼仪。

面对这种情况，无论对于我们自己的传统节日还是外来的节日，都应该挖掘其中所蕴含的文化价值和家庭价值，而不能仅仅因为好奇，或者单纯变成举家吃喝（这一点在物质较为丰富的现代社会已经失去吸引力了），白白浪费如此珍贵的文化资源。2005 年，韩国的"端午祭"申请联合国"非遗"成功，很多国人受到刺激。"端午祭"移植了中国原有的端午节文化，加入了本民族的文化元素之后保留下来，而我们自己的传统节日文化则在近 100 年的激进反传统思潮和行为过程中几乎丧失殆尽，是该到了"重头收拾古文化"的时候了。

我国的传统节日有浓厚的家庭色彩、农业色彩，除了喜庆的内容之外还有诸多的禁忌、祈愿。如果除去其中愚昧、神秘的成分，我们会看到其中所包含着的珍视家庭、崇尚文明、敬畏自然、节制行为、勤劳乐天等元素。这些元素即使在当代社会仍然是难能可贵的、应当受到推崇的。我们可以通过现代人能够接受的形式将这些精神内涵、文化内涵表达出来。比如七夕节又称"乞巧节"，在古代是年轻女子祈求天上的织女能让自己变得心灵手巧。当代年轻人借用牛郎织女的爱情传说把七夕改造成了中国版的情人节。这至少也用一种新的方式延续了七夕这一传统节日，尤其是和追求新潮的年轻人有了对接的契机。为适应当前社会的需要，我们还可以在各个传统节日结合能传递社会和谐、提倡环保、积极进取等"正能量"的内容，并以此带动人们有机会去温习与之相关的传统文化。作为一个现代社会，作为一个文明古国，如果我们在节庆方面徒有其表而无其神，只注重填饱肚子而不能充实头脑和心灵，这将是可悲的。作为家庭也需要通过这些有民族特色和文化内涵同时又顺应现代潮流的节庆文化装点家庭礼仪、家庭文化，丰富家庭生活。

七、人生礼仪

家庭成员在其一生中都要经历不同的阶段，度过一些重要的转折点。在这些生命中重要的时候，古今中外的家庭都会为此而举行一定的仪式，现代一般称为家庭礼仪。

（一）诞生和庆生礼仪

中华民族是一个热爱世俗生活的民族。生命的诞生是世俗生活的开端，是值得庆贺的事情，是传宗接代使命的实现，承载着父母之爱。而且在古代条件下，生养存活不易，要过很多道"鬼门关"，所以古代家庭的诞生礼不厌其烦。出生要报喜，吃红蛋、酿女儿红；满三天要洗三朝；满月时要摆酒席、剃满月头；满百日要穿百家衣、佩戴长命锁保平安；周岁要"抓周"……而家中老人一生操持家业，艰辛坎坷，子女也会为他们举办"寿礼"，表示庆祝和祝福，以尽孝道。这些充分表现了敬老爱幼的优良传统。而到了现代，新生儿的诞生礼仪相对简化。而且对新生儿的命名比古代有所提前。古代人往往要入学的时候取名、成年的时候取字，命名就成为入学礼和成人礼的部分内容。社会底层的民众和相当部分的女性则没有名字。而现代人普遍拥有自己的姓名，但很少取字，大名则往往在婴儿出生后不久就已经取好。在这个问题上，可以考虑在周岁的时候正式宣告孩子的大名，并且在孩子入学或成人礼的时候由家中长辈告知命名的含义，让孩子知道自己肩负着家中长辈尤其是父母的热切期望。除了老人和孩子的生日之外，现在在成年家庭成员生日的时候一般也会进行庆祝，而且往往引入国外的生日晚会的形式：吃蛋糕、吹蜡烛、表演节目等，显得轻松活泼。

（二）成人礼

成人礼是全世界普遍存在的人生礼仪。从整个人类的礼仪发展来看，成人礼出现的时间甚至比婚姻礼仪还要早，早在夫妻制家庭成型前，成人礼在原始部落中就已经是重要的礼仪内容了。接纳了新的成年部落成员就意味着部落更为壮大，食物和安全更有了保障，同时也是当事人获取婚姻和生育资格的标志。成人礼留下了文身、穿耳、割礼、拔牙等不同风俗。中国古代男子所行成人礼称"冠礼"（20 岁），在上层社会的家庭礼仪中被排在首位。《礼记·冠义》说"冠者，礼之始也"，《仪礼》更将《士冠礼》列为第一篇，因为这意味着家族有了新生力量。与此相对的，古代女子的成人礼则为"笄礼"（15 岁）。进入近代以来，这一古老久远的礼仪渐渐被荒废。改革开放后，我国成人礼有所恢复，但主要是在学校举行，而很少在家庭内部举行，甚至很多家长对成人礼一无所知，或者认为是学校的事情。

鉴于不少青少年都不同程度地存在自我认识模糊、家庭责任心淡薄的问题，我们应该大力弘扬和恢复成人礼的传统，而且应当以家庭为主。成长往往是从树立责任感、承担责任开始的。"国家、民族"这类责任目标往往过于高远，不仅难以落实，还往往流于空谈。而家庭往往是一个青少年最贴近、最能感受到责任的地方。所以成人礼在学校举行、明确成年公民的国家责任的同时，更应当回归家庭，让青少年明了对自身和家庭的责任。古代的成人礼是以家庭教育为基础的，只有在完成了六艺或农事、女红等内容之后，年轻男女才能在成人礼上从容地展示自己的所长，长辈同时也收获了育人成长的喜悦，现代的成人礼也应当是家长常年辛勤的家庭教育的一种结业仪式。在竞争激烈、强调个体独立的现代社会，也可以通过成人礼来宣告父母对子女的抚养责任到此完成，督促他们从此以后应该自立自强、独自面对和解决人生道路上的问题，摆脱对家长的依赖。通过庄重的仪式和告诫，家长可以向晚辈表达自己的祝福、劝诫。同时，在人生的道路上，往往同龄人的影响最后大于父母的影响。父母应当从小开始关注子女的同龄人交往，引导他们拥有对自己身心发展有益的伙伴，在举行成人礼的时候可以邀请这些伙伴共同见证和度过这一人生的重要转折点，让他们彼此成为终生最要好的朋友。还可以选择适当的方式，加入娱乐甚至是狂欢的内容，使这一重要时刻更加愉悦而令人难忘。

此外，在古代，上层社会家庭中的子女能够受教育是一种特权和身份的象征，学习文化也是一件承载远古圣人之道、把自己培养成君子圣贤的很神圣的事情，所谓"万般皆下品，唯有读书高"。因而古人在入学接受教育的时候，要举行隆重的学礼，向孔子和老师跪拜，还要起学名（这标志着他和没有接受教育的人已经完全不同类了），甚至在学习过程中对文字和写有文字的纸张也毕恭毕敬。现代的教育理念与古代有很大的不同，但是教育在人的成长过程中所起的关键性作用是不言而喻的。因此家庭成员重视和参与孩子在学校的开学典礼、家长会、联谊活动、毕业典礼等，这些也应成为现代成人礼的组成部分。

（三）婚姻礼仪

婚姻礼仪是宣告男女双方结成夫妻关系的仪式，也是家庭形成的标志性程序，更关涉种群的繁衍和兴旺，所以古今中外对于婚姻礼仪都极为重视。《礼记·昏义》称："昏礼者，礼之本也。"中国古代家庭礼仪的源头也从伏羲、女娲"嫁娶之礼"开始算起。在男女授受不亲的古代社会环境下，要由男女双方家庭经过纳采（男方提亲）、问名（询问女方名字、生辰）、纳吉（占卜）、纳征（下聘礼）、请期（商定婚期）、亲迎（迎娶新娘）等六个环节方能完成终身大事（即"六礼"），极为郑重其事。进入近代以后，在提倡婚姻自主，风气较为开放的地方，家庭长辈的主导地位渐渐减退，男女双方自行确定婚姻关系、结婚仪式和程序也日趋简化。我国改革开放以后，婚纱和西式婚礼受到年轻人的青睐，而传统婚礼富于民族特色、带有热闹、喜庆色彩的文化元素也仍然有很大的吸引力，如坐花轿、拜天地、闹洞房等。越来越兴旺的专业婚姻策划公司给人们提供了更多的、方便的婚庆仪式活动选择。还有越来越多的人钟情旅行结婚等新的结婚仪式。

在婚姻礼仪文化更加多彩的同时，很多地方的年轻人也仍然为某些根深蒂固的婚俗陋习所困扰。最突出的是大操大办、彩礼、闹洞房、红包等。轻则造成尴尬和经济上的沉重压力，重则对当事人之间的感情投下阴影，甚至不欢而散。这些习俗在古代都有其产生的缘由和合理性。当这些合理性渐渐消失的时候，应当将这些陋习严格控制在一定限度之内，才能不至于适得其反。现代社会流动性大，男女双方往往分处两地，亲友之间来往和团聚也较为困难，大操大办往往徒增烦恼，应当在隆重的前提下力求便利。在婚姻自主的大背景下，没有了家族力量的左右，男女双方在婚前的恋爱遵循平等、自愿、协商和尊重保护彼此的隐私、安全与健康等原则。离婚率居高不下也是现代社会挥之不去的问题。在现代人的婚姻历程中，很多人效仿西方，举行婚姻周年纪念。还有越来越多的人主张夫妻之间应该像重视结婚一样重视离婚，不应当在草率和粗暴中结束婚姻关系，应尽量避免和降低离婚对家庭和男女双方的伤害。这些问题理所当然地应该纳入现代婚姻礼仪中。

（四）丧葬礼仪

为死去的家庭成员而举行的葬礼，不仅仅寄托着哀思，也带来心灵的净化。由于死亡与葬礼和古人的"灵魂"观念直接相连，我国古代提倡"慎终追远"，葬礼不仅隆重，而且带有较为浓厚的神秘色彩。汉民族在内的许多民族流行土葬。对葬礼的规格要求较高，甚至要求操办七七四十九天，亲人要披麻戴孝、哭丧、守灵。灵柩下葬后还要服丧三年，即使是在朝为官的人遇到父母丧事也要回家守孝三年，称为"丁忧"。这些要求即使在古代也往往被视为过于严苛，难以完全做到。葬礼期间要给死者烧纸钱纸马，以便死者在"阴间"生活之用。要根据"风水"为死者挑选墓地，即所谓"阴宅"，以保证全家的平安。古人还认为死者的灵魂会成为家族的守护神，因而逢年过节要供奉，祭拜祖宗，祈求护佑。

现代社会则提倡火葬。新中国成立以后，政府大力推行火葬。在城市，人们受空间和时间的限制，对火葬的接受程度较高。人们已经习惯通过火葬、追悼会、佩戴黑纱、送花圈等简单而庄重的方式哀悼死者。而在农村地区，由于传统观念的影响推行火葬还存在一定的心理障碍。对于火葬"破坏"死者的遗体，很多人难以接受。在一些地方，甚至有的老人为了抗拒火葬选择自尽。不仅如此，由于农村的生活状况有了一定的改善，许多农民在葬礼的问题上不断加码、攀比，大举操办，花样翻新，还构建豪华墓地。唯恐背上"不孝"的骂名。孔子早就说过："礼，与其奢也，宁俭；丧，与其易也，宁戚。"葬礼的简化将是大势所趋。还有越来越多的人接受将亲人的骨灰进行海葬、树藏等环保的丧葬形式。此外，国外参加葬礼的亲友除了慰问家属、赠送鲜花之外，还经常以死者的名义做慈善的捐赠。这也是一种很有意义的悼念方式。总之，用文明、庄重、便利的方式办好葬礼，以适当的方式表达对逝者的追思，将带给生者更大的力量经营自己的生活和家庭。

第四节　家庭礼仪的养成

一、家庭礼仪养成的主体

当前，我国礼仪文化的缺失，包括家庭礼仪文化的缺失很明显。有些青少年不仅丝毫不尊重他人，毫无礼貌，对家中父母长辈也粗鲁无礼，甚至吆喝打骂。家庭礼仪的养成已成为全社会越来越关注的大问题。要让青少年养成文明良好的家庭礼仪行为习惯，需要社会各方面共同努力。

在家庭礼仪养成的过程中，主体不仅仅是青少年，而是多个主体在这一项群体性活动中分工和配合，共同发挥作用。这些主体包括：学者、政府、学校、社区、家长、青少年。其中，学者的职责是凭借自身的礼仪专业素养，根据社会和家庭现状，提出对绝大部分家庭较为适用的家庭礼仪规范；政府则是把这些规范在全社会范围内加以大力宣传、倡导和推广；学校、社区、家长则具体进行家庭礼仪规范的传播、教育、监督；青少年在自己的整个成长过程中不断学习、践行，将其内化为自觉的意识、行为和习惯。在这些主体中，显然家长和自己的子女处于核心地位，但是其他主体也不可或缺。

二、家庭礼仪养成的路径

在家庭礼仪的养成中，家庭扮演着主导性的关键角色，要利用好家庭场所，利用好父母和子女的最亲密的关系，在家庭礼仪的养成上发挥最重大的作用。当然，这一切要在遵循教育规律、运用恰当的方式方法的前提下才能达到预期的目的。

(一) 在态度上应当重视和正视家庭礼仪教育对于孩子成长的重要性

有不少家长在家庭教育方面存在误区。或单纯满足孩子的物质需求，或溺爱放纵，或简单地把教育当成知识的灌输，家庭礼仪教育在他们眼中成了无足轻重的事情。以这种心态是不可能在家庭礼仪教育方面有好的作为的。

(二) 要树立明确的家庭礼仪教育目标

要教好孩子，首先自己要做到心中有数。以己之昏昏而欲使人之昭昭，是不可能有好的效果的。确定的规则应当细化，关注到日常生活中各种细节，不能大而化之。诸如"要讲文明、讲礼貌""爱祖国、爱人民"之类的抽象教条会让孩子们无所适从，更无法做到。

(三) 要和其他方面做好密切的配合

孩子入学后，除了睡眠之外，一天中大部分时间都是在学校和老师同学度过的。家长应主动加强与学校的联系，配合学校礼仪教育，并积极参与社区的相关活动。这种配合不仅体现在内容上和组织的相关教育活动方面，还要教导孩子尊重老师。对孩子来讲，尊重老师才能真正从老师身上学到知识；从礼仪本身而言，尊重是礼仪精神的核心内涵，没有尊重，礼仪就失去意义。现在有不少家长认为自己的孩子上学花了钱，让老师管教孩子是让孩子"吃了亏"，甚至遇事动辄到学校取闹。这不仅不可取，还会大大影响对孩子的教育成效。所谓"尊师重教"，首先要做到尊敬老师，才谈得上是真正的以教育为重。

(四) 家长要注意以自身的行动对孩子的家庭礼仪教育进行积极的示范引导

比如家长要注意自己的仪表形象，做到庄重、整洁；要注意自己言行一致，对孩子教导的礼仪规则自己首先要做到；要注意保持家庭环境的整洁，在优雅的环境里，孩子也会慢慢地改正自己的不文雅、与整体环境不协调的行为；平时待人处事要从容、有条理，因为礼仪是秩序的表现，在混乱的状态中不可能维持正常的礼仪行为；要注意与人为善，善待他人，这样才能更好地引导孩子更多地考虑他人的处境、感受和需要，从而在与人相处中行为得体；要注意控制现代传媒的负面影响，我国目前尚未建立对传播内容的分级控制制度，传媒中某些暴力、血腥、不雅的信息内容不可避免地会对免疫力较差的青少年产生消极的影响。

（五）要精心准备丰富多样的内容

在家中对孩子进行礼仪教育，不能把社会上、学校里的内容简单复制，敷衍了事。现在不少家长让孩子诵读《三字经》《弟子规》等古代的启蒙经典。这些经典文本里确实包含了许多家庭礼仪的内容，对开展家庭礼仪教育提供了大家能共同接受的现成的范本。但是这些启蒙经典中也含有很多不合时宜的内容，应加以鉴别，对有一定理解力的孩子可以加以讲解，消除不利的影响。同时可以增加趣味性的内容，寻找或自编歌谣、故事和游戏等，增加礼仪教育的吸引力。还可以从周边包括自己家庭的日常生活中提取生动的案例，效果更佳。

（六）要注意采用灵活的教育方法

可以给孩子树立身边的榜样，但是切忌攀比，以免挫伤孩子的自尊心，甚至引发自卑感和逆反心理。

可以用角色扮演的方法帮助孩子在需要展示礼仪行为的场合前进行演练，增强他们的自信，减少失误，累积成功。

在推行礼仪教育的环节方面要大小结合。既要注重对日常生活小节一丝不苟，也要抓住"大事"（即一些重大的公众仪式场合）的机会让孩子投入参与。比如在亲友的婚礼场合，有的孩子会扮演"金童玉女"的角色，他们稚嫩、得体、出彩的表现会赢得亲友们的交口称赞。这无形中就增强了孩子的自信心和荣誉感，也使得他们在面对"大场面"的时候慢慢地不再怯场，有利于他们将来面对越来越大的舞台。

逐步放手让孩子做家庭小主人，做自己生活的小主人。孩子应当是主动的，而不是被动的。放手是最大的爱，放手是最好的教育。让孩子自主接触生活，多经历，多交往，多参与家务劳动和商量家庭事务，自然会慢慢变得成熟、老练，知道如何应对不同的状况和场合。如果因为害怕孩子受伤害、受挫折而一味包办，孩子单独面对问题的时候就会惊慌失措，就很难保证有符合规范的礼仪行为。

德是礼的根苗。家长要经常引导孩子关心他人，帮助他人，欣赏他人。孩子内心有了善良的观念，有了尊重、照顾他人的意识，就会知道礼仪不是空洞、机械的装腔作势，而是让世界更美好的行为，守礼仪就成了自然而然的事情。

对孩子的礼仪学习和礼仪行为要及时回馈。不管是对正确行为的赞赏鼓励，还是纠错与包容，首先要做到及时反馈。要就事论事，评价准确，不能过于笼统，批评的时候更不能上纲上线，挫伤孩子的自尊。如果孩子的不当行为一时不能纠正，要保持足够的耐心。如果要施以惩罚，也要采用适当的方式，让孩子自己意识到问题所在，而不是粗暴的责骂、体罚等。

三、家庭礼仪养成的要求

家庭礼仪的养成要取得应有的成效，还需要注意以下问题。

（一）持久性

对青少年的家庭礼仪养成要贯穿其成长的整个过程，即从学前到18岁。就像农民种地，从春种到秋收，每个时节都不能缺少、不能延误，家庭礼仪的教育也要善始善终，持之以恒，才能有最后的收获。尤其开始的时间要宜早。《三字经》里说："为人子，方少时，亲师友，习礼仪。"等孩子放纵无礼惯了，才从头开始，就会事倍功半。

（二）一致性

家庭礼仪的养成不仅仅是对未成年人的要求，也是对所有家庭成员的要求，所有家庭成员都应遵守家庭礼仪的规范。因为礼仪本身的规范性就要求一定范围内的人们都要遵守。如果在家庭礼仪教育中起主导性作用的长辈常常违背这些规范，未成年人就会效仿大人的行为，使教育的目的无法达成。

（三）差异性

从横向上来说，每个孩子的个性和性格不尽相同，所以在教育的要求和方法上应该有所不同，特别是不能看到别家的孩子"很懂事、很懂礼貌"就回过头来强求自己的孩子也一定要做到。比如有的孩子胆子大、比较外向，或者有一定的演讲天赋，所以在公众场合会表现比较抢眼。如果有的家长因此攀比，向自己的孩子施加压力，孩子可能反而会更加紧张、自卑，最后留下在公众场合畏畏缩缩的阴影。从纵向来说，不同年龄段的孩子的社会角色不同，社会交往需求与内容不同，心理特征不同，接受能力和程度不同，所以家长在确定养成目标的时候也不宜好高骛远、操之过急，还是应该从最基础的、最简单的内容着手，稳步推进。

（四）现代性

家长在家庭礼仪养成的理念上一定要坚持现代化的价值取向。复兴礼仪不是复古，不是"克己复礼"。有些人打着"国学"的旗号，要求学生行跪拜礼等，对古代礼仪的要求全盘照收。更有甚者，开办所谓的"女德班"，向女学生灌输"打不还手，骂不还口，逆来顺受，绝不离婚"的观念。这种所谓的"礼仪"也许在某些人看来"赏心悦目"，可是和整个社会的现代化、文明进步的整体走向是背道而驰的。我们要把握的一个基本方向是，我们的教育是为了让受教育者、未成年人在现代社会更好地生存和发展。现代社会需要用现代的礼仪与之相适应。我们在进行礼仪教育的时候需要维护包括受教育者在内的所有人的尊严，而不是通过贬损他们的尊严来成就另外某些人的尊严，礼仪要有助于保护而不是泯灭、扼杀每个个体的个性、自由、平等以及创造力的发展和发挥。

第九章

家庭生活与法律

家庭生活与法律密不可分，家庭生活的正常运行离不开法律的保障。理清家庭生活与法律的关系，自觉遵守相关法律，学会运用法律处理家庭生活事务，有助于构建和睦的家庭生活。

第一节　家庭生活与法律的关系

家庭是因血缘、婚姻或收养关系所组成的社会基本生活单位。家庭生活是父母、夫妻、子女及其他家庭成员日常生活的重要部分，它与社会生活一起构成了个人生活的全部。道德与法律是规范和约束人类行为的两种基本手段，不论是个人的社会生活还是个人的家庭生活都离不开道德和法律的调整与规范。伦理道德主要依靠社会舆论和人们的内心自律在家庭生活中发挥着极其重要的调节作用，而法律则是以其权威性和强制力对家庭生活中最基本、最重要的行为准则进行调整和规范。因而了解家庭生活与法律的关系，对家庭有十分重要的意义。

一、家庭生活离不开法律

在家庭生活中，由于家庭中个人的行为会影响到家庭其他成员的生活，因此约束家庭个人行为的生活规则很多。其中，法律是最权威的规则，它既有国家强制性，又有普遍约束力。它不仅确认具有法律约束力的家庭生活准则，引导家庭成员自觉守法，自觉维护家庭生活的正常秩序，而且通过制裁破坏家庭秩序的违法行为，强制人们遵守家庭生活准则。

法律通过规定家庭成员之间的权利义务关系来引导家庭成员规范自己的行为。如每个家庭成员都具有平等的法律地位，夫妻双方在人格、身份、地位、生育及财产、抚养和继承等方面具有平等的权利与义务关系。父母对子女有抚养教育的义务，有管教和保护未成年子女的权利和义务，是未成年子女的法定代理人和监护人；子女对父母有赡养扶助的义务，即经济上的必要帮助和精神上的关心照顾，这种义务是无条件的。父母与子女间有相互继承的权利。非婚生子女与生父母的权利义务关系、受继父或继母抚养的继子女与继父母的权利义务关系、养子女与养父母的权利义务关系，与婚生子女与父母的权利义务关系相同。此外，法律还规定了其他家庭成员之间的权利义务关系，如祖父母、外祖父母与孙子女、外孙子女之间，兄弟姐妹之间的权利义务关系。

只有每个家庭成员都有明确的家庭生活规范意识，并自觉遵守家庭生活准则，积极履行相关法律规定的家庭权利义务，才能建立起和谐、幸福的家庭生活方式。可见，家庭生活离不开法律的调整与规范。

二、法律在家庭生活中的作用

（一）家庭的建立离不开法律

家庭是因血缘、婚姻或收养关系所组成的。不论是因婚姻还是因收养关系组成的家庭，都必须具备合法的条件和程序。按照我国婚姻法的规定，结婚的必备条件有三个：一是男女双方完全自愿；二是必须达到法定婚龄，即男性不得早于 22 周岁，女性不得早于 20 周岁；三是必须符合一夫一妻制。结婚的禁止条件：一是禁止直系血亲和三代以内的旁系血亲结婚，二是禁止患有医学上认为不应当结婚的疾病的人结婚。结婚除必须符合法定的条件外，还必须符合法定程序，即要求结婚的男女双方必须亲自到婚姻登记机关进行结婚登记。只有符合法定条件和程序的婚姻才是合法有效的婚姻，才能因婚姻有效组建受法律保护的家庭。同时，我国的法律还规定了因收养关系组成家庭的条件和程序。

（二）法律保护家庭成员的人身权利

家庭成员的人身权包括健康权、姓名权、肖像权、名誉权、隐私权等。如健康权，我国法律规定公民的身体不受他人的侵害，这里的他人当然包括家庭成员。我国的婚姻家庭法规定禁止家庭暴力，如果出现家庭暴力，受到家庭暴力的一方可以提出离婚并要求赔偿。我国的未成年人保护法禁止对未成年人实施家庭暴力。又如姓名权，家庭成员都有自己的姓名权，即公民依法享有的决定、使用、改变自己姓名，并排除他人侵害的权利。我国《婚姻法》规定："夫妻双方都有各用自己姓名的权利，子女可以随父姓，可以随母姓。"此外，相关法律还规定了家庭成员的肖像权、名誉权及隐私权等受国家法律的保护。

（三）法律保护家庭的合法财产

所谓合法财产，主要是指财产取得的方式、方法、内容符合法律规定。这三个条件都应具备，即取得财产的行为，既要求具体手段和程序这些方法的合法化，又要求行为的表现形式的合法，还要求财产本身也是合法的。公民的合法财产主要包括公民个人合法的生活资料和生产资料。根据我国法律规定，公民合法的私有财产受国家法律保护不受侵犯，国家依法保护公民合法的私有财产及家庭私有财产。公民因婚姻、收养或血缘关系组成家庭，因而公民合法的私有财产也就转变为家庭的合法财产，法律保护公民合法的私有财产必然保护家庭的合法财产。同时，根据我国继承法的规定，公民在去世以后其他家庭成员具有继承其合法财产的权利，只不过继承顺序有所不同。配偶、父母、子女为第一顺序继承人，兄弟姐妹、祖父母、外祖父母为第二顺序继承人。继承开始时有第一顺序继承人的第二顺序继承人不继承；没有第一顺序继承人的，第二顺序继承人才能继承；同一顺序的继承人具有平等的法定遗产继承权。

（四）法律保护平等和睦的家庭关系

我国法律不仅规定了男女平等，而且规定了法律面前人人平等，其中一个重要的方面，就是夫妻之间和家庭成员之间的人身平等、人格平等。婚姻法规定夫妻应当互相忠实，互相尊重；家庭成员间应当敬老爱幼，互相帮助，平等相处。同时我国有关家庭生活的法律规范中明确规定禁止家庭暴力，禁止家庭成员间的虐待和遗弃，并且规定了救助措施与法律责任。发生家庭暴力和虐待，受害人有权请求居民委员会、村民委员会、所在单位和公安机关给予救助，居民委员会、村民委员会、所在单位和公安机关也有责任给予救助。对正在实施的家庭暴力，受害人有权提出请求，公安机关应当予以制止，还可以依照治安管理处罚的法律规定予以行政处罚。对遗弃家庭成员，受害人提出请求的，人民法院应当依法做出支付扶养费、抚养费、赡养费的判决。构成犯罪的，要依法追究刑事责任。这些规定体现了在家庭关系方面用法律来保障人身和人格的平等，促使平等和睦的家庭关系的建立。

第二节　家庭生活中的法律

一、婚姻法

婚姻法是调整婚姻家庭关系的法律，是人们处理婚姻家庭问题时必须遵守的行为准则，也是司法机关解决婚姻家庭纠纷的主要法律依据。正确贯彻婚姻法，对于建立民主、和睦的婚姻家庭关系，加强社会安定团结，促进社会主义精神文明建设，具有重要意义。

（一）婚姻法概述

1. 婚姻法概念

婚姻法，是调整婚姻家庭关系法律规范的总和。我国婚姻法是以婚姻关系和家庭关系为调整对象，其内容包括调整婚姻和家庭关系的全部规范性文件。我国婚姻法的渊源主要有：①宪法和普通法；②国务院和所属部门制定的规范性文件；③地方法规和民族自治地方法规；④特别行政区基本法和行政区法律；⑤最高人民法院、全国人大关于适用婚姻法的司法、立法解释；⑥我国缔结或参加的国际条约。总之，我国婚姻法是一个以宪法和民法中的有关规定为依据的，以《中华人民共和国婚姻法》为主干的，由不同种类、不同层次的规范性文件组成的规范体系。

2. 婚姻法的基本原则

婚姻法的基本原则，是指婚姻立法的根本指导思想，它集中反映了一定社会的家庭本质和统治阶级的婚姻家庭观，是守法、司法必须遵守的基本准则。

（1）婚姻自由原则

婚姻自由，是指公民有权按照法律的规定，完全自愿地决定自己的婚姻问题，不受任何人的强制和干涉。我国《中华人民共和国宪法》（以下简称《宪法》）第49条规定："禁止破坏婚姻自由。"《中华人民共和国民法通则》（以下简称《民法通则》）第103条也规定："公民享有婚姻自由权。"《婚姻法》第2条也确立了婚姻自由原则。按照这一原则，公民的婚姻自由权受法律的保障。婚姻自由是婚姻家庭法的首项基本原则。婚姻关系是亲属关系产生的基础，婚姻自由原则是我国婚姻家庭制度的重要基石。

婚姻自由包括结婚自由和离婚自由。结婚自由主要包含两方面内容。第一，结婚必须男女双方完全自愿且意思表示真实，不容许任何一方对他方进行强迫、欺骗、乘人之危或任何第三者加以包办及非法干涉。第二，结婚必须符合法律规定的条件和程序。离婚自由亦有两方面的内容。第一，夫妻双方有共同做出离婚决定、达成离婚协议的权利；或者在夫妻感情确已破裂、婚姻关系无法继续维持下去的情况下，夫妻任何一方都有提出离婚的诉讼权利。第二，离婚必须符合法定条件，履行法定程序，承担相应的法律后果。婚姻法对离婚的条件、程序、离婚后子女的抚养和教育等问题都做了明确规定，这些规定既是对离婚自由的保障，又是对行使离婚自由权利的约束。

作为婚姻自由的两个方面，结婚自由和离婚自由共同构成婚姻自由原则的完整含义。结婚自由是建立婚姻关系的自由，离婚自由是解除婚姻关系的自由；结婚自由是实现婚姻自由的先决条件，离婚自由是结婚自由的必要补充。婚姻自由不是绝对的、毫无限制的。婚姻法规定了结婚的条件和程序、离婚的程序和处理原则，都说明婚姻自由是有一定范围和限度的。任何人行使婚姻家庭中的权利时，均不得滥用权利，也不得因此损害他人的合法权益和社会公共利益。禁止包办、买卖婚姻和其他干涉婚姻自由的行为，禁止借婚姻索取财物。

（2）一夫一妻制原则

一夫一妻制是一男一女结为夫妻，任何人不得同时有两个或两个以上的配偶的婚姻制度。一夫一妻制是人类婚姻文明高度发展的产物，是我国社会主义婚姻家庭制度的重要内容，也是我国婚姻法的一项基本原则。

一夫一妻制的基本内涵是：任何人都不得同时有两个或两个以上的配偶；已婚者即有夫之妇、有妇之夫，在其配偶死亡或离婚前不得再行结婚。未婚男女不得同时与两个或两个以上的人结婚；一切公开的、隐蔽的一夫多妻、一妻多夫都是非法的、受到法律的禁止和取缔；违反一夫一妻制的行为要根据情节轻重，承担相应的民事、刑事责任。我国《婚姻法》第3条规定："禁止重婚。禁止有配偶者与他人同居。"

（3）男女平等原则

男女平等是我国社会主义婚姻家庭制度的本质特征。我国《宪法》第48条规定："中华人民共和国妇女在政治的、经济的、文化的、社会的和家庭的生活等各方面享有同男子平等的权利。"婚姻法所规定的男女平等原则，是宪法所规定的男女平等原则的具体化，其核心内容是指男女两性在婚姻关系和家庭生活的各个方面都享有平等的权利，承担平等的义务。这一原则突出地反映了我国婚姻家庭制度的社会主义本质，是社会主义婚姻家庭制度区别于以男权为中心的一切旧婚姻家庭制度的重要标志。社会主义制度从经济、政治、道德、法律和文化各方面为全面实现男女平等和妇女解放创造了前提条件。

（4）保护妇女、儿童和老人合法权益原则

妇女、儿童、老人都是家庭中的弱者，他们的合法权益极易受到侵害，因此对于他们的合法权益应当予以特别的保护。

1）保护妇女的合法权益。保护妇女的合法权益作为婚姻家庭法的基本原则，在我国有其特殊的意义。首先，有利于消灭我国几千年封建社会形成的男尊女卑、歧视妇女的封建残余思想影响，有利于提高妇女的婚姻家庭地位。其次是男女两性固有差别的必然要求。男女两性存在与生俱来的差别，女性基于其生理、体质、心理等方面的特殊性，作为母亲在怀孕、分娩、哺育子女中起着不可替代的作用，社会理应给予充分的承认和必要的照顾。最后，社会分工造就了男女家庭角色的不同，妇女在实现人口再生产、从事子女抚养教育和组织家庭生活中的角色价值，应给予相应的特殊保护。

2）保护儿童的合法权益。儿童的健康成长，直接关系到祖国的未来、民族的希望。我国《宪法》明确规定："国家培养青年、少年、儿童在品德、智力、体质等方面全面发展"，"婚姻、家庭、母亲和儿童受国家的保护"。此外，我国还有专门的《未成年人保护法》《中华人民共和国预防未成年人犯罪法》（以下简称《预防未成年人犯罪法》）等法律法规。由于婚姻家庭对未成年人担负着不可替代的抚养、教育、保护功能，因而婚姻家庭法对儿童权益的保护尤为重要。

3）保护老人的合法权益。保护老人的合法权益是社会主义道德的要求，也是我国法律的一项基本原则。我国《宪法》规定："中华人民共和国公民在年老、疾病或者丧失劳动能力的情况下，有从国家和社会获得物质帮助的权利。国家发展为公民享受这些权利所需要的社会保险、社会救济和医疗卫生事业。"老人为国家、社会和家庭贡献了毕生的精力，创造出了巨大的物质和精神财富，当他们年老体衰、丧失劳动能力时，有权获得国家和社会的物质帮助以及来自家庭的赡养扶助。由于我国的社会保障体制尚不完善，家庭对于老人的赡养扶助和精神安慰仍是非常重要的。因而，《宪法》第 49 条规定："成年子女有赡养扶助父母的义务"，"禁止虐待老人"。

4）禁止家庭暴力或以其他行为虐待家庭成员，禁止遗弃家庭成员。我国《婚姻法》第 3 条规定："禁止家庭暴力。禁止家庭成员间的虐待和遗弃。"这是为保障保护妇女、儿童和老人合法权益原则做出的禁止性规定。对于虐待、遗弃家庭成员以及实施家庭暴力违反治安管理处罚条例的，应追究其行政责任，构成犯罪的，应依法追究刑事责任。

（5）实行计划生育原则

计划生育，是指人类自身的生产应当有计划地进行，其本意有两个方面，一是有计划地控制全社会人口的增长，二是有计划地刺激人口的再增长。在我国目前从宏观意义上讲，计划生育等同于人口的社会控制，即社会对人口的数量、质量、结构、分布及其社会保障的全面调控和规范；在微观意义上，计划生育主要指通过生育机制有计划地调节人口增长速度，提高人口素质，在保证人口质量的基础上提高或降低人口增长率。婚姻家庭法上的计划生育一般从微观意义上来解释。

为了贯彻执行计划生育原则，婚姻家庭法不仅在总则中明确计划生育原则，而且在《婚姻法》第16条具体规定："夫妻双方都有实行计划生育的义务。"它在肯定夫妻双方的生育权的基础上，还应注意从三个方面来理解和把握。第一，计划生育是每对夫妻、每个家庭对社会所承担的义务和责任；第二，计划生育是夫妻双方共同的义务，而不是男女一方的责任；第三，社会要承担贯彻计划生育基本国策的责任，为育龄夫妇履行计划生育的义务提供保障。

（6）夫妻互相忠诚、互相尊重，家庭成员间敬老爱幼、互相帮助的原则

我国《婚姻法》第4条规定："夫妻应当相互忠实，相互尊重；家庭成员间应当敬老爱幼，互相帮助，维护平等、和睦、文明的婚姻家庭关系。"这既是社会公认的道德准则，也成为重要婚姻家庭法律规范。家庭是人类最基本的生活共同体，家庭关系是社会关系的重要组成部分，家庭成员朝夕相处，既有感情、伦理和思想上的联系，又有法律上的权利义务关系。法律的功能既在于向公众展示家庭成员之间的权利义务关系以及合法与违法的界限，也在于通过规范婚姻家庭主体的行为，向公民传达一种积极的价值导向。

为维护一夫一妻制，我国婚姻法不仅在总则中规定了夫妻相互忠实原则，在离婚制度中还明确规定了如果一方违反忠实义务，受害方不仅可以请求离婚，还可以要求另一方给予损害赔偿。

（二）结婚制度

1. 结婚的概念

结婚，又称婚姻的成立或婚姻的缔结，是男女双方依照法律规定的条件和程序

确立夫妻关系的一种法律行为。结婚是一种法律行为，必须具备法定的条件。

2. 结婚条件

结婚条件是指结婚的实质要件，即法律规定的结婚当事人本身的状况及双方之间的关系所必须符合的条件。根据我国婚姻法的规定，结婚的实质要件可分为必备条件和禁止条件两个方面。

（1）结婚的必备条件

结婚的必备条件是指婚姻成立必须具备的条件，也称结婚的积极要件。按照我国婚姻法的规定，结婚的必备要件有以下两个：

第一，男女双方须有结婚的合意。结婚合意，是指当事人双方相互确立夫妻关系的意思表示完全一致。

第二，必须达到法定婚龄。法定婚龄是指法律规定的最低结婚年龄。按此要求，到达法定婚龄才能结婚，未达到法定婚龄结婚是违法的，不受法律保护。法律并不规定结婚年龄的上限，达到法定婚龄后何时结婚或是否结婚，是当事人的自由。我国《婚姻法》第6条规定，"结婚年龄，男不得早于22周岁，女不得早于20周岁。晚婚晚育应予鼓励。"达到法定婚龄的当事人双方要求结婚的，依法应给予准许。同时应提倡晚婚晚育，所谓晚婚是指男性25周岁、女性23周岁以上结婚。晚育是指女青年24周岁后生育第一胎。国家采取措施鼓励人们晚婚及在婚后适当晚育。

（2）结婚的禁止条件

结婚的禁止条件也称婚姻的障碍或消极要件，它是婚姻法规定的禁止结婚的各种情况。我国《婚姻法》第7条规定："有下列情形之一的，禁止结婚：（一）直系血亲和三代以内的旁系血亲；（二）患有医学上认为不应当结婚的疾病。"

3. 结婚的程序

结婚程序即结婚的形式要件，是法律所规定的结婚程序及方式。我国《婚姻法》第8条规定："要求结婚的男女双方必须亲自到婚姻登记机关进行结婚登记。符合本法规定的，予以登记，发给结婚证。取得结婚证，即确立夫妻关系。未办理结婚登记的，应当补办登记。"这一规定表明，结婚登记是我国法律规定的唯一具有法律效力的结婚形式。只有履行了结婚登记，才能成立合法的夫妻关系。除此之外，以任何方式"结婚"都是法律所不认可的。

4. 无效婚姻

（1）无效婚姻的概念

无效婚姻，是指因不具备法定结婚实质要件或形式要件的男女结合，或者说欠

缺婚姻的成立要件的男女结合，在法律上不具有合法效力的婚姻。

（2）婚姻无效的原因

婚姻无效的原因是指依法导致婚姻无效的法定情形或事实。依据我国《婚姻法》第 10 条规定，婚姻无效的情形有：

第一，重婚。重婚是指有配偶者与他人登记结婚或者以夫妻名义同居生活的违法行为。

第二，有禁止结婚的亲属关系。禁止结婚的亲属关系是指婚姻当事人属直系血亲或三代以内旁系血亲。

第三，婚前患有医学上认为不应当结婚的疾病，婚后尚未治愈的。如婚后该疾病已治愈的或婚后才患有该疾病的，不得宣告婚姻无效。

第四，未到法定婚龄的。"未到法定婚龄"不是指结婚时未到法定婚龄，而是指在当事人申请宣告婚姻无效时仍未到法定婚龄。

当事人就上述事由向人民法院申请宣告婚姻无效的，应以该婚姻无效的情形依然存在为前提，无效婚姻的情形已经消失的，如重婚已经解除、疾病已经治愈、年龄已达法定婚龄的，人民法院对宣告婚姻无效的申请不予支持。《婚姻法》第 12 条规定，无效或被撤销的婚姻，自始无效。当事人之间不产生配偶身份，不具有夫妻的权利和义务。但当事人之间毕竟有同居生活的事实，会涉及有关子女抚养、财产处理等问题。

5. 可撤销婚姻

可撤销婚姻，是指婚姻成立时有违反某项婚姻要件，其效力是不确定的，是可以依法撤销的。按照我国婚姻法的规定，婚姻被撤销后则自始无效。根据我国《婚姻法》第 11 条、第 12 条以及最高人民法院《关于适用〈中华人民共和国婚姻法〉的若干问题的解释（一）》第 13 条、第 15 条规定，可撤销婚姻制度的内容有：

（1）婚姻被撤销的原因

在我国，受胁迫而结婚是请求撤销婚姻的唯一理由。胁迫是指行为人以给另一方当事人或者其近亲属的生命、身体健康、名誉、财产等方面造成损害为要挟，迫使另一方当事人违背其真实意愿而结婚的情形。

（2）请求权人

因受胁迫而请求撤销婚姻的权利，只能由婚姻关系中受胁迫的当事人本人享有和行使。受胁迫而结婚的当事人提出撤销婚姻的请求，应当自结婚登记之日起一年内提出。被非法限制人身自由的当事人请求撤销婚姻的，应当自恢复人身自由之日起一年内提出。一年时间届满，受胁迫而结婚的当事人本人未行使撤销请求权的，该撤销请求权归于消灭。可见，该一年时间为除斥期间，不适用诉讼时效中止、中断或者延长的规定。

（3）程序

申请撤销婚姻时请求权人依法应当向婚姻登记机关或者人民法院提出。当事人向婚姻登记机关请求撤销其婚姻的，应当出具下列证明材料：①本人的身份证、结婚证；②能够证明受胁迫结婚的证明材料。婚姻登记机关经审查认为受胁迫结婚的情况属实且不涉及子女抚养、财产及债务问题的，应当撤销该婚姻，宣告结婚证作废。人民法院审理婚姻当事人请求撤销婚姻的案件，应当适用简易程序或者普通程序。人民法院根据当事人的申请，依法撤销婚姻的，应当收缴双方的结婚证书并将生效的判决书寄送当地婚姻登记机关。婚姻登记机关收到人民法院宣告婚姻无效的判决书副本后，应当将该判决书副本收入当事人的婚姻登记档案。

（4）法律后果

根据我国婚姻法的规定，婚姻依法被撤销的，自始无效，其法律后果与婚姻依法被宣告无效完全相同。可撤销婚姻在被撤销之前以婚姻的形式存在，可撤销婚姻在依法被撤销后，才确定该婚姻自始不受法律保护。

（三）离婚制度

离婚制度属于婚姻家庭制度中的重要制度。合理、完善的离婚制度不仅有利于婚姻自由原则的贯彻落实，也有利于保护离婚当事人及其子女的合法权益，甚至对社会秩序的稳定、伦理道德、公秩良俗观念的净化以及社会的文明进步等都起着至关重要的作用。

1. 协议离婚

协议离婚，即双方自愿离婚，也称依行政程序或登记程序的离婚。它是指允许婚姻当事人通过双方协议依照行政程序解除婚姻关系的法律制度。法律将协议离婚这一法律行为规范化，规定一定条件和程序，便形成了协议离婚制度（登记离婚制度）。我国《婚姻法》第31条规定："男女双方自愿离婚的，准予离婚。双方必须到婚姻登记机关申请离婚。婚姻登记机关查明双方确实是自愿并对子女和财产问题已有适当处理时，发给离婚证。"

2. 诉讼离婚

诉讼离婚又称一方要求离婚或称裁判离婚，它是指一方要求离婚，另一方不同意而诉至法院，由法院对离婚纠纷进行管辖和处理的法律制度。从另一个角度说，凡属由人民法院管辖和处理的离婚纠纷，都是诉讼离婚或裁判离婚。虽然在法院审理离婚案件的过程中，经过调解，当事人可能达成协议，因而不使用判决的结案方式，但这种调解协议的达成是司法行为的结果，且须经过法院确认，制作正式法律文书。总之，诉讼程序对财产问题及子女抚养等问题审查得比较全面，有利于国家对婚姻进行必要的监督。

（四）家庭制度

家庭制度主要包括婚姻制度、夫妻关系、生育制度、亲子制度、父母与子女的权利和义务、家庭财产继承制度等内容。由于婚姻制度前文已介绍，家庭财产继承制度后面将专门介绍，下面我们主要介绍夫妻关系、生育制度、亲子制度及父母与子女的权利和义务。

1. 夫妻关系

夫妻关系即夫妻法律关系，它是夫妻之间的权利和义务的总和。夫妻关系的内容包括人身关系和财产关系两个方面。人身关系指与夫妻的身份相联系而不具有经济内容的权利义务关系。财产关系指夫妻间具有经济内容的权利义务关系。夫妻人身关系决定夫妻财产关系；夫妻财产关系从属于夫妻人身关系。

我国《婚姻法》有关夫妻关系的规定，主要集中在第13条至第20条，以及第9条、第24条的规定。其内容包含夫妻人身关系和财产关系两个方面：夫妻人身关系包括姓名权，参加生产、工作、学习和社会活动的自由，计划生育义务，住所决定权等。夫妻财产关系包括夫妻财产制、夫妻间的扶养权利义务及夫妻间的遗产继承权等。

我国《婚姻法》第13条规定："夫妻在家庭中地位平等。"这是对夫妻法律地位的原则性规定，是男女平等原则在夫妻关系中的具体体现。《婚姻法》对夫妻关系的其他具体规定，都体现了这一原则的精神。我国《婚姻法》规定夫妻在家庭中地位平等，一方面强调夫妻在人格上的平等，夫妻具有独立的人格，夫妻双方应当互相尊重对方的人格独立，不得剥夺对方享有的权利。另一方面夫妻双方在人身关系和财产关系两个方面的权利和义务是完全平等的，其内容主要包括：夫妻间人身权利义务平等、对夫妻共同财产有平等的处理权、对子女有平等的抚养权、相互间有平等的扶养义务与继承权等。夫妻在家庭中地位平等，既是确定夫妻间权利和义务的总原则，也是司法实践中处理夫妻间权利和义务纠纷的基本依据。现实生活复杂多变，在法律没有具体规定的情况下，对夫妻关系，应按夫妻在家庭中地位平等这一原则予以处理。

2. 亲子关系

现实生活中，绝大多数的亲子关系属于父母与亲生子女之间的关系。父母与子女间是最近的直系血亲。

自 1950 年我国第一部婚姻法出台至今，均在法律中规定了婚生子女与非婚生子女的称谓，并规定"非婚生子女享有与婚生子女同等的权利，任何人不得加以危害和歧视。不直接抚养非婚生子女的生父或生母，应当负担子女的生活费和教育费，直至子女能独立生活为止。"这一规定，强调对非婚生子女的保护，从而维护当事人特别是未成年子女的合法权益。

3. 继父母与继子女

父母一方死亡或者父母双方离婚后再婚的，子女与父母的再婚配偶之间为继父母继子女关系。继父母，即父之后妻或母之后夫；继子女，即夫之前妻或妻之前夫所生的子女。继父母继子女关系产生的原因，一是由于父母一方死亡，活着的一方再婚；二是由于父母离婚，父或母再婚而形成的。子女对于父母再婚的配偶的称谓为继父或继母，夫或妻对于其再婚配偶的子女的称谓是继子或继女。从亲属关系发生的意义上说，继父母继子女关系是由于父或母再婚而形成的姻亲关系。在实践中，继父母子女关系大致有两种情形：一是继父母子女之间存在抚养教育关系，如父或母再婚时，子女没有成年或未独立生活，未成年或未独立生活的继子女与继父母共同生活，继父或继母对其进行了抚养教育。二是继父母子女间不存在抚养教育关系，如父或母再婚时，子女已经成年并已独立生活，继子女并不依靠继父母抚养教育。

4. 养父母与养子女

养父母与养子女关系是亲子关系的一种。养父母是基于合法有效的收养关系领养他人为自己子女的人。养子女是基于合法有效的收养关系被他人所领养的人。养父母与养子女的亲子关系的建立，是基于合法有效的收养关系。《中华人民共和国收养法》（以下简称《收养法》）是调整收养关系的基本法律，通过收养可以在收养人与被收养人之间建立法律拟制的直系血亲关系。自收养关系成立之日起，养父母与养子女之间的权利和义务，适用法律关于父母子女关系的规定；养子女与养父母的近亲属间的权利义务关系，适用法律关于子女与父母的近亲属关系的规定。同时，养子女与生父母间的权利义务关系因收养关系的成立而解除；养子女与生父母以外的其他近亲属间的权利义务关系，因收养关系的成立而解除。有关收养关系的有关

内容，将在后面"收养制度"中做具体介绍。

5. 父母照顾权

父母照顾权，是指父母对于未成年子女养育、照顾、保护的义务和权利的总称，其内容包括人身照顾权和财产照顾权。

人身照顾权包括：姓名决定权、居所决定权、教育权、执业统一权、法定代理权、日常事务决定权、子女交还请求权和交往权。财产照顾权包括：财产管理权、未成年子女财产收益的使用权和财产处分权。

父母在行使照顾权时，应遵循以下原则：一是父母应当按照有利于子女利益的原则行使照顾权；二是父母双方应当共同行使照顾权；三是当子女满一定年龄时，父母行使照顾权应尊重这些未成年人的意见；第四，父母负有保护未成年子女人身、财产的义务和责任；第五，父母不得滥用照顾权，不得借行使照顾权的名义侵害未成年子女的合法的人身权益和财产权益。

二、收养法

收养是指公民依照法律规定的条件和程序，领养他人的子女作为自己的子女，从而在收养人与被收养人之间确立父母子女关系的民事法律行为。我国于1991年12月29日颁布了第一部《中华人民共和国收养法》，1998年全国人大常委会第五次会议通过该法修正案，并于1999年4月1日生效。该收养法是调整养父母与养子女这一拟制血亲关系的主要法律规范。

（一）收养的概念及特征

1. 收养的概念

收养是指公民依法领养他人子女为自己子女，从而使收养人与被收养人建立拟制亲子关系的民事法律行为。领养他人子女者为收养人，即养父母；将子女或儿童送给他人收养的父母、其他监护人和社会福利机构称送养人；被他人收养的人为被收养人。

2. 收养的特征

收养关系的成立和终止与自然血亲不同。作为一种独特的法律关系，收养行为具有以下法律特征：（1）收养是一种法律行为；（2）收养是身份上的行为；（3）收养是变更亲属身份和权利义务关系的行为；（4）收养不能发生于直系血亲关系之间；

（5）收养关系是一种拟制血亲关系。

（二）我国收养法的原则及意义

1. 收养法的基本原则

《收养法》第 2 条和第 3 条分别对收养法的基本原则做了明确规定，这些原则性的规定，集中体现了我国收养法的本质特点，是立法和执法的基本依据。收养法的基本原则有：（1）有利于被收养的未成年人的抚养和成长原则；（2）平等自愿原则；（3）不得违背社会公德的原则；（4）不得违背计划生育的法律、法规的原则。

2. 收养的意义

收养制度作为家庭关系产生的一种方式，在现实生活中发挥着积极的作用，其意义表现为以下四个方面：一是可以使丧失父母的孤儿、因特殊原因不能与父母共同生活的子女，在养父母的培养教育之下，享受家庭的温暖，得到健康成长。二是通过收养，使那些没有子女或丧失子女的人，在感情上得到慰藉，心理上得到满足，使养父母在晚年时老有所养，充分享受天伦之乐。三是在目前我国经济尚不够发达，社会福利机构相对有限的情况下，公民之间的收养行为，可以减轻国家的经济负担，使社会问题得到有效的解决，从而促进社会的安定团结。四是收养制度是亲属制度不可缺少的组成部分，在任何类型的社会里，都有与其经济制度相适应的收养制度为其服务。通过收养，弘扬了社会成员间相互扶助的道德风尚，实现幼有所育，老有所养，完善了家庭关系，对促进社会主义的安定团结和精神文明建设有着积极的意义。

（三）收养的条件

收养行为成立时必须同时具备两个方面的条件，才能发生法律效力。一方面是收养关系当事人所应具备的条件，即成立收养时的实质要件；另一方面是当事人依法应履行的程序手续，即成立收养时的形式要件。

依据我国《收养法》的规定，收养行为有一般收养和特殊收养两种，因此，收养的法定条件亦被划分为一般收养成立的条件和特殊收养成立的条件。

1. 一般收养成立的法定条件

一般情况下，收养行为涉及收养人、被收养人和送养人三方，法律对此三方民事活动的主体条件分别做出了要求。

（1）依照《收养法》第 4 条的规定，被收养人应当符合下列条件：不满十四周岁的丧失父母的孤儿；或是不满十四周岁的，查找不到生父母的弃婴和儿童；或是不满十四周岁的，生父母有特殊困难无力抚养的子女。

（2）根据《收养法》第 6 条的规定，收养人应当同时具备下列条件：收养人必须年满 30 周岁；收养人无子女；有抚养教育被收养人的能力；未患有医学上认为不应当收养子女的疾病，即没有影响被收养人健康成长的精神病或其他严重疾病；有配偶者收养子女，须夫妻双方共同收养；收养人只能收养一名子女。

（3）我国《收养法》所认可的送养人，包括下列公民和社会组织：孤儿的监护人、社会福利机构、有特殊困难无力抚养子女的生父母。

《收养法》还进一步规定，当存在下列情况时，公民或社会组织不得作为送养人。第一，未成年人的父母均不具备完全民事行为能力的，该未成年人的监护人不得将其送养，但父母对该未成年人有严重危害可能的除外。第二，监护人送养未成年孤儿的，须征得其他有抚养义务的人同意。有抚养义务的人不同意送养、监护人不愿意继续履行监护职责的，应当按照《民法通则》的规定变更监护人。第三，在配偶一方死亡后，死亡方的父母要求优先行使抚养未成年孙子女或外孙子女的权利，生存方不能将该未成年人送养。

2. 特殊收养成立的条件

基于收养关系主体身份的多样性，从有利于收养关系和家庭关系的正常发展的需要出发，收养法对一些特殊情况下的收养条件也相应做了特殊规定：①无配偶男性收养女性的，收养人与被收养人的年龄应相差 40 周岁以上。②收养三代以内同辈旁系血亲的子女的，可以不受《收养法》第 4 条第 3 项、第 5 条第 3 项、第 9 条和被收养人不满 14 周岁的限制。华侨收养三代以内同辈旁系血亲的子女，还可以不受收养人无子女的限制。③《收养法》第 18 条规定：收养孤儿、残疾儿童或者由社会福利机构抚养的、查找不到生父母的弃婴和儿童，可以不受收养人无子女和收养一名的限制。④《收养法》第 14 条规定："继父或者继母经继子女的生父母的同意，可以收养继子女，并可以不受本法第 4 条第 3 项、第 5 条第 3 项、第 6 条和被收养人不满十四周岁以及收养一名的限制。"

（四）收养的程序

收养行为成立，不仅要求当事人符合收养法规定的实质要件，同时，还必须履行一定的收养程序。在我国，成立收养的法定必经程序是收养登记，而收养协议与收养公证是当事人可以自愿选择的程序，是对收养登记的必要补充。

1. 收养登记

《收养法》第15条规定："收养应当向县级以上人民政府民政部门登记。收养关系自登记之日起成立。收养查找不到生父母的弃婴和儿童的，办理登记的民政部门应当在登记前予以公告。收养关系当事人愿意订立收养协议的，可以订立收养协议。收养关系当事人各方或者一方要求办理收养公证的，应当办理收养公证。"可见，收养登记是收养关系成立的必经程序。收养登记的具体步骤分为申请、审查和登记三个步骤。

2. 自愿订立收养协议

收养人与被收养人在自愿的基础上，可以订立书面的收养协议。收养协议的主要条款应当包括收养人、送养人和被收养人的基本情况，收养的目的，收养人不虐待、不遗弃被收养人和抚育被收养人健康成长的保证，以及双方要求订立的其他内容。协议程序不是收养成立的必经程序，只有书面协议而未履行登记手续的收养行为不产生法律效力。

3. 收养公证

《收养法》第15条规定："收养关系当事人各方或者一方要求办理收养公证的，应当办理收养公证。"依据此规定，收养公证办理与否，取决于当事人是否要求。只有在一方或双方要求之下，才必须办理收养公证手续，非经要求，公证程序不是收养成立的必经程序。

（五）事实收养

依我国收养法的规定，收养属于要式法律行为，即必须履行法定程序。但我国自1992年4月1日起才开始施行第一部收养法，1999年4月1日起施行修改后的收养法。因此，收养法颁布后，收养行为必须符合法定的条件并履行了法定的程序才有效。而在1992年4月1日收养法颁布前，就不必要求履行相应法定手续，即在司法实践中对于收养法实施前成立的没有办理收养手续的收养有条件地承认其为事实收养。

（六）收养的效力

1. 收养成立的效力

收养成立的效力，是指收养关系成立后所产生的一系列民事法律后果。依据我

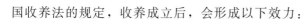

国收养法的规定，收养成立后，会形成以下效力：

（1）养父母与养子女间产生拟制直系血亲关系

《收养法》规定："自收养关系成立之日起，养父母与养子女间的权利义务，适用法律关于父母子女关系的规定。"

（2）养子女与养父母的近亲属间形成法律拟制的直系或旁系血亲关系

《收养法》第23条第1款规定自收养关系成立之日起，"养子女与养父母的近亲属间的权利义务关系，适用法律关于子女与父母的近亲属关系的法律规定"。

（3）养子女与生父母及其他近亲属间权利义务关系消除

《收养法》第23条第2款规定："养子女与生父母及其他近亲属间的权利义务关系，因收养关系的成立而消除。"

（4）关于养子女的姓氏

《收养法》第24条规定："养子女可以随养父或者养母姓，经当事人协商一致，也可以保留原姓。"法律的这一规定，属任意性规定，即不强制要求养子女必须改变姓氏，但现实生活中，养子女随生父母姓的现象并不多见。

2. 收养无效

为了确保法律的严肃性，收养法在肯定合法有效的收养行为的同时，还设立了收养无效制度。收养的无效是指欠缺收养成立的法定有效条件，不能产生收养法律效力的收养行为。《收养法》第25条规定："违反《中华人民共和国民法通则》第55条和本法规定的收养行为无法律效力。"

（1）确认收养无效的条件

根据《民法通则》和《收养法》的有关规定，导致收养行为无效的原因有以下几个方面：①行为人不具有相应的民事行为能力，如正处发病期间的精神病人、痴呆症患者等。②成立收养的意思表示不真实，即他人以欺诈、胁迫手段或乘人之危，使当事人在违背真实意愿的情况下所做出的表示。③违反法律（包括违反有关收养条件和收养程序的规定）或者社会公共利益，如当事人弄虚作假、欺骗收养登记或公证机关。

（2）无效收养行为的处理

1）收养登记的撤销。对于在成立收养时，当事人弄虚作假、骗取收养登记的，由收养登记机关撤销收养登记，并收缴收养登记证。被撤销的收养关系不具有法律效力。

2）无效收养的确认。对于不符合法定条件的收养行为，当事人可请求人民法院确认其无效；人民法院在审理收养纠纷案件时，如果发现该收养不符合法定条件的，应当以判决的形式确认其无效。

（3）收养行为无效的法律后果

依据收养法关于收养行为无效的有关规定，收养行为被人民法院确认为无效的，从行为开始时就没有法律效力；收养登记被收养登记机关依法撤销的，其无效的后果同样也是追溯到收养关系成立之时。对以收养为名买卖儿童的犯罪行为，由人民法院追究相应的刑事责任。对以欺骗手段骗取收养证的行为人，可由收养登记机关予以必要的行政处罚。

（七）收养的解除

收养关系基于一定的法律事实的存在而发生，也可以在一定条件下终止。收养的终止是指合法有效的收养关系因一定事实的发生而归于消灭。引起收养关系终止的原因有两方面：一是因收养关系当事人一方死亡而终止；二是因当事人依法办理了收养解除手续而终止。因一方死亡导致收养关系的终止，仅是权利义务关系因主体不存在而终止，是相对终止。因当事人办理解除手续而解除收养关系的，身份关系与权利义务都终止，是绝对终止，情形比较复杂。我国收养法对于收养关系当事人解除收养关系做了明确规定。

1. 收养关系解除的条件

依据收养法的规定，有下列情形之一的，可以解除收养关系：（1）收养人与送养人协议解除收养关系的；（2）收养人不履行收养义务，侵害被收养子女合法权益，送养人要求解除收养关系的；（3）养父母与成年养子女关系恶化，无法共同生活的。

2. 收养关系解除的程序

根据我国收养法的规定，收养解除的程序分为两类，即行政程序的解除和诉讼程序的解除。

（1）收养关系的行政解除程序

收养解除的行政程序也被称作登记程序。适用这一程序的前提条件是：要求终止收养关系的当事人已自愿达成解除协议，并对财产和生活做出了协商一致的妥善处理。

（2）收养关系的诉讼解除程序

收养关系的诉讼解除是指收养当事人通过向人民法院起诉，经法院依法审理而解除收养关系的程序。当出现以下两种情形时，适用诉讼解除的程序：一是在当事人就收养关系的解除不能自愿达成协议时；二是虽然双方同意解除收养关系，但对财产或生活存有争议时。

3. 收养解除的效力

收养关系解除后，会产生一系列的法律后果，依据我国《收养法》第 29 条、第 30 条的规定，收养关系解除后的法律后果如下。

（1）涉及身份关系的法律后果

①养子女与养父母及其近亲属间的权利义务关系消除。②未成年养子女与生父母及其近亲属间的权利义务关系自行恢复。③成年养子女与生父母及其近亲属间的权利义务关系是否恢复，由其协商确定。

（2）涉及财产关系的法律后果

①生父母或其他送养人要求解除收养关系的，养父母可以要求生父母或其他送养人适当补偿收养期间支出的生活费和教育费。②收养关系解除后，经养父母抚养的成年养子女，对缺乏劳动能力又缺乏生活来源的养父母，应当给付生活费。③因养子女成年后虐待、遗弃养父母导致收养关系解除的，养父母可以要求养子女补偿收养期间支出的生活费和教育费。

三、老年人权益保护法

《老年人权益保障法》是我国专门针对老年人权益保障的法律，另外还有《宪法》《婚姻法》《中华人民共和国继承法》（以下简称《继承法》）以及《中华人民共和国刑法》（以下简称《刑法》）等，这些法律中也都有关于老年人权益保障的规定。《老年人权益保障法》于 1996 年 10 月 1 日实施，于 2012 年进行了修订，新《老年人权益保障法》于 2013 年 7 月 1 日生效。

（一）法律意义上的老年人

根据老年人权益保障法规定：老年人是指 60 周岁以上的公民。国家为了保障老年人合法权益，发展老龄事业，弘扬中华民族敬老、养老、助老的美德，特制定老年人权益保护法，并倡导全社会优待老年人。

（二）老年人的基本权利

老年人作为国家的公民享有宪法和法律规定的所有权利，作为一个特殊人群还享有一些特殊权利。根据我国宪法和法律的有关规定，老年人享有以下基本权利。

1. 受赡养权

《老年人权益保障法》第14条规定："赡养人应当履行对老年人经济上供养、生活上照料和精神上慰藉的义务，照顾老年人的特殊需要。"本条以法律的形式明确规定了赡养人的赡养义务，也就是说，赡养人对老年人的赡养是无条件的。

（1）赡养人

法律规定中的赡养人，主要是指老年人的子女，但也包括另外一些有赡养义务的人。根据《婚姻法》《老年人权益保障法》以及最高人民法院的司法解释，有四类亲属对老年人负有赡养、扶养义务：一是老年人的配偶；二是老年人的成年子女；三是老年人的弟妹；四是老年人的成年孙子女、外孙子女。一般情况下，孙子女、外孙子女对祖父母、外祖父母没有赡养的义务，但当老年人的子女全部死亡或生存的子女没有赡养能力时，老年人成年的有负担能力的孙子女、外孙子女，对于需要赡养的老年人就有赡养的义务。在赡养人里面，有一类赡养人需要着重提及，因为关于这类赡养人的纠纷诉诸法律的比较多，那就是有抚养关系的继子女这类赡养人。继子女，是丈夫与前妻或者妻子与前夫所生的子女，继子女如果与继父或继母有抚养关系，那么继子女就需如同亲生子女一样对老年人有赡养义务。但是，如果父母双方再婚时继子女已经成家立业或者能够自己养活自己，继父母对继子女就没有抚养关系，这类继子女没有赡养老人的义务。但是，这不妨碍他们在道德上履行赡养义务，他们也可以主动履行，只是没有法律上的强制义务。

（2）赡养义务的内容

1）对老年人的经济供养，包括：对无经济收入或收入较低的老年人，赡养人要支付必要的生活费，保证老年人的基本生活需要；对患病的老年人应当提供医疗费用和护理；对缺乏或者丧失劳动能力的农村老年人的承包田，赡养人有义务耕种，并照顾老年人的林木和牲畜等，收益归老年人所有。

2）对老年人生活上的照料，主要指：当老年人因患病卧床，年高行动不便或患老年痴呆症等原因，致使生活不能自理时，赡养人要照顾老年人日常的饮食起居。生活上照料其实是一件比较难做的事情，因为受照料的老年人往往行动不便，或者长期卧病在床，需要付出很大的精力和很多的时间，很可能需要与老人共同生活，而共同生活需要老年人和赡养人双方相互关爱、宽容，而不是某一方的宽容。

3）对老年人精神上的慰藉，主要指：赡养人应尽力使老年人的晚年生活愉快、舒畅。现实生活中，对老年人精神上的赡养往往容易被忽视，随着物质生活水平的提高，对老年人精神上的慰藉将成为主要的赡养内容。

在现实生活中，有些情况比较特别，比如，在子女未成年时，父亲或母亲对子女未尽过抚养义务，导致子女成年后不愿意对父母承担赡养义务。在这种情况下，父母是否还可以要求自己的子女尽赡养责任？根据法律规定，只要父母子女关系存在，抚养或赡养的权利义务也就存在，即使父母因种种原因未尽到抚养子女的义务，但是也不影响其要求子女赡养的权利。父母的过错不能成为免除子女赡养责任的理由。同样，子女也不能以"父母分家不公平"为借口而拒绝赡养父母；子女也不能以"与父母断绝关系"或"放弃继承权"等为借口，而拒绝履行赡养父母的义务。

2. 社会保障权

老年人权益保障法规定：老年人有从国家和社会获得物质帮助的权利，国家和社会应健全对老年人的社会保障制度，实现老有所养、老有所医、老有所为、老有所学、老有所乐。对老年人的社会保障项目主要包括：养老保险、医疗保险、社会救济、社会福利、社区服务、住房保障、老年教育、法律援助等内容。

《老年人权益保障法》规定："国家建立养老保险制度，保障老年人的基本生活。""老年人依法享有的养老金和其他待遇应当得到保障。有关组织必须按时足额支付养老金，不得无故拖欠，不得挪用。"我国从 1991 年起开始建立由国家基本养老保险、企业补充养老保险和个人储蓄性养老保险相结合的多层次养老保险体系，实行个人储存与统筹相结合的原则，为每个职工建立了养老保险账户。另外，国家除了建立养老保险制度以外，还对城镇特困老年人给予救济。城市的老年人，无劳动能力、无生活来源、无赡养人和扶养人的，或者赡养人确无赡养能力的，由当地人民政府给予救济。

法律还对农村老年人的养老保险做出了不少规定。《老年人权益保障法》中明确指出："农村除根据情况建立养老保险制度外，有条件的还可以将未承包的集体所有的部分土地、山林、水面、滩涂等作为养老基地，收益供老年人养老。"对于农村中的无劳动能力、无生活来源、又无人赡养的老年人，应由农村集体经济组织负担保吃、保穿、保住、保医、保葬的五保供养。另外，也鼓励农村中的孤寡老人与其他公民或村委会、生产队等集体组织签订遗赠抚养协议，由遗赠人写下遗嘱，将其个人所有的合法财产如房屋等指定在其死后转移给抚养人所有，而由抚养人承担老人的生养死葬义务。

在老年人医疗保障方面，国家规定：有关部门在制定医疗保险办法时，应当对老年人给予照顾；医疗机构应当为老年人就医提供方便，对 70 周岁以上的老年人就医，予以优先。有条件的地方，可为老年人特设家庭病床，上门诊疗。对于经济困难无力支付医疗费用的患病老年人，提倡社会救助，当地人民政府根据情况可以给予适当帮助。

3. 婚姻自由权

老年人的婚姻自由权包括结婚和离婚两个方面的自由。《老年人权益保障法》规定："老年人的婚姻自由受法律保护，子女或者其他亲属不得干涉老年人离婚、再婚及婚后的生活。赡养人的赡养义务不因老年人的婚姻关系变化而消除。"由此可见，离婚、丧偶之后的老年人依法享有再婚的自由，子女或其他亲属不得以各种理由加以干涉。现在，有些子女从经济利益，或为钱财或为住房等私利考虑，干涉老年人再婚，这些都是违法的行为。另外，老年人的离婚自由也是不可忽视的问题。当老年人与配偶双方感情确已破裂，婚姻关系无法维持的情况下，当事人有权提出解除婚姻关系，子女或其他亲属不能因为父母年老而忽视他们的感情需要，反对父母离婚。这里要特别提及的是，赡养人的赡养义务不因老年人的婚姻关系变化而消除。

4. 居住权

关于老年人的"居住权"，法律规定老年人对自己所有的私房，享有房产权，可以自己居住使用，也可以依法赠与、出卖给他人；老年人对以自己名义承租的公房或他人所有的房屋，享有房屋租赁权。具体来说包括：（1）对于老年人自有的房屋，子女或其他亲属不得侵占，不得擅自改变产权关系，不得擅自出卖、出租或拆除，子女或其他人要出资翻造的，应征得老年人同意，并事先签订有关协议，明确约定老年人享有的房产权的份额和使用权限，老年人自有的住房，赡养人有维修的义务。（2）对于老年人承租的房屋，子女未经老年人同意，不得变更承租人，不得将房屋交换或退租，亦不得强行挤占。（3）子女在单位分配住房时，包括老年人份额的，老年人有同等的居住使用权，在安排住房时，应照顾老年人的特殊需要，不得强迫老年人迁居条件恶劣的房屋。（4）在房屋动迁过程中，子女或其他亲属未经老人同意，不得将老人承租的公房买断或将买断所得的钱款占为己有，也不得在自己承租的公房动迁时，借口无房居住而挤占老人住房。

5. 自由处分财产权

《老年人权益保障法》第21条规定：老年人对个人的财产，依法享有占有、使用、收益和处分的权利，子女或者其他亲属不得干涉，不得以骗取、盗取、强行索取等方式侵犯老年人的财产权益。老人对其生前积累的财产，有根据自己心愿、子女和配偶对自己的关心与照顾情况，决定由一人或数人继承自己的遗产以及他们的

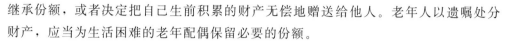

继承份额，或者决定把自己生前积累的财产无偿地赠送给他人。老年人以遗嘱处分财产，应当为生活困难的老年配偶保留必要的份额。

6. 遗产继承权

老年人有依法继承父母、配偶、子女或者其他亲属遗产的权利，有接受赠与的权利。子女或者其他亲属不得侵占、抢夺、转移、隐匿或者损毁应当由老年人继承或者接受赠与的财产。那种认为老人不能继承子女的遗产的认识是不合法的。此外，女性老年人享有依法继承其男性老年配偶遗产的权利，那种认为男性老人的遗产只能由其子孙继承的说法是不合法的。

（三）老年人权益受到侵害时的救济

根据老年人权益保障法的相关规定，老年人的权益受侵犯主要来自社会和家庭。来自社会的侵害主要是负有履行保护老年人权益的组织或者部门，不履行对老年人权益保护。发生这一侵害时，老年人或者其代理人最好寻求行政解决的办法，也就是向相关组织或者部门的上级行政机关进行申诉、控告和检举，其上级主管部门应当给予批评教育，责令改正。这主要是依靠行政手段解决。

家庭纠纷是侵害老年人权益的主要纠纷，老年人权益受到侵害时要寻求法律保护。根据老年人权益保障法的规定，老年人合法权益受到侵害时，被侵害人或其代理人有权要求有关部门处理，或依法向人民法院起诉。

1. 调解解决

老年人与家庭成员因赡养、扶养或者住房、财产等问题发生纠纷时，可以要求家庭成员所在地组织或居民委员会、村民委员会调解，各级老龄工作机构都是老年人可以依靠的组织，老人们在自身权益受到侵害时，可及时向当地居委会、村委会或各级老龄工作机构反映，请求他们对实施侵害者进行批评教育，直至改正。

2. 诉讼解决

老年人因其合法权益受侵害也可以直接向人民法院起诉。向人民法院提起诉讼，老年人需要解决两个问题：一个是请律师，请律师需要支付代理费；一个是要求法院立案解决，需要向法院缴纳诉讼费。对于无力支付律师费用的，可以向当地村民委员会、乡镇司法所、区县司法局申请法律援助，法援中心会给老人指派律师，免费为老人提供法律服务；要求法院立案交纳诉讼费确有困难的，可以凭当地村、镇的困难证明申请缓交、减交、免交诉讼费。

3. 行政处罚和刑事处罚

有赡养义务而不赡养，甚至遗弃老年人，抢夺、骗取、偷盗或者故意毁坏老年人的财产，干涉老年人婚姻自由，构成违反治安管理行为的，依法给予治安管理处罚；情节特别严重的，构成犯罪的，司法机关会追究他们的刑事责任。

四、未成年人保护法

我国《宪法》《收养法》《中华人民共和国义务教育法》（以下简称《义务教育法》）《预防未成年人犯罪法》及《未成年人保护法》都有未成年人合法权益保护的相关规定，其中《未成年人保护法》是保护未成年人合法权益的基本法。为保护未成年人的身心健康，保障未成年人的合法权益，促进未成年人在品德、智力、体质等方面全面发展，培养有理想、有文化、有纪律的社会主义建设者和接班人，1991年9月4日，第七届全国人民代表大会常务委员会第二十一次会议通过《中华人民共和国未成年人保护法》，经中华人民共和国主席令第50号公布，自1992年1月1日起施行。后经2006年12月29日第十届全国人民代表大会常务委员会第二十五次会议和2012年10月26日第十一届全国人民代表大会常务委员会第二十九次会议两次修订，第二次修订后的《未成年人保护法》于2013年1月1日起施行。

（一）未成年人的定义

世界各国对未成年人的标准有不同的规定。联合国在拟定《联合国少年司法最低限度标准规则》时，曾对未成年人的概念进行过讨论，但最终未达成一致，只是规定："未成年人，系指按照各国法律制度，对其违法行为可以以不同于成年人的方式进行处理的儿童或少年。""未成年人的年龄限度取决于各国本身的法律制度。"根据我国未成年人保护法的规定，未成年人是指未满18周岁的公民。

（二）未成年人保护法的意义和原则

国家制定未成年人保护法有利于贯彻尊重和保障人权的宪法原则，更好地维护未成年人的合法权益；有利于促进未成年人健康成长，保证党和国家事业后继有人；有利于构建社会主义和谐社会，促进社会稳定和家庭幸福。根据《未成年人保护法》第5条的规定，做好未成年人的保护工作，应当遵循下列原则：尊重未成年人的人格尊严；适应未成年人身心发展的规律和特点；教育与保护相结合。

（三）未成年人的基本权利

未成年人作为国家的公民享有宪法和法律规定的一切权利，作为一个特殊人群还享有一些特殊权利。根据宪法和法律的相关规定，未成年人享有以下权利。

1. 人身权利

人身权利包括：生命健康权，未成年人享有生命健康的权利；人身自由权，未成年人的人身自由不受侵犯，禁止非法拘禁、剥夺或限制未成年人的人身自由和非法搜身；姓名权，未成年人享有姓名权，有权决定、使用和依照规定改变自己的姓名，禁止他人干涉、滥用和假冒；肖像权，未成年人享有肖像权，未经本人同意，不得以营利为目的使用其肖像；名誉权，未成年人享有名誉权，其人格尊严受法律保护，禁止用侮辱、诽谤等方式损害未成年人的名誉；荣誉权，未成年人享有荣誉权，禁止非法剥夺其荣誉称号。

2. 财产权利

财产权利包括：财产所有权，国家保护未成年人合法收入、储蓄、房屋和其他合法财产的所有权，禁止任何组织或个人侵占、哄抢、破坏或者非法查卦、扣押、冻结、没收；财产继承权，未成年人享有合法财产的继承权，并受法律保护；著作权，未成年人享有著作权（版权），依法有署名、发表、出版、获得报酬等权利；专利权，未成年人对其获得批准的专利享有专利权，并依法得到保护；取得国家赔偿权，未成年人依法有取得国产赔偿的权利。

3. 受教育权

我国《宪法》《义务教育法》《未成年人保护法》等多部法律明确规定了未成年人享有受教育的权利，尤其是《未成年人保护法》更是以大篇的条文对未成年人的受教育权给予保护。例如第 13 条规定：父母或者其他监护人应当尊重未成年人受教育的权利，必须使适龄未成年人依法入学接受并完成义务教育，不得使接受义务教育的未成年人辍学。又如第 18 条规定：学校应当尊重未成年学生受教育的权利，关心、爱护学生，对品行有缺点、学习有困难的学生，应当耐心教育、帮助，不得歧视，不得违反法律和国家规定开除未成年学生。

4. 通信自由和通信秘密权

未成年人具有通信自由和通信秘密权，对未成年人的信件，除因追查犯罪的需要由公安或检察机关依法进行检查，或对无行为能力的未成年人（10 岁以下）的信件，由其父母或其他监护人代拆外，未经未成年人本人同意，任何组织和个人（包括家长和老师）不得私拆、截留、隐匿、毁弃。

5. 其他特殊权利

未成年人作为一个特殊人群拥有一些特殊权利并受到国家法律的特殊保护。如抚养权，未成年人在长大成人之前有从其父母处获得抚养的权利；刑事豁免权，根据我国《刑法》第 17 条的规定，不满 14 周岁的未成年人不管实施何种危害社会的行为，都不负刑事责任；受到刑事处罚时享有从轻或减轻处罚的权利，《刑法》第 17 条第 2 款还规定：已满 14 周岁不满 18 周岁的人犯罪，应当从轻或者减轻处罚。

（四）侵犯未成年人合法权益的法律责任

保护未成年人，是国家机关、武装力量、政党、社会团体、企业事业组织、城乡基层群众性自治组织、未成年人的监护人和其他成年公民的共同责任。根据我国法律的规定，未成年人权益的维护是一般是通过其法定监护人来进行的。而侵权行为人（包括国家机关、社会团体、企业事业组织、城乡基层群众性自治组织、未成年人的监护人和其他成年公民）违反法律规定侵害未成年人合法权益造成人身财产损失或者其他损害的，依法承担民事责任，触犯行政处罚法的规定需承担行政责任，构成犯罪的依法追究刑事责任。

五、妇女权益保障法

为了保障妇女的合法权益，促进男女平等，充分发挥妇女在社会主义现代化建设中的作用，根据宪法和我国的实际情况，1992 年 4 月 3 日第七届全国人民代表大会第五次会议通过《中华人民共和国妇女权益保障法》，并于 1992 年 10 月 1 日起施行。2005 年 8 月 28 日，十届全国人大常委会第十七次会议审议通过了《关于修改〈中华人民共和国妇女权益保障法〉的决定》，该决定于 2005 年 12 月 1 日起施行。

（一）妇女权益保障法保障的妇女权益

《妇女权益保障法》是我国全面保障妇女权益的基本法，是我国人权保护法律的重要组成部分，是数十年妇女运动经验的结晶。其核心在于全面体现男女平等的宪法原则，确认和保障妇女所享有的六大权益，即政治权利、劳动权利、文化教育权利、人身权利、婚姻家庭权利和财产权利。

1. 政治权利

妇女政治权利的保障程度是一个国家文明进步的重要标志。我国宪法规定：妇女在政治、经济、文化、社会、家庭等各个方面享有同男子平等的权利，实行男女同工同酬，培养和选拔妇女干部。《妇女权益保障法》第11条规定：妇女享有与男子平等的选举权和被选举权。全国人民代表大会和地方各级人民代表大会的代表中，应当有适当数量的妇女代表。国家采取措施，逐步提高全国人民代表大会和地方各级人民代表大会的妇女代表的比例。《妇女权益保障法》第12条规定：国家积极培养和选拔女干部。国家机关、社会团体、企业事业单位培养、选拔和任用干部，必须坚持男女平等的原则，并有适当数量的妇女担任领导成员，国家重视培养和选拔少数民族女干部。

2. 劳动权利

《妇女权益保障法》规定各单位在录用职工时，除不适合妇女的工种或者岗位外，不得以性别为由拒绝录用妇女或者提高对妇女的录用标准。《妇女权益保障法》还规定任何单位均应根据妇女的特点，依法保护妇女在工作和劳动时的安全和健康，不得安排不适合从事的工作和劳动。

3. 文化教育权利

《妇女权益保障法》规定父母或者其他监护人必须履行保障适龄女性儿童接受义务教育的义务。《妇女权益保障法》规定妇女有接受职业教育、技术培训等的权利。《妇女权益保障法》还规定学校应当根据女性青少年的特点，在教育、管理、设施等方面采取措施，保障青少年身心健康发展。

4. 人身权利

《宪法》规定禁止破坏婚姻自由、禁止虐待老人、妇女和儿童。《妇女权益保障法》规定禁止歧视、虐待、残害妇女。《中华人民共和国人口与计划生育法》（以下简称《人口与计划生育法》）规定严禁歧视女婴，禁止性别鉴定，婴儿满6个月后，除非特殊情况不得流产。刑法严惩猥亵妇女、侮辱妇女、强奸妇女的行为。

5. 婚姻家庭权利

《妇女权益保障法》禁止干涉妇女的结婚、离婚自由。《妇女权益保障法》规定妇女有生育子女的权利，也有不生育子女的权利。《妇女权益保障法》规定育龄夫妻双方按照国家有关规定计划生育，有关部门应当提供安全、有效的避孕药具和技术，保障实施节育手术的妇女的健康和安全。《人口与计划生育法》规定夫妻双方都有实行计划生育的义务。

6. 财产权利

公民的财产权利，是指以财产利益为内容，直接体现某种物质利益的权利。按照民法通则的规定，财产权主要包括财产所有权，与财产所有权有关的财产权、债权、继承权以及知识产权的财产权等。《妇女权益保障法》第 30 条规定：国家保障妇女享有与男子平等的财产权利。我国的宪法、民法通则、继承法、婚姻法等都体现了财产权利男女平等的精神，具体表现为：财产所有权男女平等，与财产所有权有关的财产权男女平等，债权男女平等，继承权男女平等，知识产权中的财产权男女平等。同时《妇女权益保障法》第 32 条规定，妇女在农村土地承包经营、集体经济组织收益分配、土地征收或者征用补偿费使用以及宅基地使用等方面，享有与男子平等的权利。

（二）妇女合法权益受到侵害时的救济途径

根据《妇女权益保障法》的规定，妇女在自己的合法权益受到侵害时，可以通过以下方式维护自己的合法权益。

1. 行政救济

行政救济是指行政机关按照行政程序保护妇女权益的一种救济途径。当妇女的合法权益受到侵害时，被侵害人可以要求有关的行政机关进行行政处理来保护自己的权益。有关的行政机关，是指依法律规定有权处理侵害妇女权益案件的行政机关，主要有公安机关、劳动行政机关、民政行政机关、基层人民政府等。

2. 申请仲裁

妇女的合法权益受到侵害时，被侵权妇女除了要求有关行政部门进行行政处理外还可以申请仲裁。申请仲裁应符合下列条件：（1）有仲裁协议；（2）有具体的仲裁请求和事实、理由；（3）属于仲裁委员会的受理范围。仲裁实行一裁终局的制度，裁决做出后，当事人就同一纠纷再申请仲裁或者向人民法院起诉的，仲裁委员会或人民法院不予受理。

3. 司法救济

司法救济是人民法院按诉讼程序保护妇女权益的一种救济途径。根据《妇女权益保障法》的规定，妇女的合法权益受到侵害时，被侵害人可依法向人民法院提起诉讼。

（1）民事诉讼

当侵害妇女合法权益造成损害时，被侵害人可依民事诉讼法的规定向人民法院提起民事诉讼。

（2）行政诉讼

当行政机关的具体行政行为侵犯妇女的合法权益时，被侵害人可依行政诉讼法的规定向人民法院提起行政诉讼。如果行政机关的具体行政行为侵犯妇女权益造成了损害后果，被侵害人可以提起附带赔偿请求的行政诉讼。

（3）刑事诉讼

侵害妇女权益触犯刑法，由国家检察机关或被害人按照刑事诉讼法的规定向人民法院提起刑事诉讼。被侵害妇女由于侵害人的犯罪行为而遭受物质损失的，可以在刑事诉讼过程中提起附带民事诉讼。

六、继承法

继承是指自然人死亡之后，其遗留的个人合法财产依照法律的直接规定或有效遗嘱，无偿转移给其近亲属所有的法律制度。继承法则指调整因自然人的死亡而产生的遗产转移关系的法律规范的总称。《中华人民共和国继承法》是 1985 年 4 月 10 日在第六届全国人民代表大会第三次会议上通过，并由中华人民共和国主席令第 24 号公布，1985 年 10 月 1 日起施行。

（一）继承法的基本原则

继承法的基本原则是我国继承立法的指导思想，是研究、解释和执行继承法的根本准则。我国继承法具有以下五个基本原则：一是保护公民私有财产继承权原则；二是继承权男女平等原则；三是权利义务相一致原则；四是养老育幼、照顾病残者原则；五是互谅互让、团结和睦原则。

（二）法定继承

1. 法定继承的概念

法定继承是指被继承人生前未立遗嘱处分其遗产或所立遗嘱无效时，按照法律规定的继承人范围、顺序和遗产分配原则转移遗产所有权的法律制度。法定继承是我国继承法规定的一种主要继承方式，其主要特征体现为继承人范围、继承顺序及遗产分配原则的法定性，这是它与遗嘱继承的主要区别。

2. 法定继承人的范围

我国继承法以婚姻关系、血缘关系和扶养关系为依据，将法定继承人的范围限定于近亲属，而不是所有的亲属，应当说范围定得比较窄，这顺应了继承立法的发展趋势，是科学合理的。根据《继承法》第10、11、12条的规定，法定继承人的范围包括：配偶、子女、父母、兄弟姐妹；祖父母、外祖父母；被继承人子女的晚辈直系血亲（代位继承人）；对公婆尽了主要赡养义务的丧偶儿媳；对岳父母尽了主要赡养义务的丧偶女婿。

3. 法定继承人的继承顺序

《继承法》第10条规定："遗产按下列顺序继承：第一顺序：配偶、子女、父母。第二顺序：兄弟姐妹、祖父母、外祖父母。继承开始后，由第一顺序继承人继承，第二顺序继承人不继承。没有第一顺序继承人继承的，由第二顺序继承人继承。"第12条规定："丧偶儿媳对公、婆，丧偶女婿对岳父、岳母尽了主要赡养义务的，作为第一顺序继承人。"

4. 代位继承

（1）代位继承的概念和性质

代位继承是指在被继承人的子女先于被继承人死亡的情况下，该先死子女的晚辈直系血亲代替该先死子女继承被继承人遗产的法律制度。先于被继承人死亡的子女是被代位人，其晚辈直系血亲是代位继承人，代位继承人依法享有代位继承权。我国《继承法》第11条规定："被继承人的子女先于被继承人死亡的，由被继承人的子女的晚辈直系血亲代位继承。代位继承人一般只能继承他的父亲或母亲有权继承的份额。"

（2）代位继承的适用条件

继承法中规定的代位继承权是一种继承开始前的期待权，极其薄弱，要使这种期待权转变为一种现实的民事权利，就必须符合一定的条件。根据我国继承法的规定，适用代位继承必须同时具备以下条件：一是被代位人先于被继承人死亡；二是被代位人只限于被继承人的晚辈直系亲属；三是代位继承人必须是被代位人的晚辈直系血亲；四是代位继承人必须是被继承人的直系血亲亲属；五是代位继承人在继承开始时生存或已受胎，即具有继承能力；六是代位继承只能适用于法定继承。

5. 转继承

转继承是指继承人在继承开始后、遗产分割前死亡，其所应继承的遗产份额的权利转由他的继承人继承的继承法律制度。我国继承法对转继承没有明确规定，但最高人民法院《关于贯彻执行〈中华人民共和国继承法〉若干问题的意见》第52条指出："继承开始后，继承人没有表示放弃继承，并于遗产分割前死亡的，其继承遗产的权利转移给他的合法继承人。"由此可以发现，我国司法解释及司法实务中对转继承是持肯定态度的。

（三）遗嘱继承

1. 遗嘱继承的概念和特征

遗嘱继承是与法定继承相对，指按照被继承人生前所立的合法有效的遗嘱进行遗产转移的法律制度。一般认为，遗嘱继承发源于罗马法。我国法律、保护遗嘱继承，允许公民用遗嘱处分自己的财产。我国《继承法》第16条第2款规定："公民可以立遗嘱将个人财产指定由法定继承人中的一人或者数人继承。"遗嘱继承又称"指定继承"，是法定继承的对称。在法定继承中，继承人的范围、继承顺序和遗产的分配均由法律直接规定。而在遗嘱继承，由哪些人来继承，每个继承人继承遗产份额的多少，则均由被继承人所立的合法遗嘱加以确定。遗嘱继承与法定继承一起，构成我国遗产转移的基本法律制度。

与法定继承相比，遗嘱继承优先于前者而适用，因为它充分体现了被继承人的生前意志。另外，引起遗嘱继承发生的前提是法律事实构成。遗嘱继承人的范围与法定继承人的范围是一致的。在我国，任何公民都享有遗嘱自由权，但该自由权又受到法律规定的限制。立遗嘱作为单方法律行为，它必须是遗嘱人的真实意思表示，且遗嘱人必须有遗嘱能力。遗嘱只能处分个人财产，并应当为缺乏劳动能力又没有生活来源的人保留必要的遗产份额。

2. 遗嘱继承人的范围

遗嘱继承人的范围是指哪些人可以作为遗嘱指定的继承人，依照合法有效的遗嘱而取得财产。我国《继承法》第16条第2款规定："公民可以立遗嘱将个人财产指定由法定继承人的一人或数人继承。""公民可以立遗嘱将个人财产赠给国家、集体或者法定继承人以外的人。"由此看来，在我国遗嘱继承人的范围与法定继承人的范围是一致的。法定继承人范围以外的人不能成为遗嘱继承人，只能成为受遗赠人，如国家、集体或法定继承人以外的人。

3. 遗嘱继承的要件

遗嘱继承必须具备以下三个要件：一是被继承人所立的遗嘱合法有效；二是继承人没有放弃或丧失继承权；三是不存在效力优先于遗嘱继承的遗产转移方式。这三个要件全部具备时，发生遗嘱继承，缺少任何一个要件，皆不发生遗嘱继承。

（四）遗赠与遗赠扶养协议

遗赠指公民以遗嘱方式表示在其死后将其遗产赠给国家、集体或法定继承人以外的人的单方行为。遗赠是被继承人死后遗产转移的一种方式。遗赠作为一种单方民事法律行为，具有无偿性、遗赠人死后生效、受遗赠人的不可代替性等特征。

遗赠扶养协议是指遗赠人与扶养人订立的关于遗赠和扶养关系的协议。它是我国继承法独创，具有浓厚的中国特色。遗赠扶养协议具有双方法律行为、诺成性法律行为及优先适用等法律特征。

七、消费者权益保护法

（一）消费者的概念

消费者是指为了生活需求购买、使用商品或者接受服务的个体社会成员。这个定义有三层含义。第一，消费者是指以生活为目的的个体社会成员。生活消费通常是指为了满足个人物质和文化生活需要进行各种物质和精神产品以及劳动服务的消费行为，包括人们的衣、食、住、行等各个方面。第二，消费者是购买、使用商品或者接受服务的个体社会成员。即消费者获得商品、使用商品或接受服务，可以通过有偿或无偿的形式表现出来。如果商家是为了宣传或达到其他商业目的而向个体社会成员免费提供服务和赠送商品，这时的个体社会成员也都属于消费者。第三，消费者是个体社会成员。这表明消费者是自然人或家庭，包括一个国家领域内所有的人，不仅包括本国人，也包括外国人和无国籍的人。法人和其他社会组织、社会团体均不属于消费者的范畴。

（二）消费者权益保护法的概念

消费者权益保护法是调整在保护消费者权益过程中消费者、经营者、保护机构所发生的各种社会关系的法律规范的总称。消费者权益保护法有狭义和广义两种。狭义的消费者权益保护法是指 1993 年 10 月 31 日第八届全国人民代表大会常务委员会第四次会议讨论通过颁布的、于 1994 年 1 月 1 日正式实施的《中华人民共和国消费者权益保护法》（以下简称《消费者权益保护法》）。该法先后经过了 2009 年 8 月 27 日第十一届全国人民代表大会常务委员会第十次会议《关于修改部分法律的决

定》第一次修正，2013 年 10 月 25 日第十二届全国人民代表大会常务委员会第五次会议《关于修改〈中华人民共和国消费者权益保护法〉的决定》第二次修正，修正决定自 2014 年 3 月 15 日起施行。广义的消费者权益保护法是指由国家制定颁布的具有保护消费者权益功能的各种法律规范。

（三）消费者的权益

我国消费者权益保护法规定了消费者应该享有 9 项权利。

1. 安全保障权

由于消费者取得的商品和服务是用于生活消费，因此，商品和服务必须绝对安全可靠，必须绝对保证商品和服务质量不会损害消费者的生命与健康。安全保障权的内容应当包括以下几个方面：（1）人身安全权，它是指消费者在进行生活消费的过程中，享有保护身体和器官机能的完整及生命不受危害的权利；（2）财产安全权。这里的财产安全，不仅指消费者购买、使用商品的安全和接受服务本身的安全，而且包括除购买、使用商品或接受的服务之外的其他财产安全。

2. 知悉真情权

为了保障消费者获取真实、准确的消费信息，我国《消费者权益保护法》第 8 条规定："消费者享有知悉其购买、使用的商品或者接受的服务的真实情况的权利。消费者有权根据商品或者服务的不同情况，要求经营者提供商品的价格、产地、生产者、用途、性能、规格、等级、主要成分、生产日期、有效期限、检验合格证明、使用方法说明书、售后服务，或者服务的内容、规格、费用等有关情况。"

3. 自主选择权

我国《消费者权益保护法》第 9 条规定："消费者享有自主选择商品或者服务的权利。消费者有权自主选择提供商品或者服务的经营者，自主选择商品品种或者服务方式，自主决定购买或者不购买任何一种商品、接受或者不接受任何一项服务。消费者在自主选择商品或者服务时，有权进行比较、鉴别和挑选。"消费者单方所享有的自主权是消费者权利的核心。

4. 公平交易权

公平交易权是市场竞争的一项准则。在市场交易过程中，相对于经营者而言，受各种因素的影响，消费者明显处于弱者地位，最易受到不公平的待遇。因此，《消费者权益保护法》第 10 条规定："消费者享有公平交易的权力。"根据这一规定，消费者在购买商品或者接受服务时，其公平交易权有如下表现：消费者在购买商品或接受服务时，有权获得质量保障、价格合理、计量正确等公平交易条件，有权拒绝经营者的强制交易行为。

5. 依法求偿权

我国《消费者权益保护法》第 11 条规定："消费者在购买、使用商品或者接受服务受到人身、财产损害的，享有依法获得赔偿的权利。"这项规定保障了消费者在发生损害后可以得到法律救济的权利。赔偿的范围不仅包括财产损失赔偿，还包括人身损害赔偿。依法求偿权是弥补消费者使用商品或接受服务受到伤害的必要补救性权利。

6. 依法结社权

我国《消费者权益保护法》第 12 条规定："消费者享有依法成立维护自身合法权益的社会组织的权利。"由于在生活当中，消费者经常处于弱势地位，因此，法律赋予消费者这一权利，能使分散、弱小的消费个体逐步转变成集中、强大的消费群体，以与实力雄厚的经营者抗衡，从而保护消费者的权利。

7. 获取知识权

获取知识权是从知悉真情权引申出来的一项消费者权利。我国《消费者权益保护法》第 13 条规定："消费者享有获得有关消费和消费者权益保护方面的知识的权利。"该权利又称接受教育的权力，消费者只有掌握相关的商品或服务的知识的使用性能，正确使用商品，才不会成为在消费领域任人宰割的对象。

8. 获得尊重权和个人信息保护权

我国《消费者权益保护法》第 14 条规定："消费者在购买、使用商品和接受服务时，享有人格尊严、民族风俗习惯得到尊重的权利，享有个人信息依法得到保护的权利。"

9. 监督批评权

我国《消费者权益保护法》第 15 条规定："消费者享有对商品和服务以及保护消费者权益工作进行监督的权利。"也就是说，消费者有权检举、控告侵害消费者权益的行为和国家机关及其工作人员在保护消费者权益工作中的违法失职行为，有权对消费者权益保护工作提出批评、建议。

(四) 经营者的义务

为了充分保障消费者权益的实现，《消费者权益保障法》规定经营者的 12 项义务：(1) 依法定或依法约定履行义务；(2) 听取意见和接受监督的义务；(3) 保障人身和财产安全的义务；（4）不做虚假宣传的义务；（5）标明经营者真实名称和标记义务；（6）出具凭证和单据的义务；（7）提供符合要求的商品和服务的义务；（8）承担"三包"和其他责任的义务；（9）不得从事不公平、不合理交易的义务；（10）不得侵犯消费者人身的义务；（11）特殊经营的信息提供义务；（12）不得非法收集、使用消费者信息的义务。

（五）消费者权益争议及解决

消费者权益争议是指在消费领域，消费者与经营者之间发生的与消费者权益有关的矛盾纠纷，主要表现为消费者在购买、使用商品或接受服务中，经营者不依法履行或不适当履行义务，或消费者对经营者提供的商品或服务不满意，对方由此引发的纠纷。

消费者和经营者发生消费者权益争议的，可以通过下列途径解决：与经营者协商和解；请求消费者协会调节；向有关行政部门申诉；根据与经营者达成的仲裁条款提请仲裁机构仲裁；向人民法院提起诉讼。

（六）侵犯消费者权益的法律责任

依照我国法律规定，如果经营者侵犯消费者的合法权益，将依违法行为的性质、情节、社会危害等因素分别或同时承担民事责任、行政责任、刑事责任。

1. 民事责任

经营者提供的商品或者服务违反《消费者权益保护法》的规定、侵犯消费者的人身权或财产权益，不足以构成刑事犯罪的，根据《消费者权益保护法》《中华人民共和国产品质量法》（以下简称《产品质量法》）及《中华人民共和国侵权责任法》和其他有关法律、法规的规定，承担停止侵害、恢复名誉、消除影响、赔礼道歉，并赔偿损失等民事责任。

2. 行政责任

《消费者权益保护法》不仅规定了违法经营者的民事责任，还规定了违法经营者应承担的行政责任。对于经营者违反《消费者权益保护法》所列的一些具体行为，其他法律法规（如《产品质量法》《中华人民共和国食品卫生法》等）对处罚机关和处罚方式有规定的，则应依照其规定执行；其他法律法规未做规定的，《消费者权益保护法》规定由工商行政管理部门责令改正，并可以根据情节单处或者并处警告、没收违法所得、处以违法所得1倍以上5倍以下罚款，没有违法所得的，处以1万元以下的罚款；情节严重的，责令停业整顿、吊销营业执照。

3. 刑事责任

依据我国《消费者权益保护法》的有关规定，追究刑事责任的情况主要包括以下几种：（1）经营者提供商品或者服务，造成消费者或者其他受害人人身伤害，构成犯罪的，依法追究刑事责任；（2）经营者提供商品或者服务，造成消费者或者其他受害人死亡，构成犯罪的，依法追究刑事责任；（3）以暴力、威胁等方法阻碍有关行政部门工作人员依法执行职务的，依法追究刑事责任；（4）国家机关工作人员有玩忽职守或者包庇经营者侵害消费者合法权益的行为的，由其所在单位或者上级机关给予行政处分；情节严重，构成犯罪的，依法追究刑事责任。

第三节　家庭生活中的法律事务及其处理

构建和谐社会，首先要构建和谐家庭，因为和谐家庭是和谐社会的基础。古人云"家和万事兴"，"一家和而天下和"，可见家庭的和睦与社会稳定有着密切的关系。而一个和睦的家庭的构建不仅需要"尊老爱幼、夫妻和睦"等家庭美德的教育与感化，更需要法律规范的调整与约束。

一、家庭生活中的主要法律事务

现代家庭中涉及的法律事务主要有：

（一）夫妻关系法律事务

家庭是从婚姻开始的，婚姻是家庭的基础和纽带，可以说没有婚姻也就没有家庭。合法婚姻形成的夫妻关系受法律保护，夫妻关系是由法律规定的夫妻双方之间的权利义务关系，它包括夫妻人身关系和夫妻财产关系。夫妻关系法律事务不仅包括夫妻之间的人身与财产纠纷引起的法律事务，而且涉及夫妻之间的抚养纠纷引起的法律事务。

（二）父母子女关系法律事务

父母子女关系亦称亲子关系，是家庭关系的重要组成部分。根据我国法律，亲子关系分为两类，一类是自然血亲的亲子关系，即父母与亲生子女，包括婚生子女与非婚生子女之间的关系；另一类是拟制血亲的亲子关系，即养父母子女关系与继父母子女关系。父母子女之间因抚养、收养及赡养问题引起的法律事务都属于父母子女关系法律事务。

（三）遗产继承法律事务

遗产是公民死亡时遗留的，可以依法转移给继承人的个人合法财产。继承是指公民自然死亡后，将其所遗留的个人合法财产依法分配给死者特定范围内的亲属的一种法律制度。根据我国《继承法》规定夫妻、父母与子女都有平等的继承权利，除此之外，其他家庭成员如兄弟姐妹、祖父母、外祖父母及儿媳、女婿在某些情况下也有继承的权利。我们将因遗产继承引起的法律事务都归属于遗产继承法律事务。

二、家庭生活中法律事务处理的基本原则

家庭生活是社会个体非常重要的生活部分。幸福美满的家庭生活不仅是个人生活幸福的基础，同时也会给个人实现自身价值创造事业成功提供持久的动力与保障。因此为了实现家庭生活的幸福美满，我们在处理家庭生活中的法律事务时应遵守平等、宽容及重德守法三大原则。

（一）平等原则

平等待人是促进个人与家庭成员和谐的前提。它不仅是人际交往的基本原则，更是一项重要的法律原则。我国宪法明确规定："公民在法律面前人人平等。"家庭生活方面的法律，如《婚姻法》《老年人权益保护法》《未成年人保护法》及《妇女权益保障法》都把平等原则作为一项重要的法律原则。因此，我们在处理家庭生活法律事务时一定要坚持平等原则，在法律的框架范围内平等地对待每一个家庭成员，不容许任何人享有凌驾法律之外的特权。

（二）宽容原则

宽容是促进个人与家庭成员和谐的必不可少的条件。宽容就是心胸宽广，大度容人，对非原则性的问题不斤斤计较。不管是跟他人还是跟自己的家人在日常生活中，因交流不够或者是不及时而产生误会、不解乃至冲突的现象是难以避免的，这

就要求我们不仅在家庭生活中遵循宽容原则，严于律己，宽以待人，求同存异，相互包容，更需要在出现家庭生活法律事务时坚持宽容原则进行处理，争取大事化小，小事化了。

（三）重德守法原则

重德守法是促进家庭和谐的必然要求。重德就是要尊重家庭美德，家庭美德在维系和谐美满的家庭生活具有十分重要而独特的功能。尊老爱幼、男女平等、夫妻和睦、勤俭持家、邻里团结等家庭美德是每个公民在家庭生活中应该遵循的行为准则。守法就是遵守国家法律。法律面前人人平等，要求所有的公民都必须平等地遵守法律，依照法律规定平等地享有和行使法律权利，平等地承担和履行法律义务。因此，重德守法不仅是日常生活的一项重要原则，也是我们处理家庭生活法律事务应该遵守的一项基本原则。

三、家庭生活法律事务处理的主要方法

家庭生活法律事务主要涉及的当事人都是自己家人或曾经是一家人，大家在一起共同生活过，具有一定的感情基础。因此，处理家庭生活法律事务主要有以下三种方法。

（一）沟通协商

所谓沟通，是让彼此明白对方的心意及表达自己想法的一种方法。协商是共同商量以便取得一致意见。没有平等的沟通、思想的碰撞，就很难达成共识。沟通协商已经成为人们为解决彼此间各种争议和问题而采取的一种有效行为，当然也是处理家庭法律事务的一种重要方式。

（二）调解

调解，是指双方当事人以外的第三者，以国家法律、法规和政策以及社会公德为依据，对纠纷双方进行疏导、劝说，促使他们相互谅解，进行协商，自愿达成协议，解决纠纷的活动。因调解的主体不同，调解有不同的分类，主要有人民调解和法院调解。人民调解是人民调解委员会主持进行的调解；法院调解是人民法院主持下进行的调解。法院调解属于诉内调解，是一种诉讼行为。我们这里讨论的调解是

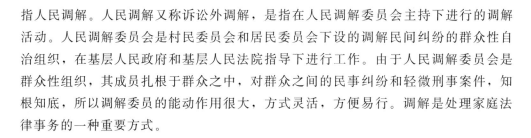

指人民调解。人民调解又称诉讼外调解，是指在人民调解委员会主持下进行的调解活动。人民调解委员会是村民委员会和居民委员会下设的调解民间纠纷的群众性自治组织，在基层人民政府和基层人民法院指导下进行工作。由于人民调解委员会是群众性组织，其成员扎根于群众之中，对群众之间的民事纠纷和轻微刑事案件，知根知底，所以调解委员的能动作用很大，方式灵活，方便易行。调解是处理家庭法律事务的一种重要方式。

（三）起诉

家庭生活中的法律事务主要涉及的都是一些民事诉讼，当然在某些情况下也有可能涉及刑事诉讼，我们这里只讨论民事诉讼。民事诉讼法中的起诉，是指民事法律关系主体因自己的或依法受其管理、支配的民事权益受到侵犯，或者与他人发生争议，以自己的名义请求法院予以审判保护的诉讼行为。起诉须有明确的被告人、具体的诉讼请求和事实根据，还须属于受诉法院管辖范围。在家庭生活中公民的合法权益受到家庭成员的侵害，通过沟通协商及调解都无法达成一个双方都满意的结果时，受害人可以向法院提起诉讼，请求人民法院通过审判来保护自己的合法权益，这是处理家庭法律事务最后的也是最有效的方式。

第四节　家庭生活中的权益维护

一、家庭生活中常见的侵权行为

侵权行为是民事主体违反民事义务，侵害他人合法权益，依法应当承担民事责任的行为。在家庭生活中，由于家庭成员间具有一定的感情基础，发生侵权行为时也一般不会闹到法院去，因而家庭生活中的侵权行为极为普遍。根据权利被侵害的对象的不同，我们将家庭生活中的侵权行为分为以下几种。

（一）针对孩子的侵权行为

在教育抚养孩子的过程中，父母作为孩子的法定监护人，孩子的合法权益本应该得到父母的尊重和保护。但由于很多的父母因为自己的成长经历及传统观念的影响不仅没有保护好孩子的合法权益，反而常常侵害孩子合法权益。常见的针对孩子的侵权行为有：

1. 家庭暴力

家庭暴力指的是，家长滥用打骂等方式管教孩子，给孩子造成严重创伤的暴力事件。在现实生活中，有些家长教育方法简单粗暴，笃信"棍棒出孝子""不打不成材"的"箴言"，动辄就对弱小的所谓"有过错"的孩子滥施暴力。

2. 侵犯隐私

侵犯隐私指的是父母在家庭教育中，以各种方式侵犯儿童的隐私权。孩子的隐私，尤其是步入青春期的少男少女的隐私常常受到家长的侵害。如孩子的信件被家长私自拆开，书包和口袋被搜查，抽屉的锁被撬开，日记被偷看，行动被跟踪，电话内容被追问等。有的家长甚至积极与学校"配合"，公开孩子考试的分数，公开孩子的智商。这些做法不仅会导致亲子关系的恶化，大大降低父母的威信，加深两代人之间的隔阂，更是严重侵犯孩子的人身权利和尊严。

（二）夫妻间的侵权行为

夫妻之间的侵权，是指在婚姻关系存续期间，夫妻一方以作为或者不作为的方式侵害其配偶人身权或财产权的行为。夫妻间的侵权行为主要包括：

1. 夫妻间的家庭暴力

家庭暴力是指行为人以殴打、捆绑、残害、强制人身自由或者其他手段，给家庭成员的身体、精神等方面造成一定伤害后果的行为。夫妻间的家庭暴力行为不仅包括夫对妻的暴力行为也包括妻对夫的暴力行为，都属于侵权行为。

2. 侵犯财产权利

按照我国法律的规定，对夫妻共有财产来说，无论是夫方和妻方都不能擅自对其进行处分，如果一方擅自对夫妻共有财产进行处分，都是对另一方财产权利的侵害。

3. 侵犯生育权

生育权是指具有婚姻关系的男女双方享有的共同生育子女的权利。生育权是人身权的重要组成部分，以两性关系为其基本特征，夫妻双方互相依赖，具有依附性。通常，侵害生育权有几种形式：一是相对方明知自己没有生育能力，婚后未尽告知义务的；二是隐瞒相对方长期服用避孕药物的；三是女方怀孕后未经男方同意，擅自实施堕胎的；四是男方强迫女方堕胎的，以其他手段致使女方不能怀孕的；五是一方明知有医学上认为不宜生育的情况而未尽告知义务致使所生子女具有严重生理缺陷的。

（三）针对老年人的侵权行为

在家庭生活中，许多老年人都认为子女是自己的亲生骨肉，做父母的不能和子女对簿公堂，不能伤害亲情，因此在合法权益被子女或者其他亲属侵害后，许多老年人受"家丑不可外扬""打官司丢人"等思想的影响，往往采取忍气吞声的方式，使得一些不孝子孙往往利用老年人的"顾念亲情及忍气吞声"来侵害老年人的合法权益。针对老年人的侵权行为主要有：

1. 侵害老年人的受赡养权

按照我国法律的规定，子女都有赡养父母的义务，应该做到物质上供给，精神上安慰，感情上体贴。但在现实生活中有很多人在自己的父母年老失去劳动能力时没有赡养自己的父母，甚至遗弃、虐待自己的父母，侵害老年人受赡养的权利。

2. 侵害老年人的财产权

生活中有一些子女在父母年老时违背父母意愿进行分家析产，侵吞父母的财产，这是对老年人合法财产权的侵害。

3. 侵害老年人的婚姻自由权

一些老年人在自己的配偶去世以后为了生活的便利需要寻找一个老伴一起共同生活，但其子女为了自己所谓"名声"及自己的"私利"，阻挠自己丧偶的父亲或母亲再婚，这就是对老年人婚姻自由权的侵害。

二、家庭生活中个人合法权益的维护

在家庭生活中，家庭成员间的侵权行为非常普遍，造成这种状况的原因很多，但我们认为其中一个非常重要的原因就是维权意识不强。面对家庭成员的侵权行为，很多人念及亲情而选择忍气吞声，从而导致家庭生活中的侵权行为越来越严重。为了抑制这种违法现象，我们必须加强家庭生活中个人合法权益的维护。首先，我们必须摒弃"父为子纲、夫为妻纲"等封建残余的腐朽思想的影响，树立起"人人平等"的思想观念，在家庭生活中尊重民主与人格平等，充分发扬"尊老爱幼、夫妻和睦"的家庭美德，构建和谐的家庭关系。其次，我们每个家庭成员都应该努力学习有关家庭生活方面的法律知识，全面了解自己所享有的权利和义务，培养法律观念、法律意识和法律思维方式。尤其是作为家长的父母，不仅自己要带头学习法律、遵守法律，而且要教育自己的孩子成长为学法、懂法、守法的好公民。最后，在家庭成员侵犯自己合法权益的时候，在充分沟通协商的基础上仍不能让其停止侵权、承认错误乃至赔礼道歉的情况下，我们一定要敢于拿起法律的武器来维护自己的合法权益。在家庭生活中，我们不仅需要家庭美德的感化和教育，更需要法律规范对家庭成员进行规范和约束。只有这样我们不仅能维护好家庭中每个成员的合法权益，更能建设一个和谐美满的家庭。

后 记 HOUJI

我国有着悠久的家庭文化传统，前人以其聪明才智为我们留下了极为丰富的家庭治理典籍，但现代意义的家政学曾经在民国时期灵光一现后即偃旗息鼓。随着经济高速现代化，社会现代化进程的加剧，家庭结构的变化，不可避免带来家庭功能的分化，家庭服务业的现代化成为应然选择。无论是服务业的现代转型还是家政学本身的发展规律，都需要家政学的理论重建。同时，大量西方家政学理论与方法的引入，家庭现代化进程的加快，为家政学理论的重建提供了可能。高校家政学专业的建设，事关家庭服务行业人才培养的大计，资料的匮乏、教材的杂芜无一不是困扰高校家政学教学的现实而急需解决的问题。为进一步推动高校家政学专业发展，全国家服办决定组织各方力量，集中外古今家政学之大成，编撰了具有全国权威性、统一性的家政学通论。本书框架经过两岸三地高校、政府主管部门、家庭服务行业的多次讨论，可以说是集体智慧碰撞的结晶。

本书由全国家服办副主任汪志洪、湖南女子学院原党委书记易银珍统筹指导，湖南女子学院副校长、博士生导师陈赤平教授和家政研究所副所长胡艺华博士具体组织，各章编写者分别为：绪论胡艺华，第一章袁媛淑，第二章张承晋，第三章余荣敏，第四章龚展，第五章付红梅、黄文胜，第六章许玉春、张银华、周艳辉、朱晨晖、陈乐、于小桂、常巧玲，第七章周聪伶，第八章谭泽晶，第九章李平、王琪。全书由全国家服办副主任汪志洪统稿并最终定稿。湖南女子学院、台湾康宁大学、福建华南女子职业学院、南华大学第一附属医院、湖南中医药大学等单位对本书编写工作给予了大力支持。在此，向对本书的编撰付出过努力和给予帮助与支持的所有领导、同仁们表示深深的谢意。由于编者水平有限，加之时间仓促，错漏之处不可避免，敬希指正。